Softwarelösungen für automatisiertes maschinelles Lernen für Prognosen in produzierenden Unternehmen

Software Solutions for Automated Machine Learning for Predictions in Manufacturing Companies

Von der Fakultät für Maschinenwesen
der Rheinisch-Westfälischen Technischen Hochschule Aachen
zur Erlangung des akademischen Grades eines
Doktors der Ingenieurwissenschaften
genehmigte Dissertation

vorgelegt von

Justus Aaron Benning

Berichter/in:

Univ.-Prof. Dr.-Ing. Dipl.-Wirt. Ing. Günther Schuh
apl. Prof. Dr.-Ing. Wolfgang Boos

Tag der mündlichen Prüfung: 13. Januar 2026

Diese Dissertation ist auf den Internetseiten der Universitätsbibliothek online verfügbar.

SCHRIFTENREIHE RATIONALISIERUNG

Justus Aaron Benning

Softwarelösungen für automatisiertes maschinelles Lernen für Prognosen in produzierenden Unternehmen

Herausgeber:
Prof. Dr.-Ing. Dipl.-Wirt. Ing. G. Schuh

Band 199

fir an der RWTH Aachen

Bibliografische Information der Deutschen Nationalbibliothek
Die Deutsche Nationalbibliothek verzeichnet diese Publikation in der Deutschen Nationalbibliografie; detaillierte bibliografische Daten sind im Internet über https://portal.dnb.de abrufbar.

Justus Aaron Benning:

Softwarelösungen für automatisiertes maschinelles Lernen für Prognosen in produzierenden Unternehmen

1. Auflage, 2026

Gedruckt auf holz- und säurefreiem Papier, 100% chlorfrei gebleicht.

Wissenschaftsverlag des Instituts für Industriekommunikation und Fachmedien an der RWTH Aachen
Steinbachstr. 25, 52074 Aachen, Deutschland
Internet: www.apprimus-verlag.de, E-Mail: info@apprimus-verlag.de

Druck: CPI Druckdienstleistungen GmbH
Ferdinand-Jühlke-Straße 7 | 99095 Erfurt | Deutschland

ISBN 978-3-98555-334-1

Danksagung

Vor allem gilt mein Dank meiner Frau Amanda. Diese Dissertation wäre ohne ihre Unterstützung und Weisheit schlicht nicht möglich gewesen.

Meinen Eltern Florian und Griseldis, und meinen Geschwistern Paula und Anton, deren unerschütterlicher Glaube an meine Fähigkeiten mich an Orte bringt, von denen ich selbst nicht wusste, dass ich sie erreichen kann.

Vielen Dank an meine ehemaligen Kolleginnen und Kollegen am FIR. Mit solch einem Team im Rücken konnte auch dieses Projekt, bei dem man definitionsgemäß auf sich allein gestellt ist, nur gelingen.

Einen besonderen Dank an Katharina, Rajath und Tim, die mich als Hilfskräfte in meiner Institutszeit unterstützt haben.

Danke an Prof. Schuh, Prof. Boos und die Führungsriege des FIR für das Schaffen eines einzigartigen Umfelds, in dem Dissertationen gedeihen können, die nicht in der Schublade verschwinden, sondern die produzierende Industrie stärken.

Barcelona, im Januar 2026 Justus Aaron Benning

Zusammenfassung

In einer Welt, die sich durch eine beispiellose Dynamik in Technologie und Wirtschaft auszeichnet, steht die produzierende Industrie vor der Herausforderung, die Potenziale der Digitalisierung voll auszuschöpfen. Der Einsatz von automatisiertem maschinellen Lernen (Auto-ML) bietet einen vielversprechenden Ansatz, die Schlüsseltechnologie künstlicher Intelligenz (KI) gewinnbringend einzusetzen. Trotz der hohen Erwartungen und des potenziellen wirtschaftlichen Wachstums, das KI-Technologien versprechen, zeigen aktuelle Studien, dass der Einsatz von KI in der Produktion hinter anderen Technologien zurückbleibt. Die Diskrepanz zwischen den Erwartungen an KI und deren tatsächlicher Nutzung in der Fertigung weist auf komplexe Herausforderungen hin, darunter hohe Kosten, ungeeignete IT-Infrastruktur, mangelnde Datenverfügbarkeit und ein Defizit an Fachkräften.

Diese Dissertation zielt darauf ab, eine methodische Lösung für die Auswahl von Auto-ML-Softwarelösungen für Prognosen in produzierenden Unternehmen zu entwickeln. Der Fokus liegt dabei auf der Unterstützung von Entscheidungsträgern in Unternehmen, die sich den Herausforderungen der Digitalisierung stellen und die Effizienz ihrer Produktionsprozesse durch den Einsatz von KI verbessern möchten. Angesichts der wachsenden Vielfalt an Auto-ML-Softwarelösungen und der Komplexität in deren Auswahlprozess bietet diese Arbeit einen strukturierten Ansatz, der es Unternehmen ermöglicht, auf Basis spezifischer Anforderungen und Rahmenbedingungen die geeignete Auto-ML-Softwarelösung auszuwählen.

Die Arbeit umfasst eine Analyse existierender Auto-ML-Funktionen, eine praxisnahe Identifikation der Anforderungen an ihren Einsatz in der Industrie sowie die Entwicklung eines Prozesses zur systematischen Auswahl von Auto-ML-Softwarelösungen. Dafür werden zudem die Wechselwirkungen zwischen den technischen Möglichkeiten der Softwarelösungen und den spezifischen Bedürfnissen der produzierenden Unternehmen beleuchtet.

Das Ergebnis dieser Dissertation stellt eine Ressource für Entscheidungsträger dar, die sich der Herausforderung gegenübersehen, aus einer Vielzahl von Auto-ML-Softwarelösungen die am besten geeignete auszuwählen. Durch die Bereitstellung eines klar definierten Prozesses zur Bewertung und Auswahl von Auto-ML-Softwarelösungen trägt diese Arbeit dazu bei, die Lücke zwischen der technologischen Entwicklung und ihrer praktischen Anwendung in der Fertigungsindustrie zu schließen.

In einer Zeit, in der die effiziente Nutzung von Daten und KI-Technologien immer mehr zum entscheidenden Wettbewerbsfaktor wird, leistet diese Dissertation einen Beitrag zur Stärkung der Innovationskraft und Zukunftsfähigkeit produzierender Unternehmen.

Summary

In a world characterized by unprecedented dynamics in technology and business, the manufacturing industry faces the challenge of fully exploiting the potential of digitalization. The use of automated machine learning (Auto-ML) offers a promising approach to profitably utilize the key technology of artificial intelligence (AI). Despite the high expectations and potential economic growth that AI technologies promise, recent studies show that the use of AI in the manufacturing industry is lagging behind other technologies. The discrepancy between the expectations of AI and its actual use in manufacturing points to complex challenges, including high costs, inadequate IT infrastructure, lack of data availability and a shortage of skilled labor.

This dissertation aims to develop a methodological solution for the selection of Auto-ML software solutions for predictions in manufacturing companies. The focus is on supporting decision-makers in companies that are facing the challenges of digitalization and want to improve the efficiency of their production processes using AI. In view of the growing variety of Auto-ML software solutions and the complexity of their selection process, this thesis offers a structured approach that enables companies to select the appropriate Auto-ML software solution based on specific requirements and framework conditions.

The work includes an analysis of existing Auto-ML functions, a practical identification of the requirements for their use in industry and the development of a process for the systematic selection of Auto-ML software solutions. The interactions between the technical possibilities of the software solutions and the specific needs of manufacturing companies are also examined.

The result of this dissertation provides a resource for decision makers who are faced with the challenge of selecting the most suitable auto ML software solution from a wide range of options. By providing a clearly defined process for evaluating and selecting Auto-ML software solutions, this thesis helps to bridge the gap between technological development and its practical application in the manufacturing industry.

At a time when the efficient use of data and AI technologies is increasingly becoming a decisive competitive factor, this dissertation contributes to strengthening the innovative power and future viability of manufacturing companies.

Inhaltsverzeichnis

Abbildungsverzeichnis

Tabellenverzeichnis

Formelverzeichnis

Abkürzungsverzeichnis

API	Application Programming Interface
ARIS	Architektur integrierter Informationssysteme
Auto-ML	Automatisiertes maschinelles Lernen
BLOB	Binary Large Object
BWL	Betriebswirtschaftslehre
CASH	Combined Algorithm and Hyperparameter Selection
CRISP-DM	Cross Industry Standard Process for Data Mining
DSGVO	Datenschutzgrundverordnung
dt.	Deutsch
engl.	Englisch
ERP	Enterprise Resource Planning
HPO	Hyperparameter Optimization
HTN	Hierarchical Task Networks
IoT	Internet of Things
IP	Internet Protocol
IT	Information Technology
KDD	Knowledge Discovery in Databases
KI	Künstliche Intelligenz
KMU	Kleine und mittlere Unternehmen
KNN	Künstliches neuronales Netz
LDA	Linear Discriminant Analysis
MES	Manufacturing Execution System
ML	Maschinelles Lernen
NAS	Neural Architecture Search
NLP	Natural Language Processing
OPC UA	Open Platform Communications Unified Architecture
OT	Operations Technology
PCA	Principal Component Analysis
PLM	Product Lifecycle Management
SaaS	Software as a Service

SoS	System of Systems
SQL	Structured Query Language
TCO	Total Cost of Ownership

1 Einleitung

"People worry that computers will get too smart and take over the world, but the real problem is that they're too stupid and they've already taken over the world."

„Die Menschen machen sich Sorgen, dass Computer zu intelligent werden und die Welt übernehmen, aber das eigentliche Problem ist, dass sie zu einfältig sind und die Welt bereits übernommen haben."

- Pedro Domingos, "The Master Algorithm" (DOMINGOS 2018, S. 286)

1.1 Ausgangssituation und Problemstellung

Eigentlich wurde schon vor dem erneuten Aufleben künstlicher Intelligenz (KI) durch generative Modelle gegen Ende des Jahres 2022 ein signifikantes Wirtschaftswachstum durch die Technologie erwartet. Eine Studie von ACCENTURE ging bei einem prognostizierten Basiswachstum von 1,5 Prozent pro Jahr in der produzierenden Industrie davon aus, dass ein Drittel des Wirtschaftswachstums künftiger Jahre allein durch KI induziert würden (vgl. PURDY U. DAUGHERTY 2017, S. 5–11). Darüber hinaus wurde vorhergesagt, dass im produzierenden Gewerbe die größten Impulse durch KI unter allen Wirtschaftszweigen verzeichnet würden (vgl. PURDY U. DAUGHERTY 2017, S. 11).

Diese Effekte sind ausgeblieben. KI liegt bezüglich des Einsatzes hinter anderen Technologien wie Internet of Things (IoT) und additiver Fertigung zurück (s. BITKOM 2022, S. 5). Prognosen und betriebliche Realität klaffen bisher auseinander, vor allem in Hinblick auf den konkreten Praxiseinsatz: Während ein Großteil der Unternehmen über den Einsatz nachdenkt, liegt nach empirischen Studien der aktive Einsatz von KI lediglich bei 8 bis 16 Prozent (s. RAMMER 2021, S. 8; GIERING 2022, S. 56–58). Diese Lücke zwischen Bekanntheit und Anwendung wird auf einige wiederkehrende Hürden zurückgeführt, darunter hohe Kosten, ungeeignete vorhandene IT-Infrastruktur, mangelnde Datenverfügbarkeit und der Mangel von Fachkräften (s. RAMMER 2021, S. 6; GIERING 2022, S. 59–61).

Aus diesen Hürden folgen verschiedene Symptome: So verfügen potenzielle nutzende Personen selten über die nötige interne Kompetenz bzw. die Ressourcen zur Akquise externer Kompetenz, um KI-Anwendungen in ihren Betrieb zu implementieren (s. RAMMER 2021, S. 10–11). Unternehmen geben zudem an, Hilfe bei der Auswahl von Modellen und den dafür passenden Daten zu benötigen (s. REDER ET AL. 2019, S. 22). Darüber hinaus besteht das Problem, dass KI-Modelle häufig intransparent sind, was zu mangelndem Vertrauen in deren Prognosen führt (RAMMER 2021, S. 6). Zusammenfassend lässt sich sagen, dass dem großen wirtschaftlichen Potenzial von Künstlicher Intelligenz Hürden bei der Praxis- und Zielgruppentauglichkeit gegenüberstehen.

Die Ankunft von generativer KI hat beobachtbar gezeigt, dass der Fachkräftemangel und dessen technologisches Begleitsymptom, die unzureichende Nutzungsfreundlichkeit der Technologie, eine besondere Hürde darstellt. Wenn wenig Fachwissen nötig ist, um KI zu nutzen, wird deren breite gesellschaftliche und professionelle Applikation rasant möglich. Dies lässt sich aktuell verfolgen: Das Vorgängermodell von GPT3.5, nutzbar gemacht durch die Browser-Applikation ChatGPT, wurde unter dem Namen GPT2 bereits im Jahre 2018 in einem Paper vorgestellt und dessen Quellcode öffentlich gemacht (s. RADFORD ET AL. 2019). Damit war das Modell für jeden nutzbar. Bereits zu dieser Zeit verfügte das Modell über eine Leistung, die den Stand der Technik in vielen Belangen übertraf (s. RADFORD ET AL. 2019, S. 5–9) – dennoch war die Nutzung marginal. Erst mit der Bereitstellung als einfach zu verwendende Anwendung im Internetbrowser wurden große Teile von Unternehmen und der Gesellschaft für die Nutzung erschlossen (s. BULL U. KHARRUFA 2024, S. 52). Für die Nutzung von GPT2 wären rudimentäre Kenntnisse in der Programmiersprache Python und in der Nutzung von Quellcode-Repositorien wie GitHub nötig gewesen.

Softwareunternehmen reagieren auf diese Signale, indem sie immer verwendungsfreundlichere Lösungen bereitstellen, um die Nutzung von KI-Modellen zu ermöglichen und eigene KI-Modelle zu entwickeln, darunter Softwarelösungen für automatisiertes maschinelles Lernen (kurz Auto-ML-Softwarelösungen) (s. CRISAN U. FIORE-GARTLAND 2021, S. 1). Diese verfolgen das Ziel, den Prozess der Erstellung von Modellen maschinellen Lernens teilweise oder vollständig zu automatisieren (vollständige Definition s. Kapitel 2.3 und 2.4). Auto-ML-Softwarelösungen bedienen sich dabei der Tatsache, dass die Erstellung von Modellen maschinellen Lernens einer konsistenten Logik folgt, die sich in großen Teilen für alle Anwendungsfälle wiederholt (s. Kapitel 2.2.6). Die Softwarelösungen automatisieren diese Schritte durch mathematische Heuristiken, integrieren dabei eine grafische Bedienungsoberfläche sowie Datenschnittstellen und bieten somit anwendenden Unternehmen die Möglichkeit, Personen ohne ML-Expertise Modelle erstellen zu lassen sowie erfahrenen Nutzenden, schneller Modelle zu erstellen.

Der mit dem durch diesen Trend verbundene Popularitätszuwachs resultiert in einem wachsenden Anbietermarkt mit einer stetig steigenden Zahl an Lösungen (s. XIN ET AL. 2021, S. 2). Auf diesem Anbietermarkt lassen sich drei Segmente identifizieren, innerhalb derer wiederum eine Vielzahl verschiedener Softwarelösungen existiert: Open-Source-Softwarelösungen sind meist kostenlos, verfügen jedoch nur in Teilen über eine grafische Bedienungsoberfläche und decken meist nicht den kompletten Prozess zur Erstellung von Modellen ab (s. CRISAN U. FIORE-GARTLAND 2021, S. 2). „Best-in-Class"-Lösungen stammen von Unternehmen mit KI-Expertise, die durch Spezialisierung auf diese Art von Software und eine große Zahl an Funktionen ein attraktives, kostenpflichtiges Angebot bereitstellen wollen (s. CRISAN U. FIORE-GARTLAND 2021, S. 2–3). Als letzte Gruppe versuchen Cloud- und Plattform-Unternehmen sich durch nahtlose Integration in ihr bestehendes Software-Ökosystem von der Konkurrenz abzusetzen (s. CRISAN U. FIORE-GARTLAND 2021, S. 2).

Potenzielle anwendende Unternehmen sehen sich somit einer komplexen Anbieterlandschaft gegenüber, wobei für diese neue Art von Softwarelösung noch kein strukturierter Auswahlprozess existiert (s. Kapitel 3.5). Dabei verschärfen drei Faktoren dieses Problem:

- Auto-ML Lösungen sind, ähnlich wie software-definierte Plattformen – ein präziserer Begriff für IoT-Plattformen (s. HOFFMANN 2018, 46) – die Basis für eigens entwickelte Anwendungen. Wenn festgestellt wird, dass die Lösung nicht die vorab definierten Anforderungen erfüllt, ist ein Rückbau und Neueinführung mit hohem Aufwand verbunden
- Der Begriff KI ist nur mangelhaft operationalisiert, d. h. welche Einsatzszenarien wirklich eine Nutzung von KI darstellen, ist im Unternehmenskontext fraglich (s. HOFFMANN 2018, S. 60). Dies erschwert die Abgrenzung von Auto-ML-Softwarelösungen zu anderen Datenanalysewerkzeugen.
- Die Lösungen richten sich unter anderem an Unternehmen, die über wenig KI-Expertise verfügen. Paradoxerweise ist für die korrekte Auswahl von Auto-ML-Softwarelösungen jedoch ein Grundverständnis über KI nötig, da deren Funktionsumfang KI-Algorithmen umfasst (s. Kapitel 5)

1.2 Zielsetzung

Das Dissertationsvorhaben widmet sich der Lösung der oben dargestellten Problemstellung mit dem Ziel, eine Methode zur Auswahl von Auto-ML-Softwarelösungen für Prognosen in produzierenden Unternehmen zu entwickeln. Als Zielgruppe sind insbesondere Digitalisierungsverantwortliche in produzierenden Unternehmen sowie KI-affine Führungskräfte und Verantwortliche in produzierenden kleinen und mittleren Unternehmen (KMU) als potenzielle Auto-ML-Nutzende vorgesehen. Die entwickelte Methode soll dieser Zielgruppe ein strukturiertes Vorgehen bereitstellen, mit dem sie auf Basis ihrer Anforderungen passende Softwarelösungen auswählen können.

Im Rahmen dieser Arbeit werden mehrere Teilziele verfolgt. Zunächst soll eine Grundlage für den Auswahlprozess geschaffen werden, indem auf Basis einer Markt- und Literaturrecherche eine generische Beschreibung der von Auto-ML-Softwarelösungen angebotenen Funktionen erstellt wird. Dies bildet ein Instrument zur strukturierten Untersuchung konkreter Lösungen. Weiterhin sollen die spezifischen Anforderungen von produzierenden Unternehmen für Prognosen mit Auto-ML-Plattformen gesammelt und beschrieben werden. Diese Anforderungsliste dient als Orientierungselement und ermöglicht es Entscheidenden, die wenig Expertise auf dem Gebiet maschinellen Lernens oder der Softwareauswahl besitzen, wohldefinierte Anforderungen zu formulieren. Unternehmen können somit auf Basis vorformulierter Anforderungen wählen, worauf sie den Fokus legen möchten.

Ein weiteres Teilziel ist es, die Zusammenhänge zwischen den Anforderungen der Unternehmen und den Funktionen, die durch die Softwarelösungen geboten werden, zu erläutern. Dadurch wird eine Verbindung zwischen der Expertise der Zielgruppe (geschäftliche Anforderungen) und den technischen Eigenschaften des auszuwählenden Werkzeugs (Funktionen der Auto-ML-Softwarelösung) geschaffen. Dies bereitet das vierte Teilziel vor: die Ableitung eines strukturierten Prozesses, mit dem Unternehmen auf Basis der vorangegangenen synthetisierten Erkenntnisse eine Auto-ML-Softwarelösung identifizieren, evaluieren und auswählen können.

Aus diesen Zielstellungen leitet sich folgende zentrale Forschungsfrage ab: Wie kann eine Methode zur Auswahl von Softwarelösungen für automatisiertes maschinelles Lernen für Prognosen in produzierenden Unternehmen gestaltet werden?

Daraus lassen sich folgende Teilforschungsfragen ableiten:

1. Wie können Softwarelösungen für automatisiertes maschinelles Lernen (kurz: Auto-ML-Softwarelösungen) systematisch beschrieben werden?
2. Wie können Anforderungen von produzierenden Unternehmen an Auto-ML-Softwarelösungen systematisch beschrieben werden?
3. Wie können die Wirkbeziehungen zwischen den Anforderungen und den Funktionen von Auto-ML-Softwarelösungen erklärt werden?
4. Wie kann ein strukturierter Prozess für die Auswahl einer geeigneten Auto-ML-Softwarelösung gestaltet werden?

1.3 Wissenschaftstheoretische Einordnung und Struktur der Untersuchung

Die vorliegende Dissertation widmet sich den Themenbereichen des Ingenieurwesens, der Betriebswirtschaftslehre und der Wirtschaftsinformatik, die wissenschaftstheoretisch den Realwissenschaften zugeordnet werden können (s. ULRICH U. HILL 1976b, S. 305; HOFFMANN 2018, S. 6). Im Gegensatz zu den Formalwissenschaften, wie Mathematik und Logik, die sich auf die Konstruktion von Zeichensystemen konzentrieren, fokussieren sich die Realwissenschaften auf die Untersuchung und Beschreibung von subjektiv wahrgenommenen Ausschnitten der Wirklichkeit (s. ULRICH U. HILL 1976b, S. 305–306).

Ziel dieser Arbeit ist die Entwicklung einer Methode zur Auswahl von Softwarelösungen für automatisiertes maschinelles Lernen, das insbesondere Prognosen in produzierenden Unternehmen ermöglicht. Diese Aufgabenstellung lässt sich innerhalb der realwissenschaftlichen Unterkategorie der Handlungswissenschaften verorten, zu denen auch die Ingenieurswissenschaften und die Betriebswirtschaftslehre gehören (s. ULRICH U. HILL 1976b, S. 305). Die darin enthaltenen Disziplinen beschäftigen sich mit der Analyse menschlicher Handlungsalternativen, um soziale und technische Systeme durch die Entwicklung von Entscheidungsmodellen bzw. -prozessen zu gestalten (s. ULRICH U. HILL 1976b, S. 305–306).

Wissenschaftstheoretisch werden die in dieser Arbeit gestellten Fragen mit Mitteln der Systemtheorie in der Betriebswirtschaftslehre beantwortet. Das Ziel der Systemtheorie in der Betriebswirtschaft ist es, trotz einer theoretischen Fundierung, eine praxisnahe Unternehmensführungslehre zu bieten, die sich realen Problemen widmet (s. ULRICH U. HILL 1976b, S. 308). Detaillierte Erläuterungen zur Systemtheorie und die daraus für diese Arbeit abgeleitete Theorie der Modellbildung zur Lösung betriebswirtschaftlicher Probleme werden im vierten Kapitel vorgestellt (s. Kapitel 4.2). Ein strukturierter Prozess, der sich in diesen wissenschaftstheoretischen Rahmen einfügt, wurde von ULRICH postuliert (s. ULRICH 1981, S. 20). Die darauf basierende Gliederung der

Dissertation wird übersichtlich in Abbildung 1-1 dargestellt und bietet somit einen strukturierten Überblick über die methodische Herangehensweise dieser Forschungsarbeit.

Abbildung 1-1: Gliederung der Arbeit in Phasen der angewandten Forschung (i. A. a. Ulrich 1981, S. 20)

Zunächst werden in Kapitel 1 die Ausgangssituation sowie die Problemstellung und Zielsetzung erläutert. Darauf aufbauend erfolgt in Kapitel 2 die Definition der relevanten Begriffe sowie eine Eingrenzung des Untersuchungsbereiches. Anschließend werden in Kapitel 3 relevante Vorarbeiten beleuchtet und durch eine Analyse der Veröffentlichungen die Forschungslücke herausgearbeitet. In Kapitel 4 wird der Konzeptansatz hergeleitet, indem auf Basis einer Anforderungsdefinition die notwendigen methodischen Grundlagen identifiziert und integriert werden.

Darauf beginnt die Synthese des ersten Modells und der Beschreibung der Funktionen von Auto-ML-Softwarelösungen in Kapitel 5. In Kapitel 6 wird durch Fallstudienforschung eine Liste der Anforderungen von produzierenden Unternehmen an Auto-ML-Softwarelösungen erstellt. In Kapitel 7 werden die Wirkungen zwischen diesen deskriptiven Teilmodellen durch ein Erklärungsmodell näher beleuchtet. Dieser Schritt ermöglicht die darauffolgende Gestaltung eines Auswahlprozesses für Auto-ML-Softwarelösungen in Kapitel 8. Mit der abschließenden Evaluation in Kapitel 9 wird die Praxistauglichkeit sowie die Erfüllung der in Kapitel 4 postulierten Modellanforderungen geprüft. Kapitel 10 bietet eine Zusammenfassung der Erkenntnisse sowie einen Ausblick auf weiteren Forschungs- und Handlungsbedarf.

2 Grundlagen und Abgrenzung der Untersuchung

Da im Verlauf der Arbeit Begriffe verwendet werden, die durch ihre interdisziplinäre Verwendung mit einer Vielzahl an Bedeutungen konnotiert werden, ist es wichtig, zunächst ein gemeinsames Verständnis dieser zu schaffen. Weiterhin wird durch die Definition der verwendeten Termini eine Abgrenzung des Betrachtungsbereiches der Arbeit erreicht.

2.1 Begriffsabgrenzung künstliche Intelligenz

Künstliche Intelligenz (KI) ist ein interdisziplinäres Forschungsfeld, das Aspekte der Philosophie, Logik, Biologie, Psychologie, Statistik und Ingenieurswissenschaften miteinander vereint (s. NILSSON 2010, S. 10). Die Anwendungsmöglichkeiten sind breit gefächert. Populäre Applikationen von KI sind beispielsweise fortschrittliche Robotik, maschinelle Übersetzungen, Sprach- und Bilderkennung sowie intelligente Empfehlungen und Vorhersagen (s. RUSSELL U. NORVIG 2021, S. 27–29). Aufgrund der interdisziplinären Natur des Forschungsfeldes, sowie dessen langer Historie – Ursprünge können bis auf Aristoteles (384 – 322 v. Chr.) zurückgeführt werden (s. NILSSON 2010, S. 3) – existiert eine Vielzahl von Definitionen für KI. Erschwerend kommt die grundlegende Natur der Begriffe „künstlich“ und „Intelligenz“ hinzu, die in der Philosophie bis heute nicht einheitlich definiert sind (RICH ET AL. 2009, S. 3).

Die Abgrenzung künstlicher Intelligenz im Rahmen der Dissertation dient lediglich als Grundlage für die Definition des Begriffs des maschinellen Lernens. Wie in Kapitel 2.2 näher erläutert werden wird, ist maschinelles Lernen (ML) ein der KI untergeordnetes Forschungsfeld (RUSSELL U. NORVIG 2021, S. 1). Somit muss die Definition für den Kontext der Arbeit drei Anforderungen erfüllen: Sie muss den Untersuchungsbereich sinnvoll eingrenzen, den Begriff KI verständlich erläutern und zudem einen Anknüpfungspunkt für die Definition maschinellen Lernens darstellen. Die auf Basis dieser Kriterien gewählte Definition ist aus dem Werk von RUSSELL U. NORVIG entnommen:

“The field of artificial intelligence, or AI is concerned with not just understanding but also building intelligent entities - machines that can compute how to act effectively and safely in a wide variety of novel situations.”

„Das Forschungsfeld der künstlichen Intelligenz oder KI befasst sich nicht nur mit dem Verstehen, sondern auch mit dem Aufbau intelligenter Entitäten - Maschinen, die berechnen können, wie sie in einer Vielzahl neuartiger Situationen effektiv und sicher handeln können.“ (RUSSELL U. NORVIG 2021, S. 1)

Das Adjektiv „effektiv“ ist dabei eine pragmatische Beschreibung des intelligenten Denkens und Handelns, das die Entitäten präsentieren sollen. Diese Effektivität oder Intelligenz kann nach RUSSELL U. NORVIG auf zwei Arten interpretiert werden: Entweder als Rationalität, sodass stets die objektiv beste Handlungsoption erkannt und gewählt wird. Oder als menschliche Eigenschaft, sodass die Entitäten wie eine Person denken und handeln, inklusive kognitiver Unzulänglichkeiten und Fehler (s. RUSSELL U. NORVIG 2021, S. 1–2).

2.2 Maschinelles Lernen

Der Fokus dieser Arbeit liegt auf automatisiertem maschinellen Lernen. Um den Zweck und die Funktionsweise dieses Verfahrens hinreichend zu erfassen, muss zuvor der Begriff maschinelles Lernen definiert und ein gemeinsames Verständnis der zugrundeliegenden Prinzipien geschaffen werden.

2.2.1 Definition

Die in Kapitel 2.1 gewählte Definition von KI lässt offen, welche Art von Berechnungen die geschaffenen Entitäten durchführen, um in neuartigen Situationen rational oder menschlich zu handeln. Vereinfacht gesagt gibt es zwei Arten von Entitäten künstlicher Intelligenz, deren Ansatz zur Berechnung grundverschieden ist: Solche, die festen, explizit programmierten Instruktionen folgen und solche, die auf Basis von Erfahrungs- und Umgebungsdaten ihre Leistung (s. Kapitel 2.2.4) verbessern können. Nur letztere (sowie Mischformen der beiden Arten, die hier nicht betrachtet werden) lassen sich dem Teilgebiet des maschinellen Lernens zuordnen. Im öffentlichen Diskurs werden KI und maschinelles Lernen häufig synonym verwendet. Diese Unterscheidung zeigt jedoch, dass es auch Formen künstlicher Intelligenz gibt, die nicht lernfähig sind (s. DOMINGOS 2018, S. 34–38; RUSSELL U. NORVIG 2021, S. 1). Zu diesen KI-Entitäten zählen z. B. Expertensysteme, in denen das Wissen von Fachleuten in Form von Regeln explizit einprogrammiert wird (s. BLONDET ET AL. 2019, S. 292). Diese Art von KI wird im weiteren Verlauf der Arbeit nicht betrachtet.

Die zweite genannte Art von KI, maschinelles Lernen, liegt im Fokus dieser Arbeit und wird ebenfalls nach RUSSELL U. NORVIG definiert:

“Machine Learning is a subfield of AI that studies the ability to improve performance based on experience.”

„Maschinelles Lernen ist ein Unterfeld von KI, das die Fähigkeit [von intelligenten Entitäten] untersucht, Leistung auf Basis von Erfahrung zu verbessern.“ (RUSSELL U. NORVIG 2021, S. 1)

Künstliche Intelligenz (Forschungsfeld):
Verstehen & Aufbau intelligenter Entitäten - Maschinen, die berechnen können, wie sie in einer Vielzahl neuartiger Situationen effektiv und sicher handeln können.

Differenzierendes Merkmal: Lernfähigkeit

Maschinelles Lernen (Unterfeld):
Verstehen & Aufbau intelligenter und lernfähiger Entitäten, die ihre Leistung auf Basis von Erfahrung verbessern.

Abbildung 2-1: Begriffsabgrenzung KI und maschinelles Lernen (i. A. a. RUSSELL U. NORVIG 2021, S. 1)

Im Kontext maschinellen Lernens sind die lernfähigen Entitäten stets Computer (s. RUSSELL U. NORVIG 2021, S. 651). Darauf aufbauend wird für den weiteren Verlauf der Arbeit die Eingrenzung getroffen, dass die beschriebenen Entitäten kommerziell erhältliche Computer sind, oder Rechenzentren, auf deren Kapazität zugegriffen werden kann.

2.2.2 Abgrenzung von klassischer Programmierung

Maschinelles Lernen hat in jüngster Vergangenheit zu einer weiten Diffusion von KI in wirtschaftliche und alltägliche Anwendungsbereiche geführt. Dies liegt in der Natur der Algorithmen begründet, welche maschinelles Lernen möglich machen. Nach CORMEN ET AL. ist ein Algorithmus definiert als ein „wohldefinierter Berechnungsvorgang, der einen oder mehrere Eingangswerte annimmt und einen oder mehrere Ausgabewerte produziert“ (CORMEN ET AL. 2001, S. 5). In konventioneller Programmierung und auch in Expertensystemen werden Algorithmen manuell als Instruktionen entworfen und geschrieben (s. BLONDET ET AL. 2019, S. 292; RUSSELL U. NORVIG 2021, S. 22–24). Dieses Vorgehen ist effektiv, wenn die Aufgabenumgebung[1], in welcher der Algorithmus agiert, durch eine begrenzte Anzahl Regeln und Randbedingungen abgebildet werden kann. Ein Beispiel für eine solche Aufgabenumgebung ist das Tic-Tac-Toe-Spiel, in dem eine optimale Strategie in wenigen Regeln hinreichend beschrieben werden kann (s. RICH ET AL. 2009, S. 8–10). Ein Gegenbeispiel ist die Objekterkennung auf Bildern. Diese Problemstellung war bis in die 2010er Jahre nur unzureichend über Algorithmen gelöst (s. RUSSELL U. NORVIG 2021, S. 26–27; SZELISKI 2022, S. 10–11). Das Problem ist, dass Bilddaten in Pixelform zwar Farb- und Ortsinformationen enthalten, diese aber keine direkte Zuordnung zu Objekten zulassen. Regeln, die besagen, dass bestimmte Pixelwerte ein Objekt darstellen, versagen, sobald die Helligkeit geändert wird, das Objekt rotiert oder verschoben wird. Die menschliche Objektwahrnehmung ist permanent sowie rotations- und translationsinvariant (s. SZELISKI 2022, S. 3–4).

[1] Die realen Probleme samt Randbedingungen und impliziten Regeln, welche die Entitäten lösen sollen, s. RUSSELL U. NORVIG 2010, S. 42.

Maschinelles Lernen verfolgt einen anderen Ansatz, um diese und ähnliche Aufgabenumgebungen zu lösen. Anstatt dass ein Mensch explizit einen Algorithmus entwirft und programmiert, wird ein maschineller Lernalgorithmus verwendet, um den Algorithmus zu schreiben, der letztendlich das Problem lösen soll (s. Domingos 2018, S. 6; Samuel 2000, S. 207). Der so entstehende Algorithmus wird im Kontext maschinellen Lernens das Modell genannt (s. Russell u. Norvig 2010, S. 693). Bei korrektem Einsatz des Lernalgorithmus entstehen generalisierende Modelle, die auch in nicht explizit vorher bekannten Situationen sinnvoll agieren können (s. Aggarwal 2018, S. 3). Das Modell muss in seinem genauen Aufbau oder seiner Wirkungsweise nicht unbedingt verständlich für Menschen sein.

Teilweise entstehen Modelle, die allein aufgrund ihres Umfangs nicht nachvollziehbar sind (s. Domingos 2018, S. 7). Moderne Sprach- und Bilderkennungsmodelle bestehen aus mehreren Zehn- bis Hundertmillionen individuellen Parametern (s. He et al. 2015, S. 7; Vaswani et al. 2017, S. 9). Durch die Nutzung der überlegenen arithmetischen Rechenleistung und Speicherkapazität moderner Datenverarbeitungssysteme ist es somit möglich geworden, Entitäten zu schaffen, die in zuvor nicht lösbaren Aufgabenumgebungen sicher agieren.

2.2.3 Lernverfahren

Wie in Kapitel 2.2 erläutert, ist das Grundprinzip maschinellen Lernens, dass ein Lernalgorithmus ein Modell trainiert, das wiederum zur Lösung eines Problems verwendet werden kann. Wichtig ist hierbei, dass es eine Vielzahl unterschiedlicher Lernalgorithmen gibt, welche Komponenten des Modells auf Basis von Daten verbessern (Russell u. Norvig 2021, S. 651). Diese verschiedenen Lernalgorithmen lassen sich in drei Klassen von Lernverfahren unterteilen: Unüberwachtes Lernen (engl. unsupervised learning), überwachtes Lernen (engl. supervised learning), und bestärkendes Lernen (engl. reinforcement learning) (s. Goodfellow et al. 2016, S. 102–105; s. Russell u. Norvig 2021, S. 653). Die Wahl des Lernverfahrens hängt von der gewünschten Ausgabe des Modells (beispielsweise eine Klassifikation, Regression oder Informationen über die Wahrscheinlichkeitsverteilung), der Aufgabenumgebung und den darin verfügbaren Daten ab (s. Russell u. Norvig 2021, S. 651–653).

Die Begriffe Datenpunkt, Merkmal und Ergebnis sind von zentraler Bedeutung für das Verständnis von unüberwachtem und überwachtem Lernen und werden daher in Abbildung 2-2 grafisch dargestellt:

Datensatz	Merkmal 1	...	Merkmal n	Ergebnis
Datenpunkt 1	groß	...	12,5	gut
Datenpunkt 2	klein	...	13,0	schlecht
...	...	...	...	...
Datenpunkt m	mittel	...	11,5	gut

Abbildung 2-2: Begriffe in strukturierten[2] Datensätzen (eigene Abbildung)

Demnach sind Datenpunkte einzelne (Mess-)werte eines Datensatzes. Merkmale (oder engl. features) sind die Dimensionen der erhobenen Datenpunkte, wobei das Label eine Sonderstellung in Form eines Ergebnisses, welches dem Datenpunkt zugeordnet ist, einnimmt.

Beim unüberwachten Lernen wird das Modell darauf trainiert, nützliche Informationen über die Struktur des Datensatzes auf Basis von im Datensatz enthaltenen Merkmalen zu erlernen. Strukturinformationen können beispielsweise Cluster oder die zugrundeliegende Wahrscheinlichkeitsverteilung sein (s. GOODFELLOW ET AL. 2016, S. 103). Beim überwachten Lernen sind den Datenpunkten und ihren Merkmalen ein Label bzw. Ergebnis zugeordnet. Der Lernalgorithmus trainiert dann das Modell darauf, eine Zuordnungsfunktion zwischen den Datenpunkten und diesen Ergebnissen zu lernen. Dies geschieht häufig über die Kontrolle der Differenz zwischen ausgegebenen und erwünschtem Ergebnis, woher der Begriff überwachtes Lernen stammt (s. GOODFELLOW ET AL. 2016, 103; RUSSELL U. NORVIG 2021, S. 653–654).

Bestärkendes Lernen wird verwendet, wenn in einer Aufgabenumgebung lediglich die erreichten Endergebnisse bewertet werden können (wie z. B. das Gewinnen, Verlieren oder Remis eines Schachspiels). Der Lernalgorithmus verbessert auf Basis von Bestrafung oder Bestärkung die Verhaltensweise des Modells in gegebenen Situationen (s. GOODFELLOW ET AL. 2016, S. 104). Beim Ensemble-Lernen werden mehrere Modelle trainiert und anschließend kombiniert, indem zum Beispiel deren Ergebnisse per gewichtetem Durchschnitt zu einem Gesamtergebnis zusammengefasst werden (s. GOODFELLOW ET AL. 2016, S. 253).

2.2.4 Modellarten

Neben den unterschiedlichen Lernverfahren existiert eine große Menge an Modellarten, die sich mit ebendiesen Lernverfahren kombinieren lassen. Die mathematische

---

[2] Neben strukturierten Datensätzen existieren auch unstrukturierte Datensätze, wie z. B. Fließtext, Videos und Sprachaufzeichnungen. Diese sind zwar mit Methoden maschinellen Lernens verarbeitbar, werden dabei aber in Modellketten wieder auf strukturierte Datensätze heruntergebrochen (s. DAS U. CAKMAK 2018, S. 158). Der Hauptfokus dieser Arbeit liegt auf strukturierten Datensätzen.

Funktionsweise der Modellarten in Kombination mit den Lernverfahren ist nicht Fokus dieser Arbeit und würde den Rahmen des Grundlagenkapitels übersteigen. Zur weiteren Lektüre werden an dieser Stelle die bereits zitierten Werke von RUSSELL U. NORVIG (Grundlagenwissen zu KI), GOODFELLOW ET AL. (Fokus auf modernem maschinellen Lernen) und DOMINGOS (Fokus auf Leserlichkeit und Verständnis) empfohlen (vgl. RUSSELL U. NORVIG 2021; GOODFELLOW ET AL. 2016; DOMINGOS 2018). An dieser Stelle geht es nur darum, ein grundlegendes Verständnis der Funktionsweise zu vermitteln und für die Anzahl an verfügbaren Verfahren im maschinellen Lernen zu sensibilisieren. Für diese Arbeit relevante Beispiele von ML-Modellarten sind nachfolgend erläutert.

Grundlegende statistische Verfahren wie die lineare Regression, bei der versucht wird, eine abhängige Variable durch die Passung einer Geraden zu erklären, sind trotz ihrer Einfachheit ein Bestandteil der Modellarten, die im maschinellen Lernen zum Einsatz kommen (s. RUSSELL U. NORVIG 2021, S. 676–677). Vor- und Nachteile linearer Annahmen liegen auf der Hand: Sie haben die Eigenschaft, dass unter den angenommenen Bedingungen vergleichsweise einfach eine optimale Lösung gefunden werden kann – Nachteil ist, dass die gefundene Lösung selten die reale Problemstellung hinreichend repräsentiert (RUSSELL U. NORVIG 2021, S. 677). Methoden aus der Statistik kommen ebenfalls zum Einsatz, wie der Naive-BAYES-Algorithmus, bei dem das Auftreten eines Ereignisses x unter bestimmten Bedingungen θ auf Basis der Häufigkeit seines Auftretens im Trainingsdatensatz mithilfe der BAYES'schen Regel

$$P(x|\theta) = \frac{P(\theta\,|\,x) * P(x)}{P(\theta)} \qquad \textbf{2-1}$$

berechnet wird (s. RUSSELL U. NORVIG 2021, S. 402; s. SZELISKI 2022, S. 194–195).

Für nichtlineare und hochdimensionale Zusammenhänge sind Support-Vektor-Maschinen geeignet, die in den frühen 2000er Jahren in vielen ML-Anwendungsfällen populär waren (s. DOMINGOS 2018, S. 179). Support-Vektor-Maschinen sind für die Klassifikation von Datenpunkten entwickelte Modelle, die eine möglichst gute Trennebene (Klassifikator) zwischen zwei oder mehr zu unterscheidenden Punktgruppen (z. B. Gut- versus Schlechtteile) finden sollen (s. GOODFELLOW ET AL. 2016, S. 139–140). Der Algorithmus optimiert in Richtung eines Klassifikators, der den höchsten Abstand zwischen den gegenüberliegenden Punktwolken darstellt (s. NILSSON 2010, S. 423–425). Die Trennebene wird anschließend durch die Teilmenge der Datenpunkte definiert, die nahe am Klassifikator liegen - die Datenpunkte werden als Stützvektor benutzt (engl. support vectors) (s. NILSSON 2010, S. 423). Durch Einsatz von sogenannten Kernelfunktionen können auch gekrümmte Ebenen beschrieben werden. Das Training erfolgt mit Methoden der quadratischen Optimierung (s. DOMINGOS 2018, S. 190–193).

Die den Neuronen im Gehirn nachempfundenen künstlichen neuronalen Netze (KNN) sind die Grundlage für eine Unterdisziplin des maschinellen Lernens, „Deep learning" (dt. tiefes maschinelles Lernen) (s. GOODFELLOW ET AL. 2016, S. 8–9). KNN lassen sich als Graph mit Knoten und Kanten darstellen (s. NILSSON 2010, S. 66). Eingehende Werte werden über die Kanten abhängig von den Parametern im Netz weitergeleitet.

Die Parameter sind einerseits die Gewichte der Kanten, welche die Stärke der jeweiligen Verbindung darstellen, und die Schwellwerte sowie Aktivierungsfunktionen der Knoten, welche darüber entscheiden, ob die in den Knoten eingehenden Signale stark genug sind, um die dahinterliegenden Schichten zu aktivieren (s. AGGARWAL 2018, S. 11–12). Durch die Verknüpfung mehrerer in Schichten angeordneten Gruppen von Knoten und Kanten entsteht ein Graph, der Eingabewerte in Ausgabewerte verwandelt und dabei auch stark nichtlineare Funktionen approximieren kann (s. RUSSELL U. NORVIG 2021, S. 751–752). Die beschriebenen Funktionen sind zusammenfassend in Abbildung 2-3 dargestellt.

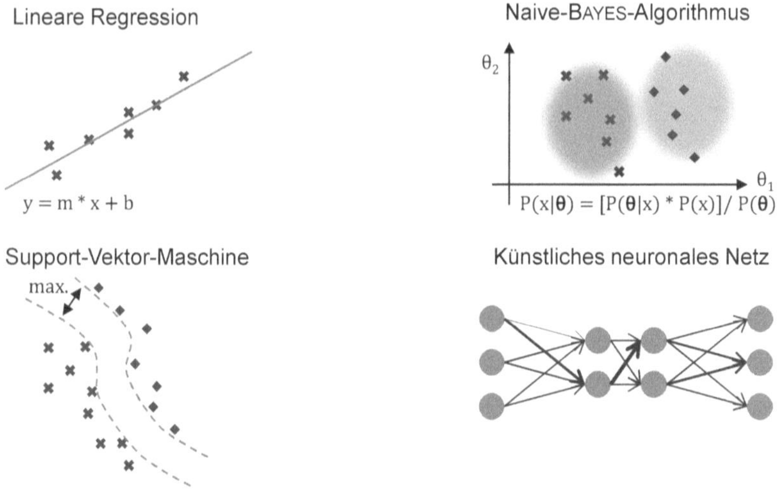

Abbildung 2-3: Populäre Modellarten maschinellen Lernens (eigene Abbildung)

Neben den dargestellten existiert eine Vielzahl an weiteren Modellarten. Es lässt sich nicht generell sagen, welche Modellarten für welche Problemstellungen optimal sind – oder gar ob eine Modellart einer anderen generell überlegen ist (s. GOODFELLOW ET AL. 2016, S. 115–116; WOLPERT U. MACREADY 1997, S. 77). Vielmehr liegt eine der Kernaufgaben beim maschinellen Lernen in der Wahl der Modellart mit der höchsten Leistung. Die Leistung oder Performanz eines Modells ist dabei definiert als das Maß, in dem das Modell die Ziele erreicht, die in der Aufgabenumgebung vorgegeben wurden (RUSSELL U. NORVIG 2021, S. 37). Neben der Auswahl von Lernverfahren und Modellarten ist die Gestaltung der Struktur des gewählten Modells entscheidend für die Leistung. Darauf wird im folgenden Abschnitt eingegangen.

2.2.5 Parameter und Hyperparameter

Das Problem der Optimierung der Modellstruktur wird am Beispiel eines künstlichen neuronalen Netzes verdeutlicht. Ein neuronales Netz ist eine komplexe Funktion, die nichtlineare Input-Output-Zusammenhänge approximieren kann (s. Kapitel 2.2.4).

Diese Modellart eignet sich beispielsweise gut für das in Kapitel 2.2.2 erwähnte Problem der Objekterkennung in Bildern (s. SZELISKI 2022, S. 17). Ein einfaches KNN ist in Abbildung 2-4 dargestellt:

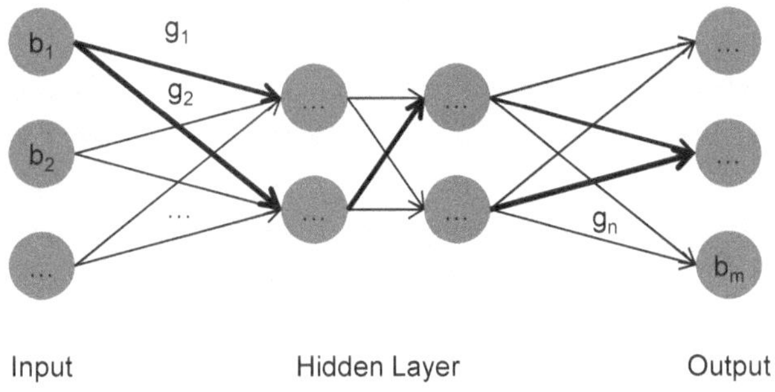

Abbildung 2-4: Schema künstliches neuronales Netz (i. A. a. AGGARWAL 2018, S. 18)

Die Knoten sind dabei in Schichten angeordnet. Die erste Schicht heißt „Input-Layer" (dt. Eingangsschicht), da hier die Eingangsdaten eingefüttert werden, auf deren Basis die Vorhersage generiert wird. Die Schichten im Zentrum werden „Hidden Layer" (dt. versteckte Schichten) genannt, da deren Rechenoperationen in der Anwendung nicht direkt ersichtlich sind (s. AGGARWAL 2018, S. 17). Das „Output-Layer" (dt. Ausgangsschicht) zeigt das Ergebnis der Rechenoperationen an. Dabei repräsentieren die Neuronen des Output-Layer die möglichen Antworten, die durch die Modellierung erzielt werden sollten. Wenn beispielsweise das Netzwerk in Abbildung 2-4 zur Klassifikation von Bauteilen verwendet würde, könnte die Aktivierung des ersten Neurons „gut", des zweiten Neurons „schlecht" und des dritten „Nacharbeit" bedeuten (s. AGGARWAL 2018, S. 17–18).

KNN lernen meist mit dem sogenannten „Backpropagation"-Algorithmus (engl. für rückwärtsgerichtete Ausbreitung, da vom Output-Layer aus rückwärtig gelernt wird). Für die genaue Funktionsweise wird auf das Werk von RUSSELL U. NORVIG verwiesen (vgl. RUSSELL U. NORVIG 2021, S. 755). Ziel des Backpropagation-Algorithmus ist die inkrementelle Änderung der Parameter des Modells, sodass die gewünschte Funktion besser approximiert wird. Die Parameter sind Gewichte der Kanten (in Abbildung 2-4 als g_1-g_n dargestellt) sowie die Aktivierungsschwellwerte (engl. bias), in Abbildung 2-4 als b_1-b_m dargestellt (s. AGGARWAL 2018, S. 19–24; RUSSELL U. NORVIG 2021, S. 754–755).

Was jedoch nicht im Trainingsprozess durch den Backpropagation-Algorithmus angepasst wird, ist die Architektur des KNN, d. h. wie viele Neuronen in welchen Schichten angeordnet sind, und wie diese verbunden werden. Diese strukturgebenden Variablen werden Hyperparameter genannt und existieren nicht nur in KNN, sondern in allen anderen Modellen maschinellen Lernens (s. GOODFELLOW ET AL. 2016, S. 118–120; FEURER U. HUTTER 2019, S. 3). Die Wahl der Hyperparameter hat großen Einfluss auf die Modellleistung (s. FEURER U. HUTTER 2019, S. 3–4). Da die Anpassung der Hyperparameter auf das vorliegende Modellierungsproblem nicht Teil des Trainingsalgorithmus ist geschieht deren Selektion und Anpassung häufig iterativ, manuell und auf Basis von Erfahrungswissen (s. RUSSELL U. NORVIG 2021, S. 671–672).

2.2.6 Erstellungsprozess für Modelle maschinellen Lernens

Der Prozess der Erstellung von Modellen maschinellen Lernens (kurz: ML-Prozess) zielt darauf ab, reale Zusammenhänge zu modellieren und ist eine Unterart empirischer Forschungsmethodik (s. DOMINGOS 2018, S. 13). Auch wenn in der Disziplin des maschinellen Lernens verschiedene Annahmen, Modellarten und Lernverfahren zum Einsatz kommen, werden automatisch Hypothesen über die Wirklichkeit aufgestellt, anschließend getestet und gegebenenfalls korrigiert (s. DOMINGOS 2018, S. 13–14). Auf abstrakter Ebene treten dieselben Prozessschritte bei unterschiedlichen Anwendungsfällen immer wieder auf.

Es existieren verschiedene Referenzmodelle, die anstreben, die Schritte des ML-Prozesses einheitlich zu definieren. Eines der populärsten Modelle ist der CRISP-DM-Zyklus (abgekürzt von eng. Cross Industry Standard Process for Data Mining, dt. branchenübergreifender Standardprozess für Daten-Mining) (s. CHAPMAN ET AL. 1999, S. 10–13; MARTINEZ-PLUMED ET AL. 2021, S. 3048). Der Referenzprozess sieht sechs Schritte vor, wobei diese zwar sequenziell angeordnet sind, jedoch mit Iterationen dazwischen (s. Abbildung 2-5).

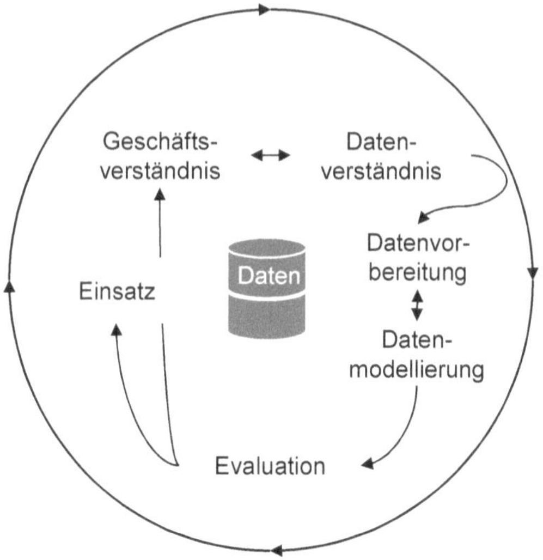

Abbildung 2-5: CRISP-DM Zyklus (i. A. a. CHAPMAN ET AL. 1999, S. 10)

Die sechs Schritte sind Geschäftsverständnis, Datenverständnis, Datenvorbereitung, Datenmodellierung, Evaluation und Einsatz (s. CHAPMAN ET AL. 1999, S. 10). Erklärungsbedürftig sind hierbei die Schritte des Geschäftsverständnis und

Datenverständnis. Mit Geschäftsverständnis (engl. business understanding) ist eine Projektinitialisierung gemeint, bei der unter anderem Ziele für die nachfolgende Datenmodellierung definiert werden (s. MARTINEZ-PLUMED ET AL. 2021, S. 3051). Das Datenverständnis ist der nachfolgende Schritt und inkludiert die Datensammlung sowie die Generierung erster Hypothesen über Substrukturen und Zusammenhänge (s. CHAPMAN ET AL. 1999, S. 10).

CRISP-DM und andere Referenzmodelle verwenden in ihrer Nomenklatur teilweise den Begriff des Data Mining statt des maschinellen Lernens. Es ist möglich, diese Begriffe z. B. durch ihre Historie oder den verwendeten Automationsgrad voneinander abzugrenzen (vgl. TENG U. GONG 2018, S. 1–2). Für den Kontext dieser Arbeit ist die Unterscheidung allerdings irrelevant. CRISP-DM basiert auf den Arbeiten von MATHEUS ET AL., von denen das Referenzmodell KDD (abgekürzt von eng. Knowledge Discovery in Databases, dt. Wissenserwerb in Datenbanken) stammt (s. MATHEUS ET AL. 1993). Später um eine Prozessperspektive erweitert, definiert KDD fünf Schritte: Datenselektion, Datenvorverarbeitung, Datentransformation, Data Mining und Interpretation/Evaluation (s. USAMA FAYYAD ET AL. 1996, S. 29).

Ein aktuellerer Referenzprozess aus dem betriebswirtschaftlichen Kontext wird von KARI ET AL. definiert. Deren Datenstrategie umfasst die Schritte Datensammlung, Datenspeicherung, Datenverarbeitung und die anschließende Wertgenerierung (s. KARI ET AL. 2019, S. 918). In der Wertgenerierung sind Produkte, Prozesse und Entscheidungen inkludiert, die durch die vorangegangene Datenanalyse ermöglicht oder entwickelt wurden. Somit schließt das Modell neben der internen Optimierungsperspektive auch die Entwicklung von Produkten mit Komponenten maschinellen Lernens ein (s. KARI ET AL. 2019, S. 923). In einem weiteren Prozess im Kontext der Automatisierung von verschiedenen Prozessschritten schlagen ZÖLLER U. HUBER eine Dreiteilung des ML-Prozesses in Datenreinigung, Datenvorverarbeitung und Modellierung vor (s. ZÖLLER U. HUBER 2021, S. 413).

Für den Rahmen der Dissertation wird eine aus den vorangegangenen Quellen aggregierte Definition des ML-Prozesses verwendet. Die Definition ermöglicht ein gemeinsames Verständnis im Kontext des Vorhabens und dient als Grundlage für die Erläuterung der Teilschritte, welche für die Lektüre der folgenden Kapitel essenziell ist. Der Prozess umfasst vier Teilschritte und ist in Abbildung 2-6 dargestellt.

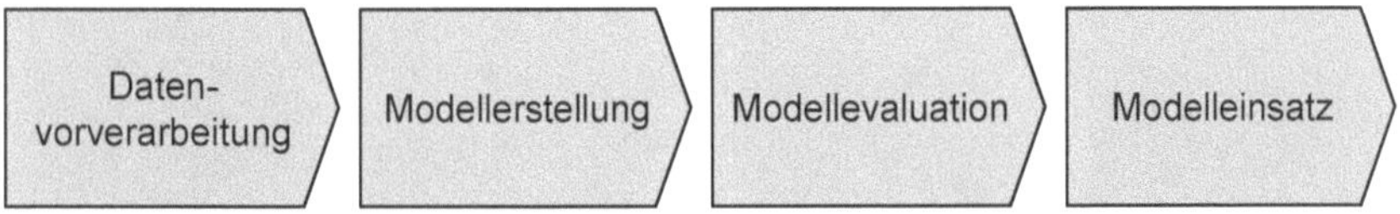

Abbildung 2-6: Schritte des ML-Prozesses (eigene Darstellung)

Unter dem Schritt der Datenvorverarbeitung werden alle Operationen verstanden, die dazu dienen, die rohen erhobenen Daten in einen Datensatz umzuwandeln, welcher sich für die anschließende Modellerstellung eignet. Dazu gehören unter anderem die Bereinigung der Daten (s. ZÖLLER U. HUBER 2021, S. 413), die Reduktion der

Dimensionalität, die Umwandlung von Datentypen, die Repräsentation der Rohdaten über Abbildungen und Funktionen, die Selektion relevanter Features und die Konstruktion neuer Features aus den vorhandenen Daten (s. KONONENKO U. KUKAR 2007, S. 183–201).

Die Modellerstellung umfasst die Auswahl eines geeigneten Modells für den Anwendungsfall, die Wahl der Hyperparameter sowie das anschließende Training, welches beim maschinellen Lernen automatisch erfolgt (s. HUTTER; KOTTHOFF U. THORNTON ET AL. 2019, S. 81–82). Dieser Schritt ist meist iterativ mit dem darauffolgenden Schritt der Modellevaluation verbunden, da bei nicht zufriedenstellender Leistung häufig eine Änderung des gewählte Ansatzes oder der Modellstruktur vollzogen wird, um anschließend erneut zu evaluieren (s. RUSSELL U. NORVIG 2021, S. 671–672). Die Standardmethode zur Evaluation ist, dass Modelle auf einem Teil der verfügbaren Daten trainiert werden (Trainingsdatensatz) und ein Teil der Daten vorbehalten wird (Testdatensatz). Nach dem Training wird die Leistung des Modells anhand des Testdatensatzes überprüft (BROWN U. SAMUELSON 2019, S. 148–149). Damit wird sichergestellt, dass das Modell generalisiert, d. h. die dem Datensatz zugrundeliegende Struktur erlernt und nicht nur die Zusammenhänge aus dem Trainingsdatensatz kopiert (s. DOMINGOS 2018, S. 78).

Der Modelleinsatz beinhaltet zunächst die Umwandlung des Modells in ein einsatzfähiges Format, beispielsweise wenn die Hardware auf der trainiert wurde (wie ein Computer) sich von der Hardware auf der das Modell eingesetzt wird (wie ein mobiles Endgerät) unterscheidet (s. JOHN ET AL. 2021, S. 337). Der zweite Aufgabenbereich ist die Bereitstellung des Modells auf der Einsatzhardware (häufig auch engl. deployment) (s. JOHN ET AL. 2021, S. 337). Drittens gehört zu einem Modelleinsatz noch die kontinuierliche Überwachung der Modellleistung im realen Einsatz, um auf sich ändernde Bedingungen reagieren zu können (s. JOHN ET AL. 2021, S. 338). Damit wird die Sicherheit sowie die Wirtschaftlichkeit der Modellverwendung sichergestellt (s. NETO ET AL. 2022, S. 130754).

2.3 Definition des Begriffs automatisiertes maschinelles Lernen

Wie in den vorangegangenen Kapiteln erläutert, beinhaltet der Weg von der Vorbereitung bis zum Einsatz eines Modells maschinellen Lernens eine Vielzahl an Entscheidungen, welche signifikanten Einfluss auf die Leistung und damit den Nutzen des Modells im Anwendungszusammenhang haben (s. HUTTER; KOTTHOFF U. VANSCHOREN 2019, IX). Der Fakt, dass diese Entscheidungen häufig auf Basis Erfahrungswissen getroffen werden müssen und Modelle häufig iterativ getestet, verworfen und neu konzipiert werden, stellt eine signifikante Hürde für den Einsatz von ML-Modellen dar, gerade in Umgebungen mit wenig Fachwissen auf diesem Gebiet (s. HUTTER; KOTTHOFF U. VANSCHOREN 2019, IX; s. RUSSELL U. NORVIG 2021, S. 671–672).

Das Ziel von automatisiertem maschinellen Lernen (Auto-ML) ist es, diese Entscheidungen datenbasiert, objektiv und automatisch zu treffen (s. HUTTER; KOTTHOFF U. VANSCHOREN 2019, IX). Unter diesem in den 1990er Jahren entstandenen

Forschungsfeld wurde ursprünglich nur die datenbasierte Optimierung von Hyperparametern (s. 2.2.5) verstanden (s. FEURER U. HUTTER 2019, S. 4). Mittlerweile hat sich Begriff und der Fokus der Forschung jedoch erweitert und inkludiert auch vor- und nachgelagerte Schritte des ML-Prozesses (s. ZÖLLER ET AL. 2023, S. 2; XIN ET AL. 2021, S. 1).

Im kontemporären betriebswirtschaftlichen Kontext lassen sich drei Ziele beobachten, welche Unternehmen durch den Einsatz von Auto-ML verfolgen: Die Automatisierung von Routineaufgaben, die schnelle explorative Datenanalyse durch prototypische Modelle und die Demokratisierung von maschinellem Lernen (s. CRISAN U. FIORE-GARTLAND 2021, S. 11; XIN ET AL. 2021, S. 8–9). Im aktuellen betriebswirtschaftlichen ist die Bedeutung von Auto-ML folglich, dass verschiedene Aspekte des ML-Prozesses für unterschiedliche Personengruppen übernommen, vereinfacht und automatisiert werden. Auf Basis der oben genannten Ziele und Abgrenzungen wird im Folgenden eine Definition für automatisiertes maschinelles Lernen für die Dissertation festgelegt:

Automatisiertes maschinelles Lernen bezeichnet die algorithmenbasierte Unterstützung von Personen im Prozess des maschinellen Lernens. Diese Unterstützung erstreckt sich über verschiedene Phasen des Prozesses und zielt darauf ab, algorithmische Verfahren zu nutzen, um Entscheidungen im Rahmen des ML-Prozesses zu erleichtern und zu optimieren.

2.4 Softwarelösungen für automatisiertes maschinelles Lernen

Die betriebswirtschaftlichen Einsatzmöglichkeiten von automatisiertem maschinellen Lernen haben dazu geführt, dass aus dem Forschungsfeld mittlerweile ein Software-Ökosystem mit einer Vielzahl von Auto-ML-Angeboten entstanden ist (s. MASOOD U. SHERIF 2021, S. 12–17; XIN ET AL. 2021, S. 1). Dabei werden stetig neue Angebote entwickelt, wobei einer der Trends die Transformation von Auto-ML-Quellcode oder Bibliotheken hin zu fertigen Softwareprodukten ist, die sich mit hoher Nutzungsfreundlichkeit an ein breites Spektrum von Nutzenden richten (s. MASOOD U. SHERIF 2021, S. 12). Diese Produkte stehen im Zentrum des Betrachtungsbereichs der Dissertation, was eine Abgrenzung gegenüber anderen (nicht produktförmigen) Auto-ML-Werkzeugen und weiteren Software-Arten am Markt mit ähnlichen Funktionsumfang vonnöten macht. Diese Produkte automatisierten maschinellen Lernens werden im folgenden Auto-ML-Softwarelösungen genannt.

2.4.1 Definition von Auto-ML-Softwarelösungen

Auf Basis der prozessual orientierten Definition von Auto-ML im Rahmen dieser Dissertation (s. Kapitel 2.3), werden Auto-ML-Softwarelösungen für den Kontext des Vorhabens als spezielle Form von eines KDD-Systems nach MATHEUS ET AL. (s. Kapitel 2.2.6) angesehen werden. Demnach ist ein KDD-System eine Sammlung von Komponenten, die zusammen auf eine effiziente Art und Weise interessante und nützliche Zusammenhänge aus realen Datenbanken extrahieren können (MATHEUS ET AL. 1993,

S. 905). Für eine sinnvolle Definition gilt es also, die Komponenten zu beschreiben, die ein solches System in Form einer Auto-ML-Softwarelösung definieren.

Auto-ML-Softwarelösungen in Produktform werden entwickelt und angeboten, um von potenziellen Nutzenden im betriebswirtschaftlichen Kontext eingesetzt zu werden (s. Xin et al. 2021, S. 1). Für den Rahmen dieser Dissertation wird daher die Annahme getroffen, dass diese Lösungen versuchen, die Zielstellungen von Unternehmen beim Einsatz von Auto-ML zu befriedigen (s. Crisan u. Fiore-Gartland 2021, S. 11; Xin et al. 2021, S. 8–9):

- Die Automatisierung von Routineaufgaben
- Die Demokratisierung von maschinellem Lernen
- Die schnelle explorative Datenanalyse durch prototypische Modelle

Die Automatisierung von Routineaufgaben im ML-Prozess ist bereits über die ursprüngliche Kernfunktion von Auto-ML gegeben, der Findung von geeigneten Modellen und deren Hyperparametern (s. Feurer u. Hutter 2019, S. 4). Hierdurch ist allerding noch kein signifikanter Demokratisierungseffekt gegeben. Ein Beispiel für Werkzeuge, die zwar Schritte des ML-Prozesses automatisieren, jedoch noch immer eine Eintrittshürde für ML beinhalten, sind Auto-ML-Codebibliotheken, wie z. B. auto-sklearn (s. Masood u. Sherif 2021, S. 12). Für deren Einsatz müssen Nutzende ein Verständnis der kompatiblen Programmiersprache (meist Python oder R) besitzen und darüber hinaus über entsprechende weitere Softwarekomponenten zur Nutzung verfügen. Das Ziel der Demokratisierung wird durch Lösungen adressiert, welche durch eine grafische Bedienungsoberfläche Daten und Modelle visualisieren können (s. Crisan u. Fiore-Gartland 2021, S. 1) und eine Konfiguration und Interaktion ohne Programmierkenntnisse zulassen (s. Masood u. Sherif 2021, S. 274).

Das dritte Ziel, die schnelle explorative Datenanalyse (s. Crisan u. Fiore-Gartland 2021, S. 11) ist nur möglich, wenn Funktionalitäten zur Anbindung von Datenquellen und die anschließende schnelle Validierung von erstellten Modellen möglich ist. Demnach ist die Erweiterung des Auto-ML-Begriffs um weitere Teile des ML-Prozesses (s. Kap 2.3) ein notwendiger Bestandteil von Auto-ML-Softwarelösungen. Es müssen zumindest teilweise Funktionen zur Anbindung von Datenquellen sowie für den anschließenden Modelleinsatz gegeben sein (s. Xin et al. 2021, S. 6–8). Aus diesen Überlegungen ergibt sich die im Rahmen der Dissertation verwendete Definition von Auto-ML-Softwarelösungen:

Auto-ML-Softwarelösungen sind Applikationen, die eine effiziente Analyse von Daten mithilfe von Komponenten automatisierten maschinellen Lernens, einer grafischen Bedienungsoberfläche und Datenschnittstellen ermöglichen.

2.4.2 Abgrenzung von Low-Code- und IoT-Softwarelösungen

Low-Code-Entwicklung ist ein Ansatz, der minimales händisches Schreiben von Code mit einer grafischen Bedienungsoberfläche vereint; die Entwicklung von Anwendungen basiert dabei auf modellgesteuerten Entwicklungsprinzipien und nutzt häufig die

Vorteile einer Cloud-Infrastruktur, visuelle Abstraktion auf hoher Ebene und automatische Codegenerierung (s. ROKIS U. KIRIKOVA 2022, S. 3). Ziel von Low-Code-Softwarelösungen ist es, Nutzenden die Entwicklung von Software mit sehr wenig oder ganz ohne Schreiben von Code mit üblichen Programmiersprachen zu ermöglichen (MINAYA VERA ET AL. 2022, S. 21).

Ähnlich wie Auto-ML wird also versucht, über visuelle Abstraktion ein Demokratisierungseffekt zu erzeugen. Im Gegensatz zu Auto-ML-Softwarelösungen steht allerdings nicht die Erstellung von ML-Modellen, sondern Softwareentwicklung generell im Fokus (s. MINAYA VERA ET AL. 2022, S. 23). Zwar wäre es möglich, mit Low-Code-Plattformen ein ML-Modell zu erzeugen, allerdings würden essenzielle, den Prozess vereinfachende Kernbestandteile fehlen, wie die automatische Hyperparameteroptimierung.

Softwarelösungen für das Internet der Dinge (engl. Internet of Things, kurz IoT), auch IoT-Plattformen genannt, dienen als zentrale Datendrehscheibe zwischen verschiedenen konnektierten Geräten in einem System (s. HEIMES ET AL. 2019, S. 9). Diese Softwarelösungen wurden vor dem Hintergrund einer zunehmend vernetzten Computerisierung geschaffen, die eine stärkere horizontale und vertikalen Integration von Informationssystemen in Unternehmen vonnöten machte (s. HOFFMANN 2018, S. 2). Mit ihrem Ziel, einen vereinfachten, zentralisierten Zugriff auf die Daten in einem Unternehmen zu ermöglichen (s. HEIMES ET AL. 2019, S. 9), ähneln sie Auto-ML-Plattformen in ihrer Eigenschaft, eine schnelle explorative Datenanalyse zu vereinfachen. Dabei liegt der Fokus jedoch auf der Anbindung von Datenquellen und der Verwaltung von Geräten, nicht auf der Demokratisierung von maschinellem Lernen. Erwähnenswert ist, dass sich IoT-Plattformen und Auto-ML-Softwarelösungen ergänzen können und zu einer Verankerung von KI in der Informationssystem-Architektur von Unternehmen beitragen können (s. HEIMES ET AL. 2019, S. 68–72).

2.4.3 Übersicht über Auto-ML-Softwarelösungen

Zur weiterführenden Erläuterung und Verdeutlichung der Definition in Kapitel 2.4.1 wird in der nachfolgenden Tabelle 2-1 eine Übersicht über zum Zeitpunkt der Verfassung aktuelle Auto-ML-Softwarelösungen gegeben. Die Tabelle listet lediglich Softwarelösungen, bei denen ermittelt werden konnte, dass die Merkmale der Definition vollständig erfüllt sind, und die nicht primär als Low-Code oder IoT-Softwarelösungen funktionieren (s. Kapitel 2.4.2). Softwarelösungen, bei denen nicht festgestellt werden konnte, ob die Merkmale der Definition erfüllt sind, wurden ausgenommen. Zudem muss angemerkt werden, dass der Markt für Auto-ML-Softwarelösungen komplex ist und sich mit der Zeit verändern kann.

Tabelle 2-1: Übersicht über Auto-ML-Softwarelösungen

Name	Hosting-Konzept	Kosten-pflichtig?	Quell-offen?	Quelle
Aible	Cloud	Ja	Nein	(AIBLE INC. 2025)
Akkio	Cloud	Ja	Nein	(AKKIO INC. 2025)
Altair AI Studio*	On-Premise	Ja	Ja	(ALTAIR ENGINEERING INC. 2025)
AWS SageMaker Canvas*	Cloud	Ja	Nein	(AMAZON WEB SERVICES INC. 2025)
BigML	Flexibel	Ja	Nein	(BIGML INC. 2025)
Clarifai	Flexibel	Optional	Ja	(CLARIFAI 2025)
Dataiku	Flexibel	Ja	Nein	(DATAIKU 2025)
DataRobot Classic UI*	Flexibel	Ja	Nein	(DATAROBOT INC. 2025)
dotData Enterprise	Flexibel	Ja	Nein	(DOTDATA 2025)
Google Cloud AutoML*	Cloud	Ja	Nein	(GOOGLE CLOUD 2025)
H2O Driverless AI*	On-Premise	Ja	Ja	(H2O.AI 2024)
Hive AutoML	Cloud	Ja	Nein	(CASTLE GLOBAL INC. 2025)
IBM Watson Studio	Cloud	Ja	Nein	(IBM 2025)
KNIME Analytics Platform	On-Premise	Optional	Ja	(KNIME AG 2025)
Kortical AI	Flexibel	Ja	Nein	(KORTICAL LTD. 2023)
Microsoft Azure AutoML*	Cloud	Ja	Nein	(MICROSOFT 2025)
MLJAR Studio	On-Premise	Optional	Ja	(MLJAR SP. Z O. O. 2025)

OneClick.ai	Cloud	Ja	Nein	(TENSORMAKE 2023)
Orange Data Mining	On-Premise	Nein	Ja	(UNIVERSITY OF LJUBLJANA 2025)
Prevision.io	On-Premise	Ja	Nein	(PREVISION.IO 2025)
Splunk AI Toolkit	Flexibel	Ja	Nein	(SPLUNK LLC 2025)
Tazi.ai Platform	Flexibel	Ja	Nein	(TAZI AI SYSTEMS INC. 2025)

Die Spalte „Hosting-Konzept“ umfasst die Optionen „Cloud“, „On-Premise“ und „Flexibel“. Erstere drückt dabei aus, dass es sich um eine cloud-native Lösung handelt, die meist als Service bereitgestellt wird, und auf die über einen Browser zugegriffen werden kann. „On-Premise“ bedeutet, dass ein auf eigener Infrastruktur zu installierendes Softwarepaket bereitgestellt wird. „Flexibel“ heißt, dass beide Optionen angeboten werden und je nach Bedarf gewählt werden können. Die Optionen „Ja“ und „Nein“ in der Spalte „Kostenpflichtig“ sind selbsterklärend, die dritte Möglichkeit „Optional“ bedeutet, dass verschiedene Lizenzmodelle zur Verfügung stehen, von denen eins oder mehrere kostenpflichtig sind. In der dritten Spalte wird beschrieben, ob das Projekt quelloffen ist, das heißt, dass der Quellcode für die Öffentlichkeit zugänglich ist und ggf. dazu beigetragen werden kann.

Die Übersicht kann als Ausgangspunkt für den im entwickelten Verfahren beschriebenen Schritt der Marktrecherche genutzt werden (s. Kapitel 8.2). Die sechs mit einem Stern (*) versehenen Softwarelösungen werden im Rahmen der Validierung einer Funktionsanalyse und anforderungsprofilspezifischen Bewertung unterzogen (s. Kapitel 9.2 und 9.3).

2.5 Begriffsabgrenzung Prognose

Da es sich bei künstlicher Intelligenz um ein interdisziplinäres Forschungsfeld handelt (s. Kapitel 2.1), vereint der Begriff viele Teilforschungsbereiche in sich. Es können verschiedene Kriterien angewandt werden, um eine Taxonomie der verschiedenen Disziplinen und Anwendungszusammenhänge erstellen, darunter:

- Lernende und nicht lernende künstliche Intelligenz (s. Kapitel 2.2)
- Art der Eingangs- und Ausgangsdaten, z. B. Sprache, Bilder oder Wahrscheinlichkeiten (s. GOODFELLOW ET AL. 2016, S. 1)
- Größe der verwendeten ML-Modelle, d. h. maschinelles Lernen und Deep Learning (s. GOODFELLOW ET AL. 2016, S. 1–2)

- Modellarten (s. Kapitel 2.2.4) und deren zugrundeliegende Forschungsfelder wie Neurologie, Statistik und Physik (vgl. DOMINGOS 2018, S. 26–34)

Für den Rahmen dieser Dissertation wurden bereits eine erste Eingrenzung getroffen, der Fokus auf lernende KI in Form von Auto-ML-Softwarelösungen. Um darüber hinaus den Betrachtungsbereich zu schärfen, wird eine weitere Abgrenzung vorgenommen werden, die Unterscheidung von diskriminativer und generativer künstlicher Intelligenz (s. STROBEL ET AL. 2024, S. 4546).

Diskriminative KI umfasst Modelle, die erstellt werden, um durch Klassifikation oder Regression von Datenpunkten Prognosen über die Einordnung von bisher unbekannten Datenpunkten zu treffen (s. SARKER 2021, S. 2; STROBEL ET AL. 2024, S. 4546). Sie werden im Anwendungszusammenhang genutzt, um Aussagen über die Struktur von Datensätzen zu treffen oder um auf Basis dieser Zusammenhänge zukünftige Zustände vorherzusagen (s. STROBEL ET AL. 2024, S. 4546). Generative Künstliche Intelligenz fokussiert die Erzeugung neuer Datensätze auf Basis existierender Daten mithilfe spezieller Deep Learning Modelle, darunter Large Language Models (deutsch: große Sprachmodelle) für die Erzeugung von Texten und Latent Diffusion Models (deutsch: repräsentative Diffusionsmodelle) zur Erzeugung grafischer Inhalte (s. STROBEL ET AL. 2024, S. 4547).

Die Unterscheidung ist dabei vor allem durch den Einsatzzweck gegeben, da generative Modelle mathematisch gesehen nicht trennscharf von diskriminativer KI zu unterscheiden sind: große Sprachmodelle funktionieren als Regressionsmodell und sagen die Wahrscheinlichkeit des nächsten möglichen Wortes voraus (s. VASWANI ET AL. 2017, S. 4–5). Die Generierung von Text geschieht durch iterative Prognose des nächsten Wortes und anschließende Verwendung des Wortes als weiterer Teil der Inputsequenz (s. VASWANI ET AL. 2017, S. 3). Für den Kontext der Dissertation wird ausschließlich diskriminative KI betrachtet, mit einem Fokus auf Prognose. Der Hauptgrund hierfür ist, dass Modelle generativer KI aufgrund ihrer schieren Größe nicht mit konventioneller Infrastruktur oder Ressourcen zu trainieren sind, und daher häufig schon als Produkt in fertiger Form angeboten werden (s. SHAJI ET AL. 2023, S. 95–97). Das Ziel von Auto-ML-Softwarelösungen hingegen ist die Erstellung eigener, auf individuelle Daten zugeschnittene Anwendungsfälle.

2.6 Abgrenzung des Untersuchungsbereichs

Auf Basis der in diesem Kapitel erläuterten Grundlagen und Begriffen wird im folgenden Abschnitt der Untersuchungsbereich der Dissertation eingegrenzt. Dies ist nötig, um die für das Vorhaben relevanten Sachverhalte mit angemessenem Aufwand in ausreichender Tiefe zu untersuchen (s. MALONE U. CROWSTON 1994, S. 100). Um eine Übersicht über die Kriterien der Abgrenzung des Untersuchungsbereichs zu schaffen, wurde die Darstellung mittels einer Morphologie gewählt. Die Methode eignet sich dazu, Merkmale und Ausprägungen von Objekten, Phänomenen und Konzepten verständlich zu visualisieren (s. ZWICKY 1967, S. 274–276). Die Morphologie des

Untersuchungsbereichs ist mittels eines morphologischen Kastens in Abbildung 2-7 dargestellt und wird nachfolgend erläutert.

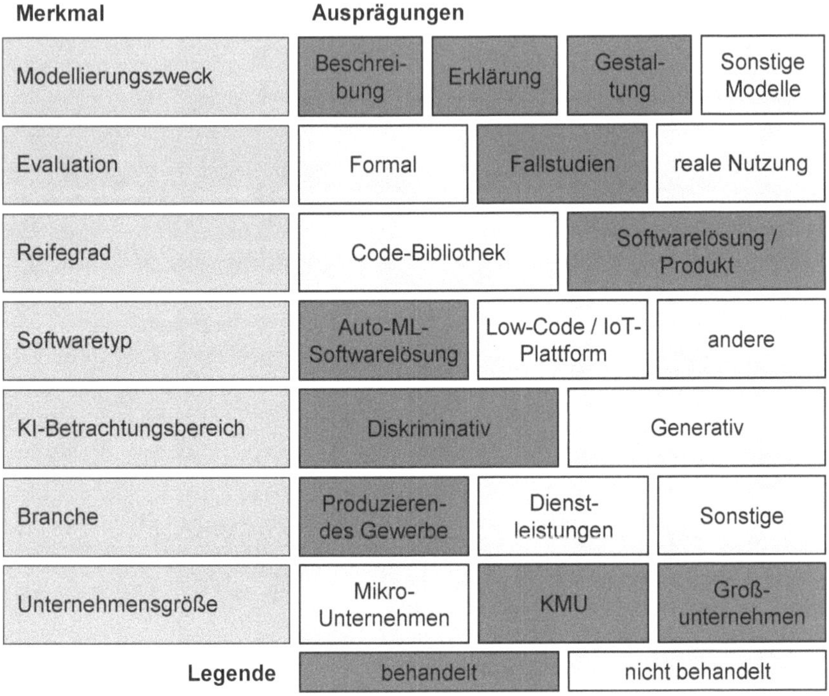

Abbildung 2-7: Abgrenzung des Untersuchungsbereichs (eigene Darstellung)

Der Modellierungszweck des Dissertationsvorhabens ist die Gestaltung eines Auswahlprozesses für Auto-ML-Softwarelösungen. Dafür werden in vorausgehenden Teilmodellen die nötigen Grundlagen geschaffen, indem Funktionen von und Anforderungen an Auto-ML-Softwarelösungen beschrieben werden und anschließend die Zusammenhänge zwischen diesen Sachverhalten erklärt werden. Anschließend wird das entwickelte Vorgehen im Kontext von zwei Fallstudien validiert und die Erfüllung der in Kapitel 4.1 formulierten Anforderungen an die Modelle überprüft (s. FETTKE U. LOOS 2004, S. 1–3).

Wie in Kapitel 2.4 dargestellt, liegt der Fokus des Betrachtungsbereichs auf Auto-ML-Softwarelösungen mit grafischer Bedienungsoberfläche und Funktionalitäten, die in weiten Teilen des ML-Prozesses (s. Kapitel 2.2.6) unterstützen. Auf einem emergenten Anbietermarkt ist eine trennscharfe Abgrenzung von Softwareprodukten schwierig zu realisieren (s. BROSZE ET AL. 2009, S. 52), dennoch wird bei der Modellentwicklung stets angestrebt, Low-Code-Softwarelösungen und IoT-Plattformen (s. Kapitel 2.4.2) aus dem Betrachtungsbereich auszugrenzen. Weiterhin werden generative ML-Modelle und Software, die deren Entwicklung vereinfacht, aus dem

Betrachtungsbereich ausgenommen (s. Kapitel 2.5). Die Zielgruppe, an die sich die Ergebnisse richten, sind produzierende Unternehmen, die eine ausreichende Größe besitzen, um Prozesse und Produkte der fortgeschrittenen Analyse durch maschinelles Lernen zu unterziehen (KMU und Großunternehmen).

3 Stand der Erkenntnisse

Im folgenden Kapitel werden für den Kontext des Dissertationsvorhabens relevante Veröffentlichungen vorgestellt werden. Diese Veröffentlichungen stellen Vorarbeiten zu den in Kapitel 1.3 formulierten Forschungsfragen dar und behandeln Themenstellungen des in Kapitel 2.6 abgegrenzten Untersuchungsbereiches. Ziel des Kapitels ist die Offenlegung der in die Arbeit einfließenden Erkenntnisse sowie der Nachweis der nötigen wissenschaftlichen Eigenleistung, indem die identifizierten Veröffentlichungen in Bezug auf deren Deckungsgrad mit dem Untersuchungsbereich bewertet werden.

Zunächst werden Vorarbeiten betrachtet, die Auto-ML-Werkzeuge und Softwarelösungen analysieren und beschreiben (s. Kapitel 3.1). Zudem werden Veröffentlichungen betrachtet, welche die Effekte und Wechselwirkungen von Auto-ML im Unternehmenskontext untersuchen (s. Kapitel 3.2). Aufgrund des Fokus auf Softwarelösungen werden im darauffolgenden Kapitel existierende Modelle für die Auswahl betrieblicher Anwendungssysteme untersucht (s. Kapitel 3.3). Schließlich werden Ansätze zur Bewertung technischer Lösungen untersucht (s. Kapitel 3.4). In Kapitel 3.5 wird dann eine Übersicht über die analysierte Literatur gegeben und der Forschungsbedarf hergeleitet.

3.1 Analyse von Auto-ML-Werkzeugen und -Softwarelösungen

Die Analyse von Auto-ML-Werkzeugen und -Softwarelösungen fokussiert hauptsächlich die Untersuchung der Leistung verschiedener Lösungen auf einheitlichen Datensätzen (sog. Benchmarks). Während Leistung ein wichtiges Kriterium für den Einsatz ist, ist sie im Kontext dieses Vorhabens eine Eigenschaft von vielen. Relevant für die Dissertation sind daher Werke, die eine umfassendere Betrachtung der Funktionen aktueller Auto-ML-Lösungen vornehmen.

In ihrer Veröffentlichung fokussieren ELSHAWI ET AL. Werkzeuge für eine bestimmte Art der Hyperparameteroptimierung, erläutern in diesem Zuge aber ebenfalls grundlegende Auto-ML-Technologien und -Funktionen (s. ELSHAWI ET AL. 2019). Darüber hinaus wird eine Übersicht über verschiedene Auto-ML-Werkzeuge sowie -Softwarelösungen und deren konkreten Funktionsumfang gegeben. Vor- und nachgelagerte Schritte des ML-Prozesses werden nicht betrachtet. Ebenfalls außerhalb des Betrachtungsrahmens sind Anforderungen aus einer bestimmten Branche. Es werden jedoch Referenzmodelle für den ML-Prozess unter Verwendung von Auto-ML skizziert.

ZÖLLER U. HUBER präsentieren in ihrem Werk eine detailreiche Benchmark von sechs frei verfügbaren Auto-ML-Codebibliotheken (s. ZÖLLER U. HUBER 2021). Dabei werden zugrundeliegende Algorithmen für die Datenvorbereitung und Modellgenerierung umfassend erläutert. Ähnlich wie bei ELSHAWI liegt der Fokus nicht auf vor- und nachgelagerten Schritten des ML-Prozesses. Die Benchmark geschieht auf domänenübergreifenden Datensätzen. Für den Rahmen der Dissertation ist die umfassende Beschreibung der Schritte der Datenvorverarbeitung und Modellgenerierung nützlich.

Durch HE ET AL. wird eine Analyse von circa 100 derzeit verfügbaren Auto-ML-Lösungen vorgenommen (s. HE ET AL. 2021). Allerdings betrachten die Autoren hauptsächlich die Leistung von Codebibliotheken und Algorithmen, vor allem bezogen auf die automatische Erstellung von Architekturen neuronaler Netze. Der ML-Prozess wird dabei in Datenvorbereitung, Feature Engineering, Modellgeneration und Modellschätzung unterteilt (s. Abbildung 3-1).

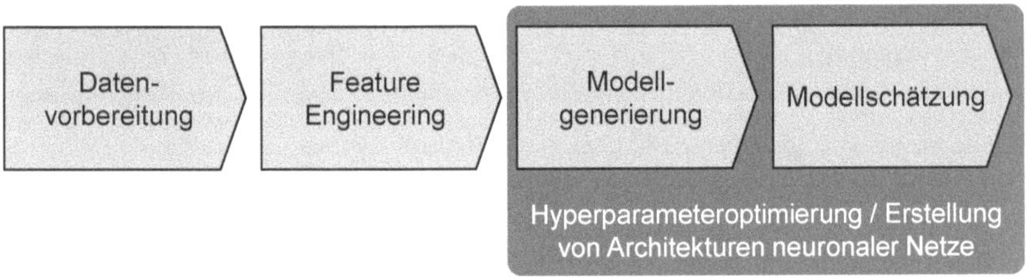

Abbildung 3-1: ML-Prozess mit Elementen automatisierten maschinellen Lernens (i. A. a. HE ET AL. 2021, S. 2)

Die Autoren verwenden den Begriff Modellschätzung statt Modellevaluation, da durch den Fokus ihres Werks auf tiefe neuronale Netze klassische Modellevaluationen anhand von Testdatensätzen zu rechenintensiv wären. Stattdessen werden Heuristiken verwendet, um Einschätzungen über die Modellleistung zu treffen. Fertige Auto-ML-Softwarelösungen sind nicht der Fokus der Betrachtung. Trotzdem können die Beobachtungen für die Ermittlung des Funktionsumfangs von Auto-ML im Kontext der Arbeit verwertet werden. Im Gegensatz zu anderen Publikationen werden auch generative KI-Aufgaben inkludiert (s. HE ET AL. 2021, S. 24).

Im Sammelwerk von HUTTER ET AL. wird das Thema Auto-ML von verschiedenen Autoren beleuchtet (s. HUTTER; KOTTHOFF U. VANSCHOREN 2019). Allerdings haben die Beiträge einen Grundlagenforschungscharakter. Es werden hauptsächlich theoretische Herausforderung auf dem Gebiet Auto-ML und mathematische Lösungsansätze erörtert. Es erfolgt eine Analyse von fünf ausgewählten Auto-ML-Werkzeugen und -Softwarelösungen. Eine Analyse im Kontext einer gewissen Zielgruppe oder Branche eine Zielgruppe findet nicht statt.

YAO ET AL. erarbeiten eine Taxonomie der Funktionsweise von Auto-ML-Lösungen (s. YAO ET AL. 2019). Sie schließen dabei fünf Auto-ML-Werkzeuge in Form von Code-Bibliotheken und sechs Auto-ML-Softwarelösungen mit grafischer Bedienungsoberfläche ein. Trotz der in der Kurzzusammenfassung formulierten Zielstellung einen Anwendungszusammenhang zur Industrie herzustellen, werden keine nennenswerten Wechselwirkungen zwischen diesen beiden Themenstellungen identifiziert oder erläutert. Gleichwohl sind die im Rahmen der Taxonomie erarbeiteten Schemata nützlich für die Funktionsanalyse im Rahmen der Dissertation.

LEE ET AL. schlagen eine Referenzarchitektur (s. Abbildung 3-2) für Auto-ML im Kontext von intelligenter Automation, (Stadt-)Verwaltung und Energieinfrastruktur vor (s. LEE

ET AL. 2019). Dabei gehen sie auf Funktionsweise von Auto-ML ein und nennen existierende Code-Bibliotheken (s. LEE ET AL. 2019, S. 6).

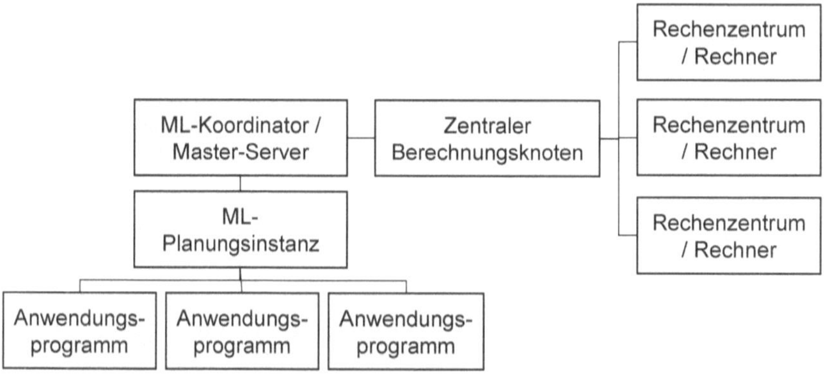

Abbildung 3-2: Plattformarchitektur für ML-Anwendungen (s. LEE ET AL. 2019, S. 497)

Im Rahmen der Datenaufnahme interagieren die Nutzer über ML-Anwendungsprogramme mit der Plattform, die Anfragen an den autonomen ML-Koordinator senden, den Fortschritt überwachen und Ergebnisse des Lernens und der Inferenz empfangen. Die Datenvorbereitung und das Modelltraining werden durch den ML-Koordinator gesteuert, der Machine-Learning-Aufgabenpläne auf Basis verfügbarer Konfigurationen erstellt und ausführt. Die ML-Planungsinstanz übernimmt dabei Auto-ML-Aufgaben und wählt Modellkonfigurationen und Hyperparameter aus, führt die Merkmalsselektion und -extraktion durch und übernimmt das Deployment der Modelle (s. LEE ET AL. 2019, S. 497). Die Architektur sieht vor, dass die berechnungsintensiven Aufgaben auf verschiedenen Rechenressourcen durchgeführt werden. Der zentrale Berechnungsknoten empfängt Aufgaben vom ML-Koordinator, verteilt sie auf die verfügbaren Ressourcen, überwacht ihren Fortschritt und passt bei Bedarf die Verteilung der Aufgaben an (s. LEE ET AL. 2019, S. 497–498).

Relevant für die Arbeit ist die Eigenschaft der vorgeschlagenen Plattform, durch ihre Architektur sowohl die Nutzung bestehender Werkzeuge als auch die flexible Entwicklung und Anpassung von Machine-Learning-Modellen zu ermöglichen, ohne dass die Nutzer tiefgehend in die technischen Details involviert sein müssen. Allerdings wird trotz des Bezugs auf drei verschiedene Branchen kein konkretes Vorgehens- oder Gestaltungsmodell zur Einführung von Auto-ML in diese Domänen entwickelt.

TRUONG ET AL. vergleichen in ihrer Veröffentlichung den Funktionsumfang und die Leistung von 14 verschiedenen Auto-ML-Codebibliotheken und -Softwarelösungen (s. TRUONG ET AL. 2019). Der Fokus liegt dabei nicht auf der realen Anwendung in einer bestimmten Branche. Ähnlich wie in den Analysen und Vergleichen der vorherigen Quellen werden frei verfügbare Datensätze angewandt, um die Leistung der Auto-ML-Lösungen zu bewerten. Die Datensätze stammen aus verschiedenen Anwendungsdomänen.

Insgesamt fällt auf, dass einige Veröffentlichungen existieren, welche den Funktionsumfang von Auto-ML-Codebibliotheken, Werkzeugen und Softwarelösungen mehr oder weniger umfassend umschreiben. Dabei werden entweder existierende Lösungen recherchiert, beschrieben und dann verglichen, oder die Funktionen von Auto-ML im Anwendungszusammenhang hergeleitet und beschrieben. Die Validierung der identifizierten Funktionen geschieht dabei anhand von Literatur oder quantitativ-formal in Form einer Benchmark. Allerdings wird in diesen Werken selten ein konkreter Zusammenhang zu Branchen oder Anwendungsfällen hergestellt, sodass gewisse Zielgruppen kaum Klarheit über die Eignung von Auto-ML-Lösungen für ihre Herausforderungen gewinnen. Zudem werden die Benchmarks auf Basis frei verfügbarer und synthetischer Daten erstellt, sodass selbst die erfolgten Vergleiche der Lösungen untereinander produzierenden Unternehmen keinen Aufschluss darüber geben, welche Lösung für ihren Anwendungsfall am besten geeignet ist. Eine einfache Übertragbarkeit der Leistung der Lösungen ist, wie in Kapitel 2.2.4 erläutert, nicht gegeben.

3.2 Analyse des Einsatzes von Auto-ML in Organisationen

Neben Veröffentlichungen, bei denen die Analyse der Softwarelösung im Vordergrund steht, existiert ebenfalls Literatur, welche anwendungsnah die Effekte des Einsatzes von Auto-ML in Organisationen untersucht. Da in der vorliegenden Dissertation erforscht wird, welche Anforderungen an Auto-ML-Softwarelösungen durch eine bestimmte Zielgruppe gestellt werden, ist es nötig, diese Vorarbeiten zu betrachten.

In der Veröffentlichung von Kißkalt et al. wird eine Auto-ML-Codebibliothek hinsichtlich ihrer Leistung mit klassischen Ansätzen maschinellen Lernens verglichen (s. Kißkalt et al. 2020). Durch den Fokus auf Anwendungen in der Industrie werden implizit technische Anforderungen der Zielgruppe an Auto-ML betrachtet, was für die Beantwortung der zweiten Teilforschungsfrage von Wert ist. Allerdings schließt Zielsetzung der Dissertation auch andere Kriterien als Leistung ein, weswegen auch hier nur eine Teilabdeckung gegeben ist. Zudem wird die Zielgruppe wird nicht hinsichtlich der Unternehmensgröße differenziert.

Das Werk von Das u. Cakmak ist eine Monografie, die als Leitfaden in einfach verständlicher Sprache versucht, Ratschläge zum praktischen Einsatz von Auto-ML in Unternehmen zu geben (s. Das u. Cakmak 2018). Dabei wird die Verwendung von Softwarebibliotheken ohne Low-Code-Funktion oder Bedienungsoberfläche fokussiert. Funktionen von Auto-ML-Werkzeugen werden implizit behandelt. Die übergeordneten Ratschläge am Ende zum Einsatz in Unternehmen können in Teilen als Gestaltungsmodell verstanden werden (s. Das u. Cakmak 2018, S. 304–313). Zwar wird keine Zielgruppe direkt genannt, die Verwendung von kostenlosen Lösungen und einfacher Sprache lässt aber auf eine Ausrichtung auf kleine und mittlere Unternehmen schließen, die ein begrenztes Budget und keine eigene Datenanalyse-Abteilung haben.

In ähnlicher Weise bieten Masood u. Sherif einen praktischen Leitfaden zur Einführung von Auto-ML (s. Masood u. Sherif 2021). Masood u. Sherif beschreiben den

ML-Prozess dabei als teambasierten Prozess im Unternehmen, dessen Ziel die Zufriedenheit der Kundschaft ist (s. Abbildung 3-3).

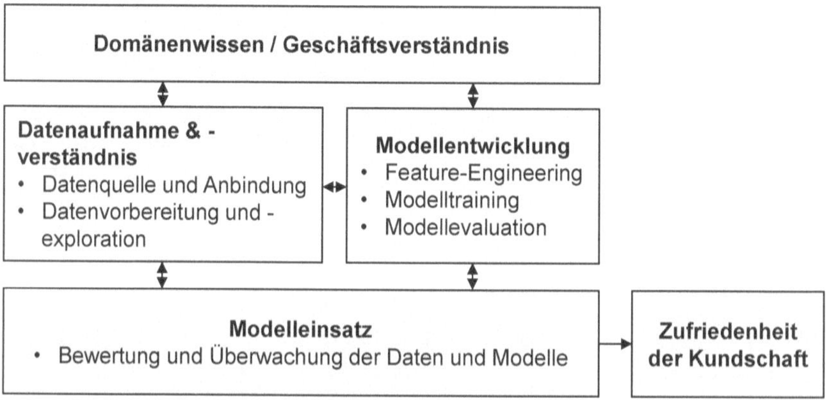

Abbildung 3-3: Teambasierter Data-Science-Prozess (i. A. a. MASOOD U. SHERIF 2021, S. 5)

Der Prozess vereint dabei Elemente des CRISP-DM-Zyklus (s. Abbildung 2-5) mit Elementen maschinellen Lernens. So fußt der iterative Prozess ähnlich wie bei CRISP-DM auch auf dem Geschäfts- und Datenverständnis, präzisiert aber die Art und Weise der Datenmodellierung und des Einsatzes durch konkrete ML-Prozessschritte wie Feature-Engineering und Modelltraining.

Die Monografie enthält allgemeine Informationen über das Thema Auto-ML, mathematische Hintergründe, sowie praktische Ratschläge zur Nutzung, bezogen auf spezifische Auto-ML-Softwarelösungen. Dabei werden Open-Source und Cloud-Plattform-Lösungen unterschieden. Am Ende werden ähnlich wie bei DAS U. CAKMAK Ratschläge zur Einführung in Organisationen gegeben. Es erfolgt keine Eingrenzung nach Branche oder Unternehmensgröße, weswegen die Ratschläge in Form von allgemeinen Leitlinien präsentiert werden.

XIN ET AL führen in ihrer Veröffentlichung eine Studie unter 16 Teilnehmenden durch. Dabei lassen sie die Teilnehmenden Probleme maschinellen Lernens mithilfe von 15 verschiedenen Auto-ML-Softwarelösungen lösen (s. XIN ET AL. 2021). Einerseits erheben sie quantitative Bewertungen der Softwarelösungen durch die Teilnehmenden, andererseits werden qualitative Einschätzungen über Nutzen und Nachteile von Auto-ML erhoben (s. XIN ET AL. 2021, S. 6). Die Anwendenden stammen aus verschiedenen Domänen; Es wird offengelegt, dass die Teilnehmenden unterschiedliche Expertise auf dem Gebiet maschinellen Lernens besitzen (s. XIN ET AL. 2021, S. 5).

Wichtige qualitative Erkenntnisse der Untersuchung sind der Demokratisierungseffekt von Auto-ML sowie die Vorteile durch Standardisierung des ML-Prozesses (s. XIN ET AL. 2021, S. 8–9). Genannte Nachteile sind, dass nicht alle Tools den kompletten ML-Prozess abbilden und dass durch die Automatisierung auch Freiheitsgrade bezüglich der Anpassbarkeit wegfallen (s. Xin et al. 2021, S. 10–11). Insgesamt ist das Werk für die Dissertation trotz fehlender Domäneneinschränkung interessant im Rahmen der zweiten Teilforschungsfrage.

Die Veröffentlichung von Crisan u. Fiore-Gartland untersucht den Einsatz von Auto-ML-Softwarelösungen in Unternehmen sowie die Rolle des Menschen im Automatisierungsprozess (s. Crisan u. Fiore-Gartland 2021). Durch Interviews mit 29 Personen aus verschiedenen Organisationen identifizieren die Verfassenden drei Hauptszenarien für die Nutzung von Auto-ML und zudem die gewünschte Ebene der Automatisierung in Abhängigkeit vom technischen Fachwissen der ML-Fachkräfte (s. Crisan u. Fiore-Gartland 2021, S. 3–4). Die gewünschten Automatisierungsgrade anhand der von den Autoren verwendeten Variante des ML-Prozesses sind in Abbildung 3-4 dargestellt.

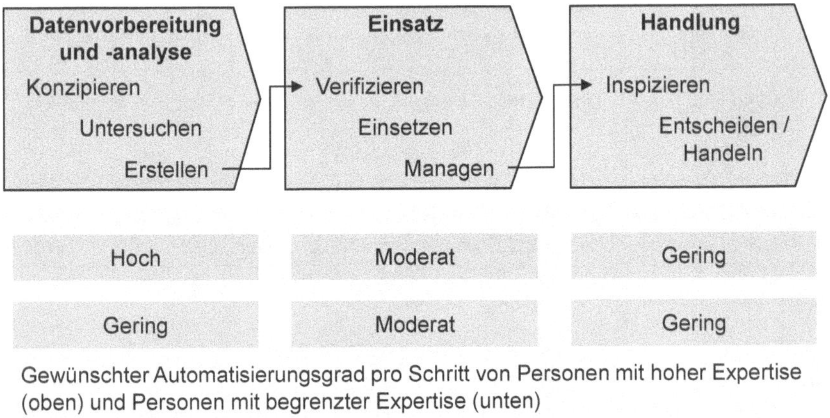

Abbildung 3-4: ML-Prozess und gewünschte Automatisierungsgrade (i. A. a. Crisan u. Fiore-Gartland 2021, S. 1–15)

Der Prozess ist nach Crisan u. Fiore-Gartland in drei Schritte eingeteilt. Der erste Schritt beinhaltet dabei alle Aufgaben einschließlich der Modellerstellung, der zweite Schritt den Einsatz und das Managen des Modells. Der dritte Schritt umfasst mit der resultierenden Handlung im Gegensatz zu vorangegangenen Interpretationen des ML-Prozesses ebenfalls die Nutzung der aus der Modellierung gewonnenen Resultate im Anwendungszusammenhang (s. Crisan u. Fiore-Gartland 2021, S. 1). Der gewünschte Automatisierungsgrad unterscheidet sich dabei nach der Expertise der anwendenden Person. Die größte Diskrepanz lässt sich dabei in dem Schritt der Datenvorbereitung und -analyse feststellen, in der Personen mit hoher Expertise einen geringen Automatisierungsgrad anstreben und Personen mit begrenzter Expertise einen hohen Automatisierungsgrad vorziehen (s. Crisan u. Fiore-Gartland 2021, S. 6–7).

Darüber hinaus werden von den Verfassenden Herausforderungen und Einschränkungen beim Einsatz von Auto-ML-Technologien, einschließlich der Anpassung der Automatisierungsniveaus und der Einbindung von Datenvisualisierung zur Unterstützung menschlichen Verständnisses, diskutiert (s. CRISAN U. FIORE-GARTLAND 2021, S. 5–10). Zentrale Erkenntnisse sind die drei Zielstellungen, die durch die Interviews identifiziert werden. Demnach wird Auto-ML im Unternehmen eingesetzt, um wiederkehrende Aufgaben zu automatisieren, schnell prototypische Modelle zu erstellen, und um Demokratisierungseffekte zu erzielen, sodass auch Personen mit wenig ML-Expertise Modelle erstellen können (s. CRISAN U. FIORE-GARTLAND 2021, S. 11). Die Interviewten stammen aus allen Unternehmensgrößen und Branchen des Betrachtungsbereichs. Es werden keine Aussagen über die Art der verwendeten Auto-ML-Softwarelösungen getroffen.

Zusammenfassend lässt sich sagen, dass relevante Vorarbeiten über Effekte, Anforderungen und Zielstellungen des Einsatzes von Auto-ML in Organisationen existieren. Auffallend ist, dass bei diesen Vorarbeiten selten ein Fokus auf eine bestimmte Branche gelegt wird. Meist finden die Untersuchungen über mehrere Organisationsformen und -größen statt. So wird in keiner der Veröffentlichungen die produzierende Industrie in den Fokus gesetzt. Dies hat zudem zum Effekt, dass falls über deskriptive Beobachtungen hinaus Bewertungskriterien für die Eignung von Auto-ML-Lösungen identifiziert und angewandt werden, diese auf nicht-funktionaler und qualitativer Ebene bleiben. Somit sind auch die abgeleiteten Leitlinien zum Einsatz von Auto-ML nur mit hoher zusätzlicher Eigenleistung auf produzierende Unternehmen anzuwenden. Eine Weiterentwicklung der Erkenntnisse hin zu anwendbaren Erklärungs- oder Gestaltungsmodellen zum Einsatz von Auto-ML in Unternehmen findet nicht statt.

3.3 Existierende Modelle für die Softwareauswahl

Ziel der vorliegenden Dissertation ist es, eine Methode zur Auswahl von Softwarelösungen für automatisiertes maschinelles Lernen zu entwickeln (s. Kapitel 1.2). Dabei ist die Herausforderung, geeignete betriebliche Applikationen zu selektieren, nicht neu. Es existieren verschiedene Vorgehensmodelle für unterschiedliche Arten von Software, darunter ERP-Systeme (abgekürzt von eng. Enterprise Resource Planning, dt. Betriebliche Ressourcenplanung) oder MES (abgekürzt von eng. Manufacturing Execution Systems, dt. Fertigungssteuerungssystem). Im Folgenden werden relevante Vorgehensmodelle erläutert, um einen Überblick über den Stand der Erkenntnisse zu geben.

Das 3-Phasen-Konzept nach BROSZE ET AL. ist ein in drei Schritte untergliedertes Gestaltungsmodell zur strukturierten Auswahl von Standard-ERP-Systemen (s. BROSZE ET AL. 2009, S. 53). Das Vorgehen ist in Abbildung 3-5 dargestellt und wird nachfolgend erläutert.

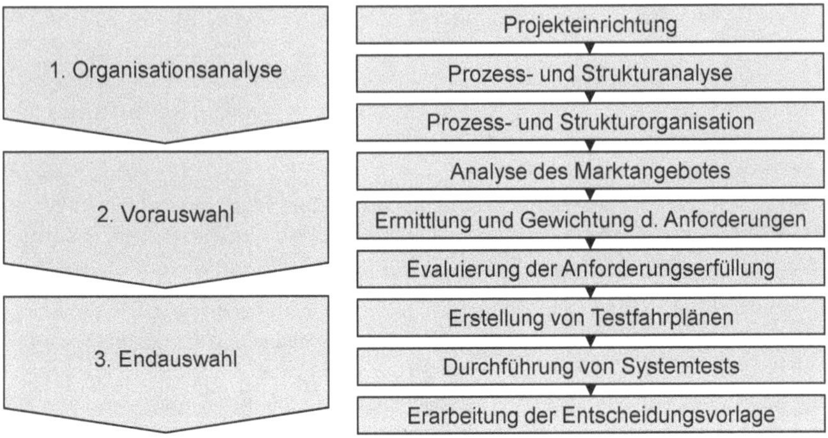

Abbildung 3-5: 3-Phasen-Konzept (i. A. a. BROSZE ET AL. 2009, S. 53)

In der ersten Phase wird eine Organisationsanalyse durchgeführt, um die spezifischen Bedürfnisse und Anforderungen des Unternehmens in Form von Strukturen und Prozessen zu identifizieren (s. BROSZE ET AL. 2009, S. 53–54). Teil dieser Phase ist ebenfalls die Projektinitialisierung. Darauf aufbauend werden in der zweiten Phase mögliche ERP-Systeme evaluiert und verglichen, um die beste Lösung für das Unternehmen zu finden (s. BROSZE ET AL. 2009, S. 54). Ziel dieser Phase ist es, aus den am Markt verfügbaren Systemen drei bis vier auszuwählen, die in die Endauswahl mit einbezogen werden. Die dritte Phase ist eine detaillierte Betrachtung der favorisierten Kandidaten mittels eines Systemtests; auf Basis dessen wird eine Entscheidungsvorlage erstellt (s. BROSZE ET AL. 2009, S. 54). Das Gestaltungsmodell ist auf fertige Softwarelösungen für produzierende Unternehmen zugeschnitten und ist daher für die Dissertation relevant. Allerdings findet sich in der Quelle keine Form der Validierung der Erkenntnisse. Zudem wurde das Modell lediglich für die Auswahl von ERP-Systemen entwickelt (s. BROSZE ET AL. 2009, S. 52).

In dem Werk von KRCMAR wird im Kapitel zum Management des Anwendungslebenszyklus ein Gestaltungsmodell zur Auswahl von Software vorgestellt (s. KRCMAR 2015, S. 214–215). Dafür definiert KRCMAR zunächst die Beschaffung von Standardsoftware als Sonderfall der Aufgabe „Bereitstellen von Anwendungssystemen" im Informationsmanagement (s. KRCMAR 2015, S. 212). Die von ihm erarbeiteten Alternativen sind in Abbildung 3-6 dargestellt.

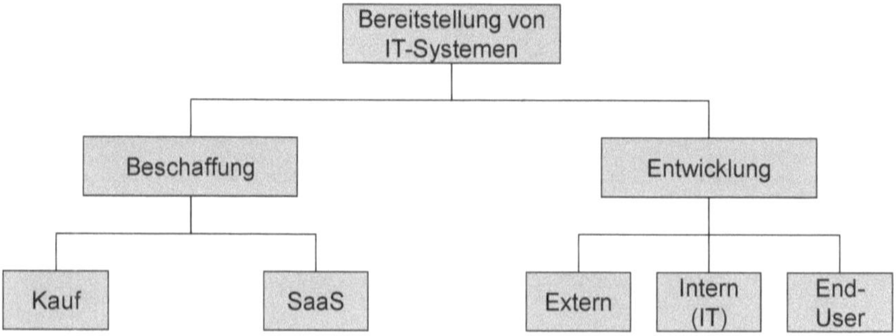

Abbildung 3-6: Alternativen der Softwarebereitstellung (i. A. a. KRCMAR 2015, S. 212)

Neben der Kaufentscheidung, d. h. der Beschaffung von Standardsoftware am externen Markt besteht zudem die Möglichkeit der Erstellung von Individualsoftware (s. KRCMAR 2015, S. 212). Dabei kann diese Alternative weiter nach dem Kriterium der entwickelnden Personen differenziert werden: Individualsoftware kann demnach von externen IT-Unternehmen, der eigenen IT-Abteilung oder von den Anwendenden selber entwickelt werden (s. KRCMAR 2015, S. 211–212). Bei dem Entscheid für einen Kauf von Standardsoftware ist das Bereitstellungskonzept ein differenzierender Faktor: Entweder kann im klassisch transaktionalen Geschäftsmodell eine Software erworben werden, oder man bezieht die Software als SaaS (abgekürzt von engl. Software as a Service, dt. Software als Dienstleistung), sodass initiale Aufwände für die nötige IT-Infrastruktur geringer ausfallen (s. KRCMAR 2015, S. 211–213).

Diese hierarchisch-deskriptive Analyse der Softwarebereitstellung im Informationsmanagement zeigt ein Spannungsfeld auf, in dem sich Auto-ML-Softwarelösungen bewegen. Zwar beginnt der Nutzungszyklus dieser Software für den Kontext der Dissertation mit der Beschaffung am Markt (s. Kapitel 2.6), jedoch werden durch diese Lösungen Anwendende befähigt, eigene Applikationen zu entwickeln - vor allem dann, wenn die Softwarelösung die Option bietet, generierte Modelle in Formen von Applikationen bereitzustellen (s. CRISAN U. FIORE-GARTLAND 2021, S. 11).

Das vorgestellte Gestaltungsmodell ist ein sequenzielles Eliminierungsverfahren, bei dem die Gruppe der relevanten Softwarelösungen sukzessive auf eine hinreichend kleine Zahl reduziert wird (s. Abbildung 3-7).

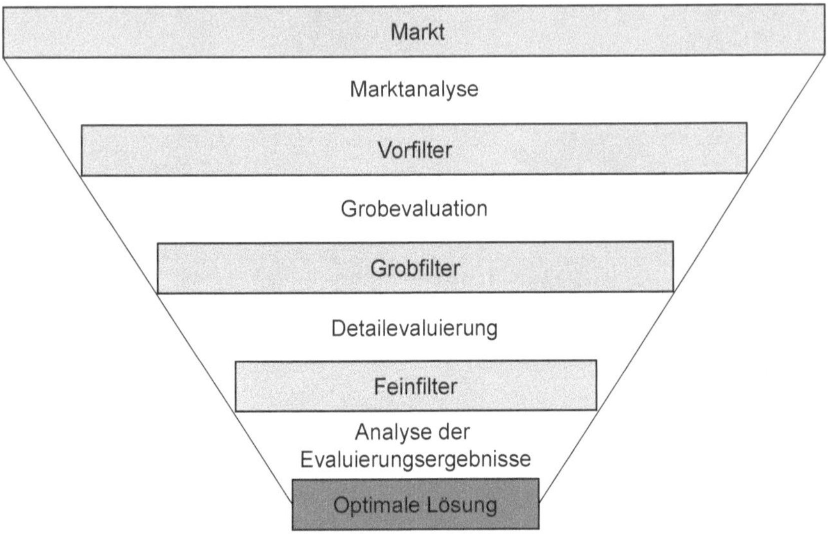

Abbildung 3-7: Softwareauswahl nach Filterprinzip (i. A. a. KRCMAR 2015, S. 215)

Dieses Verfahren ist eine Zusammenfassung des pflichtenheftbasierten Ansatzes von SCHREIBER und des quantitativen Vorgehens von AYAĞ U. ÖZDEMİR, die eine Auswahl von ERP-Systemen mithilfe einer Bewertung nach Fuzzy-Logik vorschlagen (s. SCHREIBER 2003; AYAĞ U. ÖZDEMİR 2007, S. 2169–2194). Demnach werden die am Markt verfügbaren Lösungen durch einen Vorfilter, einen Grobfilter und einen Feinfilter schrittweise reduziert (s. KRCMAR 2015, S. 214–216), wobei ähnlich wie beim 3-Phasenkonzept von BROSZE ET AL. der Aufwand und Detailgrad der Evaluation pro Schritt pro System ansteigt. Zunächst wird eine grobe Evaluation nach KO-Kriterien durchgeführt, danach detaillierte Nutzwertanalysen verwendet, um schließlich einen Evaluierungsbericht zu erstellen und zu konsultieren, um die optimale Lösung zu finden (s. KRCMAR 2015, S. 215). Im Gegensatz zum vorangegangenen Vorgehensmodell wird durch KRCMAR keine explizite Eingrenzung der Software oder Branche vorgenommen.

Das Gestaltungsmodell von PITIC ET AL. konzentriert sich auf ERP-Systeme und hat die Form einer Roadmap mit vier aufeinanderfolgenden Schritten (s. PITIC ET AL. 2014, S. 1377). Das Vorgehen gliedert sich in vorbereitende Phase, Analyse, Evaluation und Verhandlung. Dabei werden für jeden Schritt Input-Größen in Form von Verantwortlichen und Ressourcen definiert, sowie nötige Handlungen und das zu erreichende Ergebnis (s. PITIC ET AL. 2014, S. 1377–1380). Von den anderen Modellen hebt sich die Roadmap durch den Detailgrad der vor- und nachgelagerten Schritte (Vorbereitung und Verhandlung) ab. Zudem wird eine konkrete, quantitative Bewertungsmaßnahme für die Evaluationsphase in Form der TCO (abgekürzt von eng. Total Cost of Ownership, dt. Gesamte Lebenszykluskosten) vorgeschlagen (s. PITIC ET AL. 2014, S. 1380). Allerdings ist die Methode explizit für eine mittlere Vertriebsgesellschaft entwickelt worden und PITIC ET AL. räumen Zweifel an der Übertagbarkeit auf andere Industrien ein (s. PITIC ET AL. 2014, S. 1381).

Die Autoren KAUFMANN U. MÜLDER beschreiben ein allgemeines strukturiertes Vorgehen zur Einführung von Software in Unternehmen, sowohl für Eigenentwicklung als auch Kauf (s. KAUFMANN U. MÜLDER 2023, S. 477). Die allgemeinen Schritte beginnen mit der Projektinitiierung, darauf folgt die Geschäftsprozessanalyse, Anforderungsdefinition und Softwaretests (s. Abbildung 3-8).

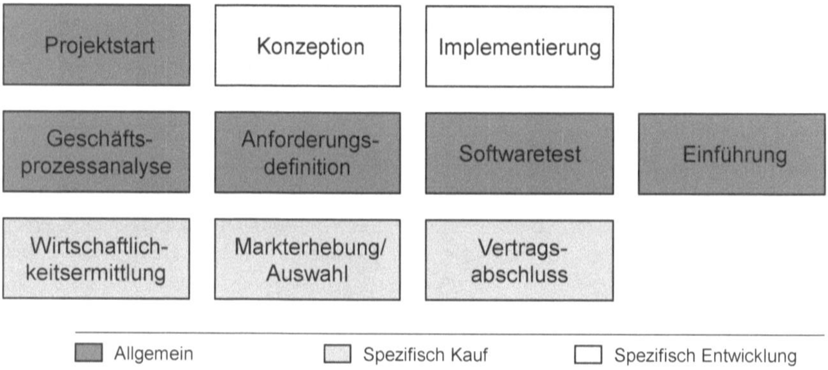

Abbildung 3-8: Aktivitäten bei Softwareauswahl und -entwicklung (i. A. a. KAUFMANN U. MÜLDER 2023, S. 477)

Für die Einführung von Standardsoftware werden die Schritte konkretisiert: Parallel zu den drei allgemeinen Schritten findet eine Phase der Wirtschaftlichkeitsanalyse, dann der Markterhebung mit Auswahl und schließlich der Vertragsabschluss statt (s. KAUFMANN U. MÜLDER 2023, S. 475–477). Der Fokus liegt auf der pragmatischen Auswahl und Implementierung unter Berücksichtigung von Kosten, Nutzen und Anpassung an betriebliche Anforderungen. Spezifische Branchen oder Unternehmensarten werden nicht hervorgehoben, zudem ist das Vorgehen scheint universell anwendbar.

Im Kontext der Einführung eines PLM-Systems (abgekürzt von eng. Product Lifecycle Management, dt. Produktlebenszyklusmanagement), stellen SCHUH U. UAM ein in drei Phasen und acht Schritte gegliedertes Vorgehen vor (s. SCHUH U. UAM 2012, S. 401–408). Dabei fallen deutliche Ähnlichkeiten zu dem 3-Phasen-Konzept nach BROZSE ET AL. auf (vgl. BROSZE ET AL. 2009). Der Prozess beginnt mit der Projekteinrichtung, bei der die Projektziele festgelegt und der Betrachtungsbereich des PLM-Projektes definiert wird, wobei die IT-Strategie des Unternehmens als Gestaltungsrahmen dient (s. SCHUH U. UAM 2012, S. 401–402). Darauf folgt die Potenzialanalyse, die darauf abzielt, Schwachstellen und Optimierungspotenziale zu identifizieren und einen ersten Überblick über den Markt der PLM-Systeme zu erhalten (s. SCHUH U. UAM 2012, S. 402–403). Im Zuge der Prozessanalyse werden die bestehenden Unternehmensstrukturen und -prozesse erfasst, organisatorische Schwachstellen identifiziert und erste

Verbesserungsmaßnahmen eingeleitet, um die Unternehmensprozesse effektiv zu unterstützen (s. SCHUH U. UAM 2012, S. 403–404).

Das daraus resultierende Anforderungsprofil wird im Lastenheft festgehalten, das die Grundlage für die Auswahl geeigneter Angebote bildet und später in den Projektvertrag einfließt; es beinhaltet sowohl funktionale Anforderungen als auch technische Restriktionen (s. SCHUH U. UAM 2012, S. 404–405). Die anschließende Marktrecherche dient dazu, Softwareunternehmen zu identifizieren, deren Systeme die festgelegten Anforderungen erfüllen und die eine adäquate Brancheneignung aufweisen (s. SCHUH U. UAM 2012, S. 405). In der Phase der Vorauswahl werden aus dem Gesamtmarkt drei bis fünf Unternehmen und Systeme ausgewählt, die die definierten Kriterien am besten erfüllen (s. SCHUH U. UAM 2012, S. 406). Die Endauswahl erfolgt durch eine detaillierte Bewertung der verbliebenen Systeme auf Basis der spezifischen Unternehmensprozesse, wobei auch persönliche Eindrücke durch Systemtests mit den favorisierten Softwareunternehmen eine Rolle spielen (s. SCHUH U. UAM 2012, S. 406–407). Wie bei PITIC ET AL. umfasst der abschließende Schritt der Vertragsverhandlung mit dem favorisierten Softwareunternehmen die detaillierte Definition und Dokumentation aller Leistungen, die von beiden Vertragsbeteiligten erbracht werden sollen, basierend auf dem Lasten- bzw. Pflichtenheft (s. SCHUH U. UAM 2012, S. 407–408; PITIC ET AL. 2014, S. 1380).

Neben den genannten existieren weitere einschlägige Publikationen zur Softwareauswahl in Unternehmen (vgl. ABTS U. MÜLDER 2017, 517–559; GROß U. PFENNIG 2017; TEICH ET AL. 2008). Diese umfassen jedoch, ähnlich wie die vorangegangenen detailliert erläuterten Publikationen, sukzessive Vorgehen, die eine schrittweise Eingrenzung (meist drei bis vier Hauptphasen) verwenden, um auf Basis von vordefinierten Anforderungen zu einer Selektion zu gelangen. Daher ist der zusätzliche Erkenntnisgewinn für den Kontext dieser Dissertation marginal. Zusammenfassend lässt sich sagen, dass die Vorgehen in ihrer Strukturgebung für die vorliegende Arbeit als geeignete theoretische Grundlage dienen. Sie unterstützen die Verwendung eines prozessual gegliederten Gestaltungsmodells für die Softwareauswahl. Nach Recherche konnte kein Gestaltungsmodell, welches explizit für die Auswahl von Auto-ML-Softwarelösungen entwickelt wurde, identifiziert werden. Zudem ist ein Großteil der Vorgehensmodelle generisch in Bezug auf Branchen und Unternehmensgröße gehalten, was sich unter anderem in relativ geringer Konkretisierung der Evaluationsmethoden niederschlägt.

3.4 Ansätze zur Bewertung technischer Lösungen

Aufgrund des oben genannten geringen Konkretisierungsgrades bezüglich der Evaluation von Softwarelösungen wird der Fokus der Untersuchung in diesem Abschnitt auf die Evaluation technischer Lösungen generell erweitert.

HABERFELLNER schlägt für die Evaluation entwickelter Lösungen verschiedene qualitative und quantitative Methoden vor, darunter einen qualitativen Argumentenvergleich (qualitativ), eine gewichtete Evaluationsmatrix (quantitativ) und eine Kosten-Nutzen

Analyse (quantitativ) (s. HABERFELLNER ET AL. 2019, S. 240–244). Die Methoden eignen sich sowohl für Software als auch technische Systeme generell. Kontext ist der Problemlösezyklus des Systems Engineering (s. HABERFELLNER ET AL. 2019, S. 240). Dabei grenzt HABERFELLNER nicht die Zielgruppe der Unternehmen ein.

Konkrete Evaluationsmethoden werden ebenfalls in der Veröffentlichung von ARASTEH ET AL. genannt. Sie schlagen eine Methode zur Bewertung, Einstufung und zum Vergleich verfügbarer medizinischer Datenverarbeitungssysteme auf Basis einer Multi-Attribute-Auswahl vor (s. ARASTEH ET AL. 2018, S. 279–281). In dem dreistufigen Prozess werden die organisatorischen Anforderungen ermittelt, die beste Methode (Eigenentwicklung, Kauf oder kundschaftsspezifische Entwicklung) ausgewählt und dann die Alternativen bewertet, verglichen und eingestuft. Verschiedene Bewertungsmethoden, sowohl hierarchisch als auch subjektiv werden getestet, um die praktischste Methode für ähnliche Probleme zu finden (s. ARASTEH ET AL. 2018, S. 281–295).

Das methodische Vorgehen der technisch-wirtschaftlichen Bewertung nach VDI 2225 Blatt 3 unterstützt die Umsetzung komplexer Entwicklungsprozesse durch den Vergleich unterschiedlicher Lösungsvarianten hinsichtlich ihrer technischen und wirtschaftlichen Machbarkeit (s. VDI-RICHTLINIE 2225 Blatt 3, S. 1–3). Zunächst werden die Anforderungen in Festforderungen, Mindestforderungen und Wünsche kategorisiert, wobei nur Mindestanforderungen und Wünsche bewertet werden. Die Bewertung erfolgt anhand einer Punkteskala von 0 bis 5, wobei die Ideallösung als Referenz dient (s. VDI-RICHTLINIE 2225 Blatt 3, S. 1). Die technische Wertigkeit (X) wird durch eine spezifische Formel berechnet, die auf den Punktbewertungen der Lösungen basiert, mit dem Ziel, möglichst hohe Werte zu erreichen, die eine hohe technische Wertigkeit indizieren (s. VDI-RICHTLINIE 2225 Blatt 3, S. 2). Parallel dazu wird die wirtschaftliche Wertigkeit (Y) unter hauptsächlicher Berücksichtigung der Herstellungskosten ermittelt. Abschließend werden beide Wertigkeiten in einem zweidimensionalen Diagramm dargestellt, um eine umfassende und komparative Beurteilung zu ermöglichen (s. VDI-RICHTLINIE 2225 Blatt 3, S. 3).

Die Technologieportfolioanalyse nach PFEIFFER U. DÖGL ist ein Modell zur Nutzung neuer Technologien, das für die Bewertung von Produkt- und Prozesstechnologien bestimmt ist (s. PFEIFFER U. DÖGL 1990, S. 255). Es nutzt eine Matrix, um die strategische Position dieser Technologien anhand ihrer Attraktivität und der unternehmensspezifischen Ressourcenstärke zu bestimmen (s. Abbildung 3-9).

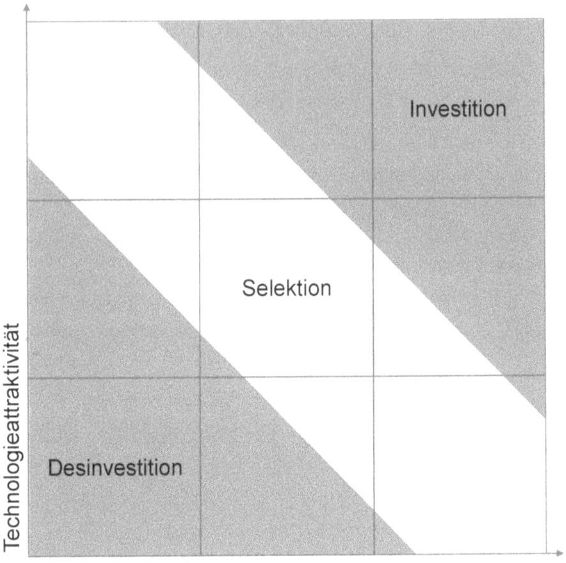

Abbildung 3-9: Technologieportfolio (i. A. a. PFEIFFER U. DÖGL 1990, S. 270)

Die Analyse erfolgt durch Experteninterviews, bei denen Bewertungen auf einer Skala von 0 bis 4 vorgenommen werden, um eine durchschnittliche Bewertung für die Hauptvariablen zu ermitteln und die Technologien entsprechend in einer Matrix zu positionieren (s. PFEIFFER U. DÖGL 1990, S. 259–265). Die Matrix unterteilt sich in vier Felder, die unterschiedliche Handlungsempfehlungen vorschlagen, von Desinvestitionen über selektive Entscheidungen bis hin zu Investitionen in vielversprechende Lösungen (s. PFEIFFER U. DÖGL 1990, S. 265–270). Ähnlich wie bei HABERFELLNER findet keine explizite Eingrenzung der Zielgruppe statt. Zwar ist der ursprüngliche Einsatzzweck eher die strategische Bewertung von Technologien generell, hat also einen weiteren Horizont als das Vorliegende Dissertationsvorhaben. Trotzdem handelt es sich um eine bewährte Methode, um strukturiert die Anforderungen von Unternehmen technologischen Lösungen gegenüberzustellen und ist damit für das angestrebte Erklärungs- und Gestaltungsmodell wertvoll.

Die identifizierten Methoden zur Bewertung technischer Lösungen bieten einen höheren Detailgrad bezüglich der Evaluation von Kriterien als die generischen Softwareauswahlmodelle aus Kapitel 3.3. Dies bietet im Zusammenhang der Dissertation eine wichtige Orientierung, da durch die tiefe Eingrenzung sowohl durch Art der Software als auch Unternehmensform ein hoher Grad an Konkretisierung der erarbeiteten Methode in allen Schritten erreicht werden sollte. Bei diesen Modellen fehlt allerdings gänzlich der Fokus auf maschinelles Lernen, weswegen die vorangegangenen Methoden bei Verwendung sinnvoll in einen Selektionsprozess eingeordnet werden müssen.

3.5 Zwischenfazit und Ableitung des Forschungsbedarfs

In den vorangegangenen Abschnitten wurden relevante Vorarbeiten für die Zielsetzung des Dissertationsvorhabens vorgestellt und in Bezug auf ihren Abdeckungsgrad des in Kapitel 2.6 eingegrenzten Betrachtungsrahmens bewertet. Eine Zusammenfassung der Bewertung findet sich in Abbildung 3-10.

Differenzierungsmerkmale	Modellierungszweck				Evaluation			Reifegrad		Software-Typ			KI-Art		Branche			UN-Größe		
	Beschreibung	Erklärung	Gestaltung	Sonstige Modelle	Formal	Fallstudien	reale Nutzung	Code-Bibliothek	Softwarelösung	Auto-ML	Low-Code / IoT	Andere	Diskriminativ	Generativ	Produktion	Dienstleistung	Sonstige	Mikro-Unternehmen	KMU	Großunternehmen
1. Vorarbeiten zur Analyse von Auto-ML-Werkzeugen und -Softwarelösungen																				
ELSHAWI ET AL. 2019	●	○	○	◑	◑	○	○	●	●	●	○	○	●	○	○	○	○	○	○	○
ZÖLLER U. HUBER 2021	◑	○	○	○	●	○	○	●	○	●	○	○	●	○	○	○	○	○	○	○
HE ET AL. 2021	●	○	○	○	●	○	○	●	○	●	○	○	●	◑	○	○	○	○	○	○
HUTTER ET AL. 2019	●	○	○	◑	◑	○	○	●	●	●	○	○	●	○	○	○	○	○	○	○
YAO ET AL. 2019	●	○	○	○	◑	○	○	●	●	●	○	○	●	○	○	○	○	○	○	○
LEE ET AL. 2019	◑	○	○	●	○	○	○	◑	○	●	◑	○	◑	○	●	◑	◑	○	○	○
TRUONG ET AL. 2019	●	○	○	○	◑	○	○	●	●	●	○	○	●	○	○	○	○	○	○	○
2. Analyse des Einsatzes von Auto-ML im Unternehmenskontext																				
KIßKALT ET AL. 2020	●	○	○	○	◑	○	○	●	○	●	○	○	●	○	●	○	○	○	○	○
DAS U. CAKMAK 2018	●	○	◑	◑	○	○	○	●	○	●	○	○	●	○	◑	◑	○	◑	◑	○
MASOOD U. SHERIF 2021	●	○	◑	◑	○	○	○	●	●	●	○	○	●	○	◑	◑	○	○	○	○
XIN ET AL. 2021	◑	◑	○	○	○	◑	○	●	●	●	○	○	●	○	◑	◑	◑	○	◑	◑
CRISAN U. FIORE-GARTLAND 2021	◑	◑	○	○	○	◑	○	○	○	●	○	○	○	○	◑	◑	◑	●	●	●
3. Existierende Modelle für die Softwareauswahl																				
BROSZE ET AL. 2009	○	○	●	○	○	○	○	○	●	○	○	●	○	○	●	○	○	◑	◑	◑
KRCMAR 2015	◑	○	●	◑	○	○	○	○	●	◑	◑	◑	○	○	◑	◑	◑	○	◑	◑
PITIC ET AL. 2014	○	◑	●	◑	○	○	◑	○	●	○	○	●	○	○	○	●	○	○	●	○
KAUFMANN U. MÜLDER 2023	○	○	●	◑	○	○	○	○	●	◑	◑	◑	○	○	◑	◑	◑	○	◑	◑
SCHUH U. UAM 2012	○	○	●	○	○	○	○	○	●	○	○	●	○	○	●	○	○	◑	◑	◑
4. Ansätze zur Bewertung technischer Lösungen																				
HABERFELLNER ET AL. 2019	○	○	◑	●	◑	○	○	○	○	○	○	●	○	○	◑	◑	◑	◑	◑	◑
ARASTEH ET AL. 2018	○	○	○	●	○	●	○	○	○	○	○	●	○	○	○	○	●	○	●	●
VDI 1998	○	◑	●	○	○	○	○	○	○	○	○	○	○	○	●	○	○	◑	◑	◑
PFEIFFER U. DÖGL 1990	○	●	●	◑	◑	◑	○	○	○	○	○	○	○	○	◑	◑	◑	○	◑	◑

Abbildung 3-10: Zusammenfassung des Stands der Erkenntnis (eigene Abbildung)

Betrachtet wurden Vorarbeiten zur Analyse von Auto-ML-Werkzeugen und Softwarelösungen (s. Kapitel 3.1), Werke zur Analyse des Einsatzes von Auto-ML im Unternehmen (s. Kapitel 3.2), Modelle für die Softwareauswahl (s. Kapitel 3.3) sowie generelle Methoden zur Bewertung technischer Lösungen (s. Kapitel 3.4). Es wurde festgestellt, dass Veröffentlichungen existieren, welche die Forschungsfragen in Teilaspekten abdecken. Dennoch bleibt ein zu adressierendes Defizit in der vollständigen und zusammenhängenden Erarbeitung eines Vorgehens zur Selektion von Auto-ML-Softwarelösungen für produzierende Unternehmen:

Während in Veröffentlichungen zur Analyse von Auto-ML-Werkzeugen und -Softwarelösungen die Funktionen und teilweise auch die Leistung von Auto-ML-Werkzeugen beschrieben und verglichen werden, fehlt eine Validierung in praxisnahen, branchenspezifischen Kontexten, insbesondere für produzierende Unternehmen. Benchmarks basieren oft auf synthetischen Daten, was deren Übertragbarkeit auf reale Anwendungsfälle in der Industrie einschränkt.

Die bisherigen Arbeiten zur Analyse des Einsatzes von Auto-ML im Unternehmenskontext sind qualitativ-deskriptiver Natur und fokussieren sich ebenfalls bis auf Ausnahmen nicht auf spezifische Branchen. Dies führt dazu, dass die wenigen vorhandenen Bewertungskriterien für die Eignung von Auto-ML-Lösungen, die über deskriptive Beobachtungen hinausgehen, lediglich nicht-funktionale und qualitative Aspekte berücksichtigen. Es kann nicht identifiziert werden, ob und welche spezifischen Anforderungen von produzierenden Unternehmen an Auto-ML-Softwarelösungen gestellt werden. Dadurch sind die daraus abgeleiteten Leitlinien für den Einsatz von Auto-ML nur mit zusätzlichem Aufwand auf produzierende Unternehmen übertragbar. Eine Weiterentwicklung dieser Erkenntnisse hin zu praxisnahen Erklärungs- oder Gestaltungsmodellen, die den Einsatz von Auto-ML in Unternehmen konkret unterstützen, erfolgt bisher nicht.

Existierende Ansätze zur Bewertung und Auswahl technischer Lösungen bieten zwar eine strukturierte Methodik, um Unternehmensanforderungen gegenüber technologischen Lösungen zu bewerten, jedoch fehlen Modelle, die explizit auf die Auswahl von (Auto-)ML-Softwarelösungen abzielen. Zudem sind bestehende Modelle oft generisch in Bezug auf Branchen und Unternehmensgrößen, was zu einer geringen Konkretisierung der Evaluationsmethoden führt. Dadurch werden die spezifischen Aufwände und Nutzendimensionen von KI-Technologien nicht erfasst und berücksichtigt.

Es bedarf einer auf die Bedürfnisse produzierender Unternehmen zugeschnittenen Methode zur Auswahl von Auto-ML-Softwarelösungen. Diese muss die Wirkzusammenhänge zwischen den Anforderungen der produzierenden Industrie an solche Softwarelösungen und deren Funktionen analysieren und erklären. Auf dieser Basis muss ein praxisnahes Gestaltungsmodell entwickelt werden, das über allgemeine, existierende Methoden hinausgeht und eine fundierte Entscheidungsgrundlage für den Einsatz von Auto-ML-Softwarelösungen im Produktionskontext bietet. Der Mehrwert dieser Arbeit liegt in der Schaffung eines anwendbaren Modells, das produzierenden Unternehmen konkrete Handlungsempfehlungen zur Auswahl der optimalen Auto-ML-Lösung liefert und somit die Lücke im aktuellen Stand der Technik schließt.

4 Herleitung des Konzeptansatzes

Ziel der Dissertationsschrift ist es, eine Methode zur Auswahl von Softwarelösungen für automatisiertes maschinelles Lernen für Prognosen in produzierenden Unternehmen zu gestalten, indem die Forschungsfrage und die Teilforschungsfragen (s. Kapitel 1.2) beantwortet werden. In Bezug auf den in Kapitel 1.3 formulierten Bezugsrahmen nach Ulrich werden nachfolgend die nötigen methodischen Grundlagen identifiziert und erläutert.

4.1 Anforderungen an die zu entwickelnden Modelle

Zur zielgerichteten Beantwortung der formulierten Forschungsfragen müssen vorab Anforderungen definiert werden, um die Güte der erhaltenen Ergebnisse und Antworten einschätzen zu können. Die an wissenschaftliche Konstrukte zu stellenden Anforderungen lassen sich in zwei Kategorien einteilen: inhaltliche und formale Anforderungen (s. Schmidt 2008, S. 43–44).

Die inhaltlichen Anforderungen leiten sich aus der Zielsetzung bzw. den Teilforschungsfragen dieser Dissertation ab und können wie folgt formuliert werden:

- Es muss eine systematische Beschreibung der Funktionen von Softwarelösungen für automatisiertes maschinelles Lernen erfolgen
- Zudem muss eine systematische Beschreibung der Anforderungen von produzierenden Unternehmen an Auto-ML-Softwarelösungen erfolgen
- Daraufhin ist eine Erklärung der Wirkbeziehungen zwischen Anforderungen und den Funktionen von Auto-ML-Softwarelösungen zu synthetisieren
- Abschließend muss die Gestaltung eines strukturierten Auswahlprozesses geeigneter Auto-ML-Softwarelösungen für produzierende Unternehmen geschehen

Die formalen Anforderungen stellen Kriterien zur Bewertung der Qualität des Forschungsprozesses und der erhaltenen Ergebnisse in Form von Modellen dar. Im Rahmen dieser Dissertation stehen vier Anforderungen im Vordergrund, die Validität, die Reliabilität, die Utilität und die Originalität (s. Hoffmann 2018, S. 74–75; Schmidt 2008, S. 43–44). Die formalen Anforderungen werden nachfolgend erläutert.

Mithilfe der Validität wird überprüft, wie korrekt und aussagekräftig die erhaltenen Ergebnisse sind. Dahinter stehen die Fragestellungen, ob das, was untersucht wurde, sich zur Beantwortung der Forschungsfragen eignet und, ob die identifizierten Zusammenhänge aussagekräftig und folgerichtig sind (Nachreiner 1997, S. 90–91). Die Reliabilität bezieht sich auf die Nachweisbarkeit und Wiederholbarkeit der synthetisierten Ergebnisse. Damit wird hinterfragt, wie kongruent die Resultate bei erneuter Anwendung der Methode mit den ursprünglichen Resultaten wären (s. Friedrichs 1990, S. 102). Zentral für die anwendungsnahe Forschung ist die Anforderung der Utilität. Auch als Nutzen bezeichnet, prüft diese Anforderung, ob heute oder in Zukunft ein Mehrwert durch die erzielten Ergebnisse für die definierte Zielgruppe erreicht wird

(ÖSTERLE ET AL. 2010, S. 669). Kernelement der Utilität, neben dem inhaltlichen Mehrwert, ist die Einfachheit. Diese bezieht sich auf die Präsentation der erzielten Ergebnisse und stellt sicher, dass eine Balance zwischen wissenschaftlich präziser Darstellung und Zugänglichkeit der Ergebnisse für weite Anspruchsgruppen gehalten wird (s. EISEND U. KUß 2017, S. 115; HOFFMANN 2018, S. 75). Schließlich gilt noch die Anforderung der Originalität an die Dissertation als selbstständig erstellte wissenschaftliche Schrift. Ziel des Forschungsprozesses ist eine Weiterentwicklung des aktuellen Wissensstandes in Form eines innovativen Beitrags zu einem Forschungsgebiet (s. EISEND U. KUß 2017, S. 116).

4.2 Methodische Grundlagen

Ziel des nachfolgenden Abschnitts ist es, die methodischen Grundlagen zu erläutern, welche zur Erarbeitung der Forschungsergebnisse unter den in Kapitel 4.1 formulierten Anforderungen verwendet wurden.

4.2.1 Systemtheorie

Die Systemtheorie im Kontext der Betriebswirtschaftslehre (BWL) ist ein interdisziplinärer Ansatz, der Unternehmen als produktives soziales System versteht und untersucht. Die Systemtheorie konzentriert sich dabei auf die Planung, Analyse und Gestaltung komplexer Systeme. Ziel der Systemtheorie in der BWL ist dabei trotz theoretischer Fundierung als realen Problemen nachgehende Unternehmensführungslehre zu fungieren. (s. ULRICH U. HILL 1976b, S. 308)

In der Betriebswirtschaftslehre ermöglicht die Systemtheorie die gleichzeitige Betrachtung verschiedener Einflussfaktoren aus verschiedenen Disziplinen und erlaubt so die Beachtung von Aspekten aus Betriebswirtschaftslehre, Wirtschaftsinformatik und Ingenieurswissenschaften (s. ULRICH U. HILL 1976b, S. 308; s. BECKER ET AL. 1999, S. 10). Die Systemtheorie verzichtet dafür bewusst auf die Geschlossenheit und Mathematisierung anderer wissenschaftstheoretischer Grundlagen der BWL.

Das Systems-Engineering ist Teil der Systemtheorie und umfasst Denkweisen und Methoden zur Beschreibung von Systemen sowie zur Problemlösung in Systemen (s. HABERFELLNER ET AL. 2019, S. 4). Wichtige Werkzeuge des Systems-Engineering sind das Systemdenken und das Systems-Engineering-Prozessmodell (SE-Prozessmodell) (s. HABERFELLNER ET AL. 2019, S. 4). Kernpunkte des Systemdenkens sind Terminologie und Definitionen, welche die Beschreibung von Systemen ermöglichen sowie der modellbasierte Ansatz, welcher es ermöglicht, komplexe Phänomene der realen Welt zu beschreiben und verstehen (s. HABERFELLNER ET AL. 2019, S. 417). Nachfolgend wird kurz die essenzielle Terminologie erläutert, auf den modellbasierten Ansatz wird später im Kapitel eingegangen.

Nach HABERFELLNER ist ein System eine vernetzte Anordnung sogenannter Elemente, welche die Grundbausteine des Systems darstellen. Sowohl die Elemente als auch deren Verbindungen können dabei verschiedene Eigenschaften und Funktionen besitzen. Elemente können Systeme innerhalb des Systems darstellen (sog. Subsysteme). Das übergreifende System wird dann als System-of-Systems (SoS) bezeichnet (s. HABERFELLNER ET AL. 2019, S. 4–8).

Neben der theoretischen Grundlage des Systemdenkens ist das Systems-Engineering-Prozessmodell der zweite elementare Baustein, der benötigt wird, um mithilfe des Systems-Engineering reale Probleme zu lösen (s. HABERFELLNER ET AL. 2019, S. 27–28). Das Systems-Engineering-Prozessmodell ist nach vier Grundprinzipien aufgestellt, die bei der Lösung komplexer Probleme unterstützen.

Das erste Prinzip lautet vom Groben zum Detail vorzugehen (s. HABERFELLNER ET AL. 2019, S. 28–29). Dabei wird darauf geachtet, das Problemfeld anfangs nicht zu stark einzugrenzen, um potenziell sinnvolle Lösungen nicht auszuschließen. Zunächst wird das System als Ganzes betrachtet und die Beziehungen zur Umwelt analysiert, um das Problemfeld zu erkennen und generelle Ziele festzulegen. Erst danach erfolgt eine detaillierte Betrachtung der einzelnen Systeme, die zuvor als Blackbox angesehen wurden (s. HABERFELLNER ET AL. 2019, S. 29).

Das zweite Prinzip umfasst die Entwicklung von Lösungsvarianten, um nicht voreilig eine erste gefundene Lösung weiterzuverfolgen. Da es bei komplexen Problemstellungen immer mehrere Lösungsalternativen gibt, werden verschiedene Varianten entwickelt und in unterschiedlichen Verfeinerungsgraden diskutiert (s. HABERFELLNER ET AL. 2019, S. 30–32). Mithilfe von Problemlösungs- und Kreativitätstechniken entstehen bei der Diskussion von Lösungsalternativen ebenfalls neue Ideen, die vorher nicht offensichtlich waren (s. GESCHKA U. LANTELME 2005, S. 287–288).

Das dritte Prinzip ist die Gliederung des Projekts in Phasen (s. HABERFELLNER ET AL. 2019, S. 35–36), wodurch eine Strukturierung in einen generischen Projektplan mit festgelegten Entscheidungspunkten erreicht wird (s. SEELMANN U. HICKING 2022, S. 216–217). Nach einer unstrukturierten Initialphase, in der entschieden wird, ob eine Vorstudie gestartet werden soll, folgen die Vor-, Haupt- und Detailstudienphasen. In diesen Phasen wird das Problem schrittweise verfeinert. Nach jeder Phase existieren Entscheidungspunkte, an denen über den weiteren Verlauf des Projekts entschieden wird (s. HABERFELLNER ET AL. 2019, S. 36).

Das vierte Prinzip ist die Mikro-Logik, die für jede der Projektphasen die methodische Vorgehensweise zur Problemlösung beschreibt: Der Problemlösezyklus (s. HABERFELLNER ET AL. 2019, S. 43–44). Dieser Zyklus umfasst Schritte von der Problembeschreibung über die Entwicklung von Varianten bis hin zur Erprobung, Bewertung und Verbesserung der Lösung (s. Abbildung 4-1).

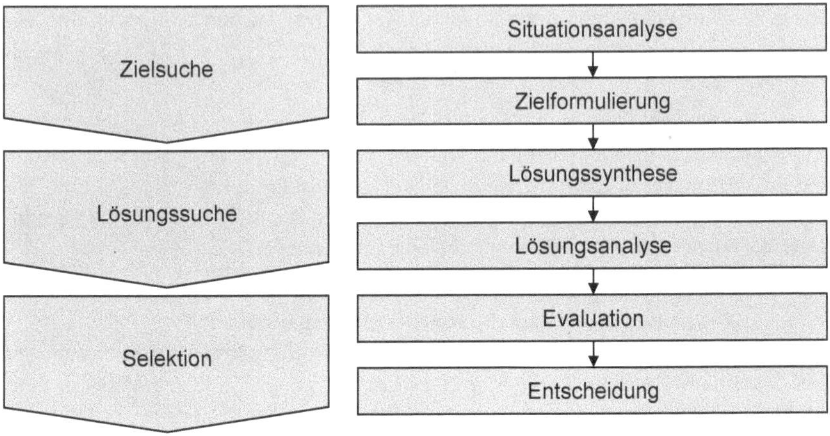

Abbildung 4-1: Problemlösungszyklus (i. A. a. HABERFELLNER ET AL. 2019, S. 44)

In der ersten Phase wird nach Zielstellungen gesucht, die durch die Lösung des Problems erreicht werden sollen. Dafür müssen zunächst die Rahmenbedingungen der Situation beschrieben und anschließend Ziele formuliert werden (s. HABERFELLNER ET AL. 2019, S. 45–48). Darauf folgt die zweite Phase, in der nach verschiedenen Lösungen gesucht wird. Diese Phase ist in einen kreativen Teil, die Lösungssynthese, und einen dekonstruktiven Teil, die Lösungsanalyse aufgeteilt. Ziel davon ist es, die Vor- und Nachteile möglicher Lösungen zu kennen (s. HABERFELLNER ET AL. 2019, S. 48). In der abschließenden dritten Phase wird durch einen Vergleich der Lösungsmöglichkeiten untereinander die präferierte Lösung selektiert (s. HABERFELLNER ET AL. 2019, S. 49–50).

Die Problemlösung erfolgt im Rahmen der Dissertation wie vom Systemdenken gefordert modellbasiert. Der Problemlösungszyklus bildet für die vorliegende Arbeit die Grundlage der Modellstruktur. Ziel ist es, die Stufen des Zyklus mithilfe des finalen Modells derart abzubilden, dass Lesende, welche mit den formulierten Forschungsfragen konfrontiert sind, anhand der erarbeiteten Modelle deren reale Problemstellung lösen können. Sollzustand ist dabei, dass das finale Modell ein geeignetes sequenzielles Vorgehen reflektiert und die Teilerkenntnisse der Modelle in sich vereint.

4.2.2 Modellbildung

Ein realwissenschaftliches Modell kann als eine strukturgleiche, aber vereinfachende Abbildung eines realen Systems definiert werden (s. ULRICH U. HILL 1976a, S. 349). Modelle werden dabei durch drei Hauptmerkmale charakterisiert, welche sich im Verlauf der Erkenntnisgewinnung dieser Dissertation zunutze gemacht werden. Zuerst das Abbildungsmerkmal, welches besagt, dass Modelle stets Abbildungen von sogenannten Originalen sind. Diese Originale können natürliche oder künstliche Objekte sowie wiederum Modelle sein (s. STACHOWIAK 1973, S. 131). Das zweite Hauptmerkmal ist das Verkürzungsmerkmal, nach dem Modelle nicht alle Eigenschaften und

Attribute der Originale abbilden, welche sie repräsentieren; es werden lediglich die für die modellierenden oder modellnutzenden Personen relevanten Attribute erfasst (s. STACHOWIAK 1973, S. 132). Das dritte und letzte Hauptmerkmal ist das pragmatische Merkmal, welches die Subjektivität und Zweckbezogenheit von Modellen hervorhebt. Demnach sind Modelle Abbildungen von etwas, für jemanden und sie erfüllen einen gewissen Zweck für einen bestimmten Zeitraum (s. STACHOWIAK 1973, S. 132–133).

Die Modelle der in den vorangegangenen Absätzen erläuterten wissenschaftstheoretischen Grundlage lassen sich in Typen gliedern, welche unterschiedlichen Zwecken dienen. Im Folgenden werden die Typen, welche im Rahmen des Dissertationsvorhabens zur Beantwortung der Forschungsfragen verwendet werden, erläutert. Das Ziel des ersten Typs, der Beschreibungsmodelle ist es, für die Problemlösung relevante Tatbestände der Wirklichkeit mithilfe von systemtheoretischen Begriffen deskriptiv zu erläutern. Diese Modelle fungieren oft als eine Grundlage für weitergehende Forschung, da sie im Wesentlichen Begriffssysteme darstellen (s. ULRICH 1984, S. 33). Im Kontrast dazu versuchen Erklärungsmodelle mithilfe systemtheoretischer Mittel reale Phänomene zu erklären. Diese Modelle haben zum Ziel Strukturen, Verhaltensweisen und Beziehungen von Systemelementen untereinander zu analysieren und erklären (s. ULRICH 1984, S. 33). Als dritter und letzter Modelltyp im Rahmen dieses Forschungsvorhabens bilden Gestaltungsmodelle einen zu erreichenden Sollzustand ab, beantworten also die Frage, wie eine Organisation oder deren Teilaspekte gestaltet sein sollten (s. ULRICH 1984, S. 114).

Die erläuterten Modelltypen eignen sich zur sukzessiven Beantwortung der formulierten Forschungsfragen. Zunächst werden mithilfe von Beschreibungsmodellen Funktionen von Auto-ML-Softwarelösungen sowie Anforderungen von Unternehmen an diese Softwarelösungen beschrieben. Somit werden möglichst unabhängig die Perspektive potenzieller nutzender, produzierender Unternehmen und die Perspektive des Angebots (der Auto-ML-Softwarelösungen) beschrieben. Anschließend werden mit einem Erklärungsmodell die Wirkbeziehungen zwischen Funktionen und Anforderungen in Zusammenhang gesetzt. Diese Erkenntnisse bilden die Grundlage für das Gestaltungsmodell, in dem ein Prozess zur Auswahl von Auto-ML-Softwarelösungen für Prognosen in produzierenden Unternehmen entworfen wird.

4.2.3 Funktionsstrukturen

Die Architektur integrierter Informationssysteme (ARIS) ist ein Konzept in der Wirtschaftsinformatik, das auf die bedarfsgerechte Gestaltung betrieblicher Informationssysteme abzielt (s. SCHEER 1998, S. 1–4). Dieses Konzept gliedert sich in vier verschiedene Sichten, namentlich die Organisationsicht, die Datensicht, die Steuerungssicht, die Funktionssicht und Leistungssicht. Die Funktionssicht, wie von SCHEER beschrieben, stellt eine elementare ergänzende Perspektive zur Beschreibung von Prozessen dar, bei denen Eingangsdaten in Ausgangsdaten transformiert werden (s. SCHEER 1998, S. 21).

Innerhalb der Funktionssicht erläutert SCHEER einen Ansatz zur Beschreibung von Funktionsstrukturen (s. SCHEER 1998, S. 23). Um informationstransformierende Funktionen detaillierter zu beschreiben, bedient er sich der Funktionsstrukturen in Form von Hierarchiediagrammen (s. SCHEER 1998, S. 24). Diese Hierarchiediagramme beginnen mit der höchsten Aggregationsebene, welche eine komplexe Funktion oder ein Funktionsbündel darstellt (s. Abbildung 4-2).

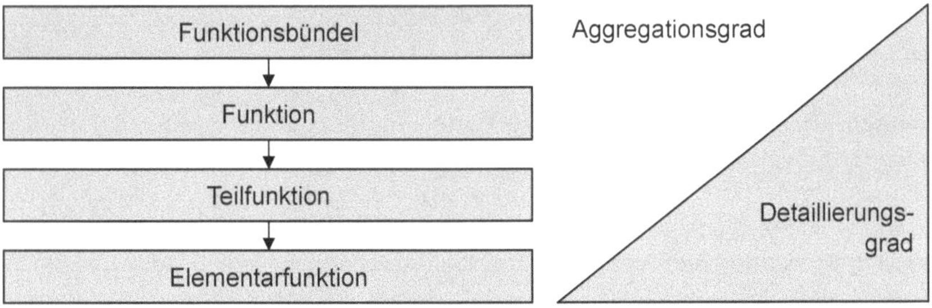

Abbildung 4-2: Hierarchieebenen von Funktionsstrukturen (eigene Darstellung)

Diese Funktionsbündel vereinen eine Vielzahl von Tätigkeiten in sich. Darauf folgt die Funktion, eine komplexe Tätigkeit, die weiter unterteilt werden kann. Unterhalb der Funktion liegt die Teilfunktion und schließlich die Elementarfunktion, die nicht weiter sinnvoll untergliedert werden kann (s. SCHEER 1998, S. 25).

SCHEER schlägt für die Synthese von Funktionsstrukturen eine Kombination aus Top-Down- und Bottom-Up-Ansatz vor. Demnach sollen bekannte Funktionen zunächst im Top-Down-Ansatz zerlegt werden, um Anregungen für darunterliegende Strukturen zu erhalten. Mit diesem Wissen werden dann tiefer liegende Elemente im Bottom-Up-Ansatz gruppiert und neu zusammengestellt (s. SCHEER 1998, S. 25).

Um eine nachvollziehbare und reproduzierbare Gliederung der Hierarchie zu erreichen, existieren verschiedene Gliederungskriterien, die für die Unterteilung und Zusammenfassung verwendet werden können. Die Auswahl des spezifischen Gliederungskriteriums richtet sich nach dem Modellierungszweck (s. SCHEER 1998, S. 26). Diese Kriterien können sich auf die Verrichtung, das Bearbeitungsobjekt oder den Geschäftsprozess beziehen.

Bei der Gliederung nach Verrichtung werden Funktionen mit ähnlichen oder gleichen Transformationsvorschriften gruppiert. Die Gliederung nach Bearbeitungsobjekt erfolgt durch Zusammenfassen von Funktionen, die dieselben Objekte bearbeiten. Die Gliederung nach Geschäftsprozess umfasst die Gruppierung der Funktionen, die an einem bestimmten Prozess beteiligt sind. Jedes dieser Kriterien bietet eine Möglichkeit, die Funktionsstrukturen je nach Kontext und Zweck der Modellierung zu ordnen (s. SCHEER 1998, S. 26).

4.2.4 Fallstudienforschung

Die Fallstudienforschung ist eine empirische Forschungsmethode, welche sich eignet, aktuelle Phänomene in der realen Welt zu beschreiben, und dabei deren Kontext und Umgebung mit in die Betrachtung einzubeziehen (s. YIN 2018, S. 45). Dabei werden tendenziell weniger Datenpunkte erhoben als Variablen im Betrachtungsraum vorliegen. Um eine Konvergenz der zu generierenden Resultate zu erreichen, wird daher empfohlen, theoretische Leitplanken für die Fallstudienforschung vorab zu definieren und die Untersuchung auf mehreren Informationsquellen basieren zu lassen (s. YIN 2018, S. 46). Ein solches Vorgehen für die Organisationsforschung wird von EISENHARDT definiert. Dieses Vorgehen (s. Abbildung 4-3) wird im Kontext der Arbeit verwendet und daher nachstehend kurz erläutert.

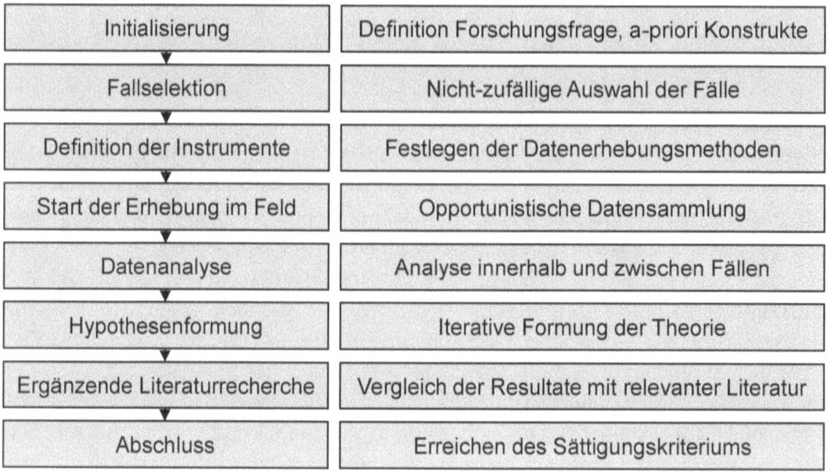

Abbildung 4-3: Vorgehen zur Fallstudienforschung (i. A. a. EISENHARDT 1989, S. 533)

Zu Beginn, im Initialisierungsschritt, muss eine konkrete Forschungsfrage definiert werden. Ein Hinweis, dass sich die Fallstudienforschung für die Untersuchung des Phänomens eignet, ist, ob es sich um eine „Wie-" oder „Warum-Frage" handelt (s. YIN 2018, S. 44; EISENHARDT 1989, S. 536). Zudem können in diesem Schritt sogenannte A-Priori-Konstrukte definiert werden, die mögliche Untersuchungsobjekte darstellen, ohne bereits über Zusammenhänge zwischen den Konstrukten zu spekulieren (s. EISENHARDT 1989, S. 536).

Im zweiten Schritt werden die zu untersuchenden Fälle ausgewählt. Dabei ist wichtig, dass diese im Gegensatz zu vielen anderen empirischen Forschungsmethoden nicht zufällig ausgewählt werden sollten (s. EISENHARDT 1989, S. 537). Obwohl die Fälle zufällig ausgewählt werden können, ist eine solche Auswahl weder notwendig noch wünschenswert. Die Fälle können ausgewählt werden, um frühere Fälle zu wiederholen oder die emergente Theorie zu erweitern, oder sie können ausgewählt werden, um theoretische Kategorien zu füllen und Beispiele für polare Typen zu liefern (s.

EISENHARDT 1989, S. 537). Im dritten Schritt werden die Erhebungsinstrumente ausgewählt. Dabei können mehrere Datenerhebungstechniken angewandt werden, darunter qualitative (wie Befragungen) und quantitative (wie Laborergebnisse) (s. EISENHARDT 1989, S. 538).

Eine zentrale Technik im vierten Schritt, dem Start der Erhebung, ist die opportunistische Datensammlung, bei der Protokoll geführt wird, ohne bereits über die Relevanz der dokumentierten Punkte nachzudenken. Zudem wird empfohlen, den vierten und fünften Schritt überlappen zu lassen, d. h. bereits mit einer vorläufigen Analyse während der Erhebung zu beginnen (s. EISENHARDT 1989, S. 539).

Im fünften Schritt, der Datenanalyse, werden zunächst Ergebnisse innerhalb der Fälle deskriptiv festgehalten (s. EISENHARDT 1989, S. 540). Anschließend werden fallübergreifende Muster erforscht, womit die Rigidität der Beobachtungen aus der Einzelfallanalyse auf die Probe gestellt wird (s. EISENHARDT 1989, S. 540–541; YIN 2018, S. 221).

Im sechsten Schritt, der Hypothesenformung, werden iterativ Konstrukte aus den Beobachtungen der Analyse geformt und anschließend wieder mit der Sachlage der Fälle verglichen (s. EISENHARDT 1989, S. 541–542). Fälle, welche die Konstrukte bestätigen, geben dabei einen Impuls, eine Hypothese weiter zu untersuchen. Fälle, die der Theorie zu wiedersprechen scheinen, werden dabei als Anlass genutzt, die Theorie zu präzisieren (s. EISENHARDT 1989, S. 542). Zusätzlich wird im siebten Schritt Literatur aus dem untersuchten Themenfeld herangezogen, um die interne Validität sowie die Generalisierbarkeit der Ergebnisse zu überprüfen (s. EISENHARDT 1989, S. 544). Der letzte Schritt definiert, wann die Anzahl der Fälle hinreichend ist. Dies tritt ein, wenn der Zugewinn an Erkenntnissen durch neue Fälle minimal geworden ist (s. EISENHARDT 1989, S. 545). Zwar lässt sich keine optimale Zahl von Fällen definieren, jedoch zeigt die Erfahrung, dass Untersuchungen mit vier bis zehn Studien für den Rahmen der Methode geeignet sind (s. EISENHARDT 1989, S. 545).

4.2.5 Analyse von Ursache-Wirkungsbeziehungen

Im Rahmen des Systemdenkens (s. Kapitel 4.2.1) beschreiben PROBST U. GOMEZ in ihrem Werk eine methodische Herangehensweise, um die Verknüpfungen zwischen verschiedenen Elementen innerhalb eines Systems zu erklären (s. PROBST U. GOMEZ 1991, S. 8). Das Hauptziel dieser Methode liegt in der Erläuterung von Ursache-Wirkungsbeziehungen sowie der Identifizierung von Gestaltungsmöglichkeiten innerhalb komplexer Systeme (s. HABERFELLNER ET AL. 2019, S. 24).

Der Prozess beginnt damit, dass klare Ziele definiert und die zugrunde liegende Problemsituation modelliert werden müssen (s. PROBST U. GOMEZ 1991, S. 10). Anschließend erfolgt eine Analyse der Wirkungsverläufe. Hierbei werden Systeme als ein Zusammenspiel vieler interagierender Einflussgrößen betrachtet (s. PROBST U. GOMEZ 1991, S. 11). Die Wirkungsverläufe werden als Beeinflussungsmuster analysiert, welche durch qualitative Beschreibungen ihrer Wirkrichtung definiert sind, entweder als verstärkend oder schwächend (s. PROBST U. GOMEZ 1991, S. 11). Diese

Zusammenhänge können entweder grafisch in Form eines Netzdiagramms oder einer Einflussmatrix dargestellt werden (s. PROBST U. GOMEZ 1991, S. 11–13).

Die grafische Darstellung in einer Wirkungsmatrix ermöglicht die Erläuterung von Wirkungsintensitäten. Hierbei werden Aussagen darüber getroffen, wie stark die einzelnen Elemente aufeinander wirken. Dies kann beispielsweise anhand einer Ordinalskala von „keine Intensität" über „geringe" oder „starke Intensität" bis hin zu „sehr starke Intensität" beschrieben werden (s. PROBST U. GOMEZ 1991, S. 13). Es ist dabei wichtig anzumerken, dass die Skala je nach Untersuchungszweck flexibel eingeteilt werden kann (s. HABERFELLNER ET AL. 2019, S. 380). Diese Herangehensweise ermöglicht es, komplexe Zusammenhänge innerhalb von Systemen besser zu verstehen und gezielter darauf Einfluss zu nehmen.

4.3 Konkretisierung der Vorgehensweise

Die Vorgehensweise zur Beantwortung der Forschungsfragen der Dissertation ist in Abbildung 4-4 dargestellt und wird im Folgenden erläutert. Zunächst werden in Kapitel 5 die Funktionen von Auto-ML-Softwarelösungen beschrieben. Anschließend wird in Kapitel 6 eine Liste der Anforderungen von produzierenden Unternehmen an Auto-ML-Softwarelösungen synthetisiert. Daraufhin werden die Ergebnisse der vergangenen Teilmodelle verknüpft, indem die Wirkbeziehungen zwischen Funktionen und Anforderungen erklärt werden (s. Kapitel 7). Abschließend wird in Kapitel 8 ein strukturierter Prozess für die Auswahl einer geeigneten Auto-ML-Softwarelösung gestaltet. Insgesamt werden so vier Teilmodelle entwickelt, zwei davon deskriptiv, ein Erklärungsmodell und ein Gestaltungsmodell. Die Ergebnisse werden anschließend in Kapitel 9 evaluiert.

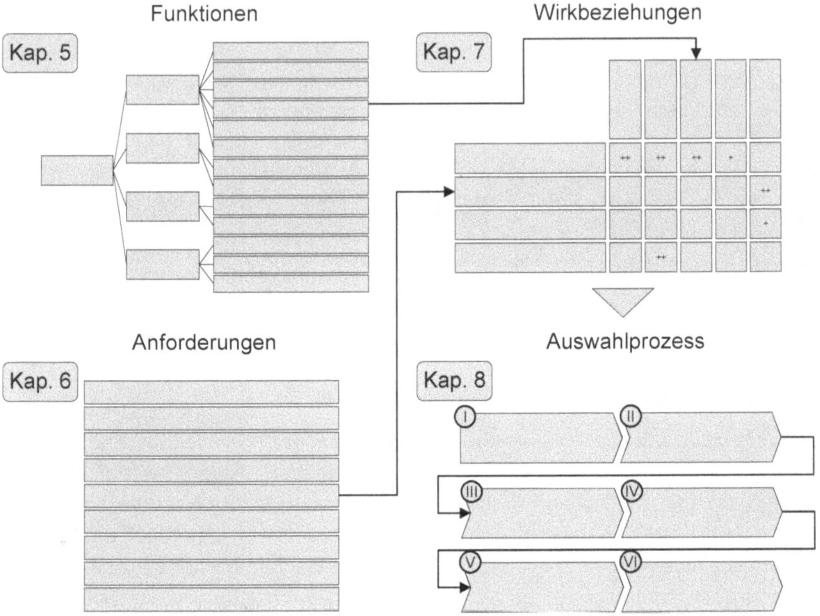

Abbildung 4-4: Gesamtübersicht über die Vorgehensweise (eigene Darstellung)

Das erste Teilmodell stützt sich auf die Methoden des ARIS-Konzepts nach SCHEER. Zuerst wird ein übergeordnetes Funktionsbündel für Auto-ML-Softwarelösungen definiert und anschließend deduktiv gegliedert (s. Kapitel 5.1). Daraufhin werden weitere Funktionen durch eine strukturierte Literaturrecherche identifiziert und gruppiert (s. Kapitel 5.2). Abschließend werden die Teilstrukturen integriert und das entstehende Hierarchiediagramm vorgestellt (s. Kapitel 5.3 und 5.4).

Zur Synthese der Anforderungen wird die Fallstudienforschung nach EISENHARDT verwendet. Die dafür nötige Definition der A-Priori-Konstrukte, Erhebungsinstrumente und die Selektion der Fallstudien geschieht in Kapitel 6.1. Die damit identifizierten Anforderungen werden in Kapitel 6.2 erläutert. Sämtliche für die Fallstudienforschung erhobenen Interviewprotokolle befinden sich im Anhang (s. A.1 bis A.6). Zur besseren Nachvollziehbarkeit der erfolgten Gruppierung der Anforderungen sind im Anhang ebenfalls Tabellen der vollständigen Anforderungen (s. A.7) sowie der Gruppierungslogik (s. A.8) enthalten.

Die Wirkbeziehungen zwischen den Funktionen und den Anforderungen werden durch die Methode des vernetzten Denkens PROBST U. GOMEZ erklärt. Die Details des gewählten Ansatzes werden in Kapitel 7.1 näher beschrieben. In Kapitel 7.2 werden die erhaltenen Ergebnisse in Form von Wirkmatrizen dargestellt und erläutert. Den Abschluss der Modellierung bildet das Gestaltungsmodell, welches einen strukturierten Auswahlprozess repräsentiert. Die Synthese erfolgt anhand des Problemlösezyklus nach HABERFELLNER (s. Kapitel 4.2.1), die erhaltenen Ergebnisse werden in Kapitel 8.2 vorgestellt.

5 Beschreibung der Funktionen

Das folgende Kapitel befasst sich mit der Teilforschungsfrage, wie Softwarelösungen für automatisiertes maschinelles Lernen systematisch beschrieben werden können (s. Kapitel 1.2). Der Aufbau des Kapitels ist an den Vorgang der Erstellung dieses Beschreibungsmodells mithilfe des ARIS-Modells nach SCHEER (s. Kapitel 4.2.3) angelehnt und wird in der nachstehenden Übersicht dargestellt (s. Abbildung 5-1). Sowohl das in der Abbildung dargestellte Vorgehen (Kombination des „Bottom-Up"- mit dem „Top-Down"-Ansatz als auch die Definitionen der unterschiedlichen Hierarchieebenen sind dabei an die Modellierung der Funktionssicht nach SCHEER angelehnt (s. SCHEER 1998, S. 25).

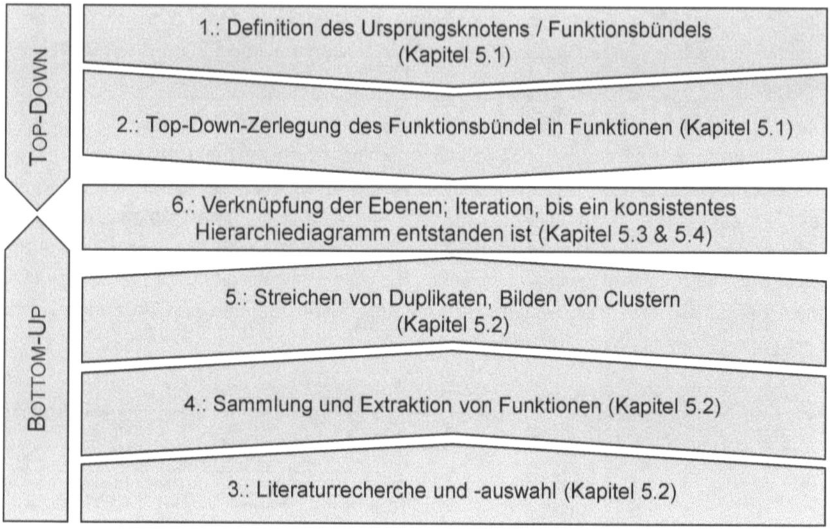

Abbildung 5-1: Aufbau des Kapitels (eigene Darstellung)

Die Funktionsbeschreibung ergab eine Funktionsstruktur in Form eines Hierarchiediagramms (s. SCHEER 1998, S. 23–25). Methode und Ergebnisse basieren auf einer Veröffentlichung, die im Zuge des Dissertationsvorhabens erstellt wurde (s. SCHUH; BENNING U. STROH ET AL. 2022). Das hierarchische Modell wurde mit der von SCHEER vorgeschlagenen Kombination eines „Top-Down"-Ansatzes mit einem „Bottom-Up" Ansatz erstellt (s. Abbildung 5-1 links). Beim „Top-Down"-Ansatz wird zunächst die oberste Hierarchieebene definiert. Anschließend wird dieses sogenannte Funktionsbündel anhand eines Gliederungskriteriums deduktiv in Funktionen untergliedert (s. SCHEER 1998, S. 24–26). Die Definition und Zerlegung des Funktionsbündels werden in Kapitel 5.1 beschrieben.

Beim „Bottom-Up"-Ansatz werden gefundene Funktionen von unten nach oben zusammengestellt (s. SCHEER 1998, S. 25). Die dafür verwendeten Funktionen wurden mithilfe einer integrativen Literaturrecherche nach TORRACO gesammelt (s. TORRACO 2005, S. 356–367). Dieser Prozess wird in Kapitel 5.2 erläutert.

5.1 Definition und Zerlegung des Funktionsbündels

Die Definition des Funktionsbündels[3] erfolgt in Anlehnung an die Definition von Auto-ML (s. Kapitel 2.3): Automatisiertes maschinelles Lernen (Auto-ML) ist die softwarebasierte Unterstützung von Personen im Prozess der Erstellung von Modellen maschinellen Lernens (ML-Prozess). Demnach ist die zentrale Funktion von Auto-ML-Softwarelösungen das Unterstützen des ML-Prozesses. Nach SCHEER kann das Funktionsbündel mithilfe von drei Gliederungskriterien weiter unterteilt werden: Der Verrichtung, dem Bearbeitungsobjekt oder dem Geschäftsprozess (s. SCHEER 1998, S. 26). Die Verwendung des Prozessbegriffes legt eine Gliederung anhand der Prozessperspektive nahe. Die Gliederung wurde zunächst an den in Kapitel 2.2.6 definierten Prozess angelehnt.

Durch die Iteration mit dem „Bottom-Up"-Ansatz, bei der in der Literatur identifizierte Funktionen (s. Kapitel 5.2) mit der deduktiv gegliederten Struktur vereint werden, wurden Schritte differenziert und ergänzende, Auto-ML-spezifische Funktionen synthetisiert. Über den dargestellten ML-Prozess hinaus unterstützen Auto-ML-Softwarelösungen, indem sie Datenquellen anbinden, eine ML-Pipeline generieren, ein Lernverfahren / Problemtyp auswählen, Modelle evaluieren und den Lebenszyklus und Betrieb von Modellen verwalten. Eine Übersicht über die resultierenden neun Funktionen ist in Abbildung 5-2 dargestellt.

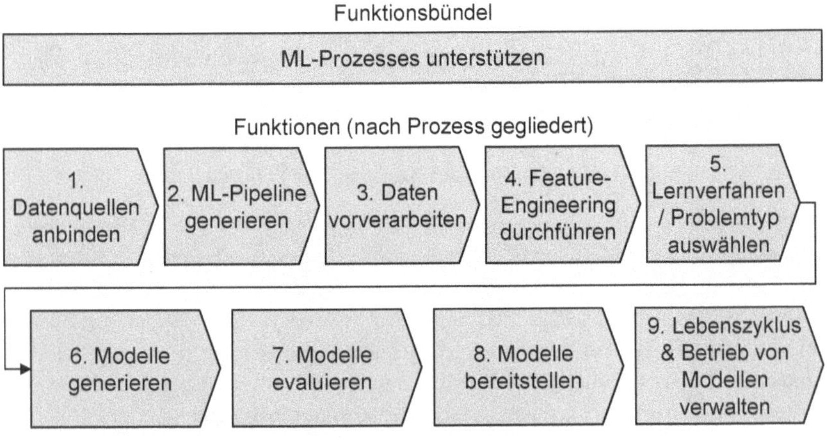

Abbildung 5-2: Auto-ML-Prozess (eigene Darstellung)

[3] Definition des Begriffes Funktionsbündel und der weiteren Ebenen der Funktionssicht s. Kapitel 4.2.3

Mit dieser Darstellung sind die ersten beiden Ebenen des Hierarchiediagramms dargestellt. Wichtig zudem zu erwähnen ist, dass in diesem und allen nachfolgenden Hierarchiediagrammen aus Konsistenzgründen die Syntax „Nomen + Verb (Infinitiv)" verwendet wird.

5.2 Literaturrecherche der Funktionen

Die Literatur für den „Bottom-Up"-Ansatz wurde mithilfe der integrativen Literaturrecherche von TORRACO ausgewählt und analysiert (s. TORRACO 2005, S. 356–367). Die Literatur wurde in fünf wissenschaftlichen Publikationsportalen gesammelt:

- arXiv (CORNELL UNIVERSITY 2023)
- SpringerLink (SPRINGER VERLAG 2023)
- ScienceDirect (ELSEVIER B. V. 2023)
- Packtpub (PACKT VERLAG 2023)
- ETH Research Collection (ETH ZÜRICH 2023)

Die verwendeten Suchbegriffe waren „automl feature" und „automl survey". Die englischen Suchbegriffe wurden gewählt, da diese sowohl in internationalen als auch nationalen Portalen Ergebnisse liefern. Der Suchbegriff „automl feature" trägt dem Umstand Rechnung, dass Softwarefunktionen im angelsächsischen Raum häufig einfach Feature genannt werden. Da es aufgrund der wissenschaftlichen Lücke nicht viele Veröffentlichungen gibt, die diesen Sachverhalt im Titel tragen, wurde die Suche um den Begriff „automl survey" erweitert, da in Studien zu Auto-ML-Lösungen indirekt Funktionen der untersuchten Lösungen besprochen werden.

Im Packtpub-Portal wurde der Suchbegriff "automated machine learning" verwendet, da die Gesamtanzahl der Veröffentlichungen zu diesem Thema geringer war und somit eine breitere Suche mit vergleichbarem Aufwand möglich war (s. SCHUH; BENNING U. STROH ET AL. 2022, S. 360–361). Die Quellen wurden sukzessive gefiltert; Suchergebnisse, die inhaltlich nicht relevant waren, wurden aussortiert. Der Auswahlprozess ist in Abbildung 5-3 dargestellt.

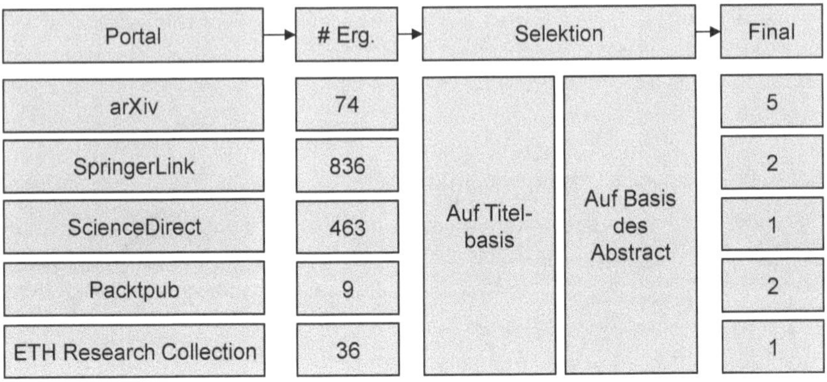

Abbildung 5-3: Literaturrechercheprozess (i. A. a. SCHUH; BENNING U. STROH ET AL. 2022, S. 361)

Bei der Auswahl auf Titelbasis wurden alle Ergebnisse aussortiert, die lediglich die mathematische Performanz von zugrundeliegenden ML-Algorithmen behandelten oder bewerteten, was den Großteil der ursprünglichen Ergebnisse ausmachte. Die verbleibenden potenziellen Quellen wurden auf Basis des Abstracts selektiert, um sicherzustellen, dass sie direkt oder implizit Funktionen von Auto-ML-Softwarelösungen beschreiben. In diesem Schritt wurden viele Quellen aussortiert, die den englischen Begriff „feature" nicht im Sinne einer Software-Funktion, sondern im Sinne von Datendimensionen (s. Kapitel 2.2.3) verwendeten (s. SCHUH; BENNING U. STROH ET AL. 2022, S. 361). Insgesamt wurden elf Publikationen für die Analyse ausgewählt. Sie sind in Tabelle 5-1 dargestellt. Die Tabelle beinhaltet darüber hinaus die Information, wie viele Funktionen von Auto-ML-Softwarelösungen aus jeder Quelle extrahiert werden konnten (inklusive Duplikate).

Tabelle 5-1: Finale Quellen (i. A. a. SCHUH; BENNING U. STROH ET AL. 2022, S. 361)

Quelle	Typ	Plattform	Anzahl Funktionen
(DAS U. CAKMAK 2018)	Monografie	Packtpub	42
(ELSHAWI ET AL. 2019)	Paper	arXiv	32
(HE ET AL. 2021)	Paper	arXiv	24
(HUMM U. ZENDER 2021)	Paper	SpringerLink	5
(HUTTER; KOTTHOFF U. VANSCHOREN 2019)	Sammelwerk	SpringerLink	22
(LEE ET AL. 2019)	Paper	ScienceDirect	8
(LI, Y. ET AL. 2021)	Paper	ETH-Research	16
(MASOOD U. SHERIF 2021)	Monografie	Packtpub	42

(TRUONG ET AL. 2019)	Paper	arXiv	31
(YAO ET AL. 2019)	Paper	arXiv	12
(ZÖLLER U. HUBER 2021)	Paper	arXiv	41

Insgesamt wurden so (mit Duplikaten) 275 Funktionen von Auto-ML-Softwarelösungen identifiziert und in einer Liste zusammengefasst. Der nächste Schritt der Modellerstellung bestand darin, alle Duplikate aus der Liste zu entfernen. Im Anschluss daran wurde der Bottom-up-Ansatz verwendet, um die Funktionen zu clustern und iterativ mit den darüber liegenden, aggregierten Ebenen zu verbinden (s. SCHUH; BENNING U. STROH ET AL. 2022, S. 361–362). Damit wurde gleichzeitig die interne Konsistenz des Modells validiert. Zur zusätzlichen Validierung wurden die identifizierten Funktionen durch Benutzung von drei Auto-ML-Softwarelösungen überprüft:

- RapidMiner Studio (Version 10.1)
- RapidMiner Go (Version 7.6)
- Azure Machine Learning (SaaS)

Das endgültige Modell umfasst 147 Funktionen, die sich auf vier Ebenen aufteilen und wird in den nachfolgenden Kapiteln vollständig erläutert.

5.3 Aggregierte Darstellung der Funktionen

Auf Basis der in Kapitel 5.1 erläuterten Definition und der in Kapitel 5.2 beschriebenen Literaturanalyse wurde eine Funktionsstruktur synthetisiert. In diesem Abschnitt wird ein Überblick über die Funktionsstruktur gegeben, deren Teilaspekte im darauffolgenden Kapitel 5.4 vertiefend erläutert werden. Die Funktionsstruktur und Teile davon werden im Folgenden in Form von Hierarchiediagrammen (s. SCHEER 1998, S. 23–25) dargestellt (s. Abbildung 5-4).

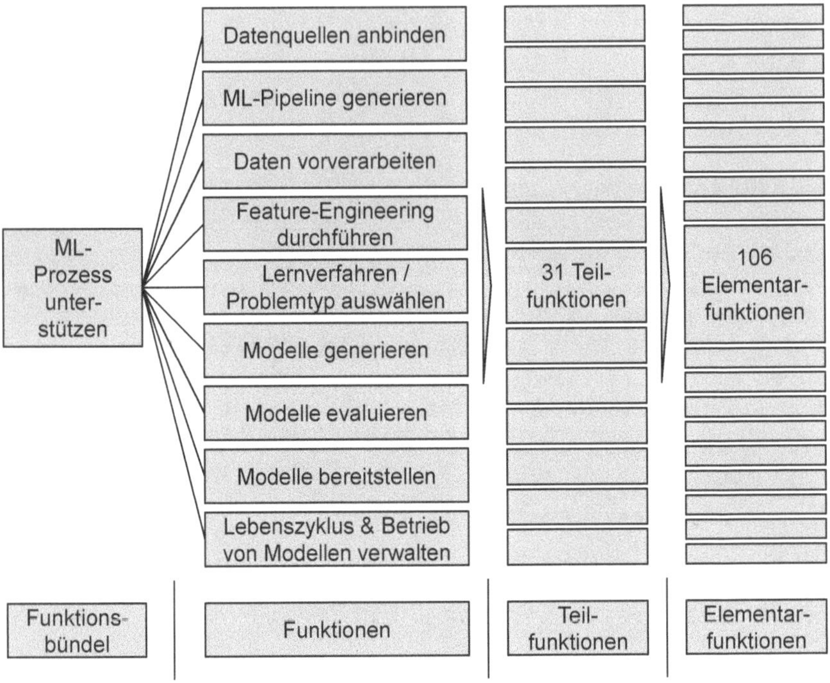

Abbildung 5-4: Übersicht über die Funktionen (eigene Darstellung)

Die Synthese ergab ein Funktionsbündel, neun Funktionen, 31 Teilfunktionen und 106 Elementarfunktionen. Zwischen Funktionsbündel und Funktionen, Funktionen und Teilfunktionen sowie zwischen Teil- und Elementarfunktionen bestehen eindeutige Zuordnungen. Damit entsteht ein azyklischer Graph, der die Funktionsstruktur von Auto-ML-Softwarelösungen auf verschiedenen Detailebenen beschreibt. Die Integration des Prozessbegriffs in das Funktionsbündel ermöglichte eine deduktive, prozessbasierte Gliederung der Funktionen (s. SCHEER 1998, S. 25) anhand des ML-Prozesses – eine Struktur, die durch ihre Bekanntheit die Navigation der Funktionsstruktur vereinfacht und sich darüber hinaus beim Abgleich mit den in der Literatur identifizierten Funktionen als konsistent herausstellte.

Zur Erhöhung der Anschaulichkeit wird im Folgenden ein kurzer Querschnitt durch die Funktionsebenen anhand eines konkreten Beispiels gegeben. Auf der höchsten Ebene liegt das Funktionsbündel, welches die übergeordnete Aufgabe von Auto-ML-Softwarelösungen beschreibt: Die Unterstützung des ML-Prozesses. Teil dieses Funktionsbündels ist es, nach der Erstellung des Modells, Anwendende dabei zu unterstützen, das Modell (bspw. der Produktion) bereitzustellen („Modelle bereitstellen", die achte dem Funktionsbündel zugeordnete Funktion). Dies kann geschehen, indem das Modell in ein teilbares Format übertragen wird („Modelle in teilbares Format übertragen", die erste der Funktion zugeordnete Teilfunktion). Wenn das Modell z. B. auf einer

Cloud-Instanz betrieben werden soll, kann es containerisiert werden, d. h. in einem betriebssystemunabhängigen, ausführbaren Format gespeichert werden („Modelle containerisieren", die zweite der Teilfunktion zugeordnete Elementarfunktion).

5.4 Funktionsbeschreibung der Softwarelösungen

Im folgenden Abschnitt wird die Funktionsstruktur vertiefend erläutert. Dabei werden die Funktionen (die zweite Ebene, s. Abbildung 5-4) mitsamt den ihnen zugeordneten Teil- und Elementarfunktionen (dritte und vierte Ebene) präsentiert. Die Kapitelstruktur orientiert sich dabei an der Abfolge der Funktionen in der zweiten Ebene des Funktionsbaums.

5.4.1 Datenquellen anbinden

Die erste Funktion, Datenquellen anbinden, befasst sich mit der Anbindung der Input-Daten, auf deren Basis die Modelle erstellt werden sollen (s. SCHUH; BENNING U. STROH ET AL. 2022, S. 362). Auto-ML-Lösungen unterscheiden sich darin, welche Arten von Daten sie verarbeiten und ob und wie sie benötigte Input-Daten (zwischen-)speichern können (s. Abbildung 5-5).

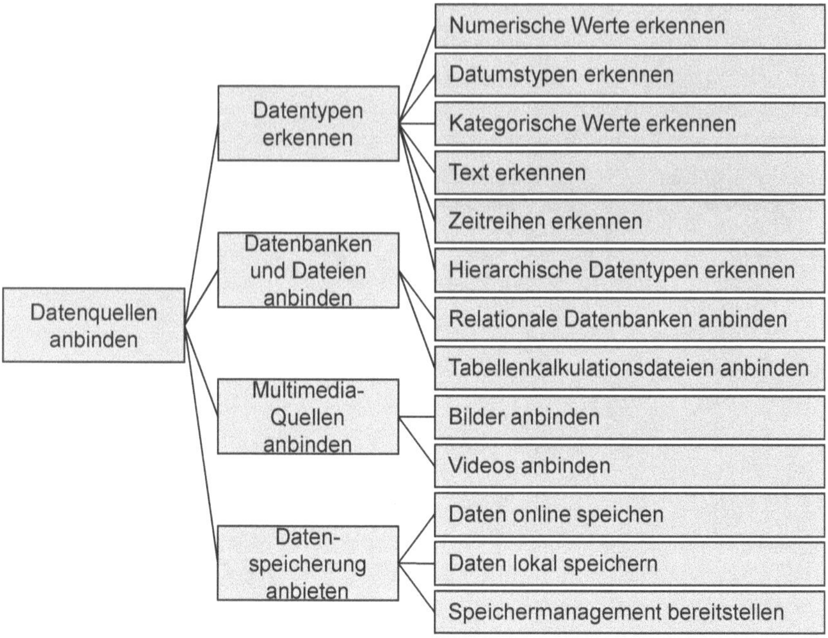

Abbildung 5-5: Datenquellen anbinden (i. A. a. SCHUH; BENNING U. STROH ET AL. 2022, S. 362)

Die erste Teilfunktion ist das Erkennen verschiedener Datentypen. Zwar werden in dem eigentlichen Modelltraining später ausschließlich numerische Werte verarbeitet, weshalb diese standardmäßig erkannt werden (s. DAS U. CAKMAK 2018, S. 29), jedoch können viele Auto-ML-Softwarelösungen auch andere Datentypen, wie zum Beispiel Textdaten (eigene Darstellung i. A. a. HE ET AL. 2021, S. 24), Datumsformate, verschachtelte bzw. hierarchische Datentypen (s. TRUONG ET AL. 2019, S. 2–3) und Zeitreihendaten annehmen (s. MASOOD U. SHERIF 2021, S. 16). Die zweite Teilfunktion bezieht sich nicht auf einzelne Werte, sondern Dateien und Datenbanken, in denen diese Werte gespeichert sind. Auto-ML-Softwarelösungen können neben Tabellenkalkulationsdateien (bspw. *.csv oder *xlsx) (s. HUMM U. ZENDER 2021, S. 119) auch ganze Datenbanken anbinden und Werte daraus importieren, was eine wichtige Automatisierungsfunktion darstellt (s. DAS U. CAKMAK 2018, S. 296). Vergleichsweise neu ist die Teilfunktion, dass Multimedia-Datenquellen angenommen werden können. Einige Softwarelösungen bieten mittlerweile die Option an, direkt mit Datensätzen, die Bilder und Videos enthalten, zu arbeiten (s. HE ET AL. 2021, S. 24). Abschließend bieten Auto-ML-Softwarelösungen noch die Möglichkeit, importierte Daten lokal (s. MASOOD U. SHERIF 2021, S. 15) oder in der Cloud zu speichern (s. MASOOD U. SHERIF 2021, S. 74) und stellen dabei Funktionen zum Speichermanagement zur Verfügung (s. LEE ET AL. 2019, S. 7).

5.4.2 Machine-Learning-Pipeline generieren

Die zweite Funktion, das Generieren der Machine-Learning-Pipeline (dt. Datenverarbeitungssequenz für maschinelles Lernen), ist ein Kernelement von Auto-ML-Softwarelösungen. An diesem Punkt zeigen sich Unterschiede in Konzeption und Zweck einzelner Softwarelösungen. Die drei verschiedenen Teilfunktionen stellen ein Spektrum von geführter Eigenkonstruktion bis hin zur vollständigen Automation der Pipelineerstellung dar (s. Abbildung 5-6).

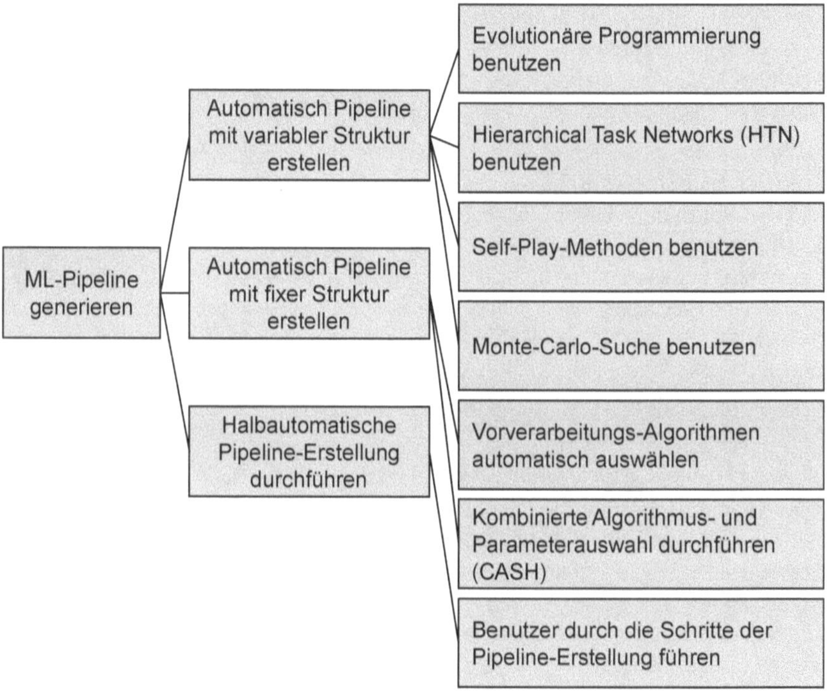

Abbildung 5-6: ML-Pipeline generieren (i. A. a. SCHUH; BENNING U. STROH ET AL. 2022, S. 362–363)

Bei der automatischen Pipelineerstellung mit variabler Struktur ist nicht vorgegeben, welche und vor allem wie viele Datenvorverarbeitungsschritte mit einem Modell maschinellen Lernens kombiniert werden. Neben den Parametern der eigentlichen Modelle sucht der Auto-ML-Algorithmus zusätzlich nach Methoden der Datenpräparation, die das Gesamtergebnis verbessern (s. SCHUH; BENNING U. STROH ET AL. 2022, S. 363). Dieses komplexe Optimierungsproblem wird im Bereich Auto-ML mithilfe fortschrittlicher Suchalgorithmen gelöst, darunter Evolutionäre Programmierung, Hierarchical Task Networks (HTN), Self-Play-Methoden oder Monte-Carlo-Suche (s. ZÖLLER U. HUBER 2021, S. 414–415). Diese Suchalgorithmen eignen sich für Probleme in komplexen Suchräumen. Die mathematische Funktionsweise dieser Algorithmen steht nicht im Zentrum der Betrachtung, kann jedoch im Werk von RUSSELL U. NORVIG nachvollzogen werden (vgl. RUSSELL U. NORVIG 2021).

Bei der zweiten Teilfunktion wird der Lösungsraum eingeschränkt, in dem eine feste Pipelinestruktur vorgegeben wird. Dies macht den Schritt der Pipelineerstellung weniger rechenintensiv, kann aber zu suboptimalen Ergebnissen führen, wenn die vorgegebene Struktur nicht auf den Datensatz passt. In dieser Teilfunktion gibt es zwei Abstufungen. Entweder werden lediglich die Vorverarbeitungs-Algorithmen ausgewählt und separat in einem späteren Schritt die Modelle trainiert, oder es werden gleichzeitig

Algorithmen und deren Hyperparameter optimiert (s. ZÖLLER U. HUBER 2021, S. 413–414). Letzteres wird im maschinellen Lernen CASH (abgekürzt von eng. Combined Algorithm and Hyperparameter Selection, dt. kombinierte Algorithmus- und Hyperparameterselektion) genannt (s. ZÖLLER U. HUBER 2021, S. 416).

Als letzte Möglichkeit gibt es Auto-ML-Software, die lediglich den eigentlichen Modellerstellungsschritt (s. Kapitel 5.4.6) voll automatisiert. Die Konstruktion der Pipeline wird den Nutzenden überlassen. Allerdings ermöglicht die Softwarelösung durch Vorschläge und Visualisierungen einen informierten Erstellungsprozess, auch bei vergleichsweise unerfahrenen Nutzenden. Diese Art von Auto-ML-Lösung wird in der Literatur selten explizit genannt, findet sich aber in Anwendungsbeispielen (s. DAS U. CAKMAK 2018, S. 32) und wurde durch Benutzung von Auto-ML-Softwarelösungen verifiziert[4].

5.4.3 Daten vorverarbeiten

Die dritte Funktion ist die Vorverarbeitung der Daten. Dieser Schritt zu Beginn der Machine-Learning Pipeline nimmt großen Einfluss auf die Qualität der Input-Daten und damit auf die Performanz des zukünftigen Modells. Durch gezielte Korrekturen und Operationen kann die Eignung eines Datensatzes für maschinelles Lernen signifikant erhöht werden (s. ZÖLLER U. HUBER 2021, S. 420). Es wurden fünf Teilfunktionen synthetisiert (s. SCHUH; BENNING U. STROH ET AL. 2022, S. 363), die im Folgenden erläutert werden (s. Abbildung 5-7).

[4] Benutzung von Softwarelösung RapidMiner Studio 10.1., 10.04.2023

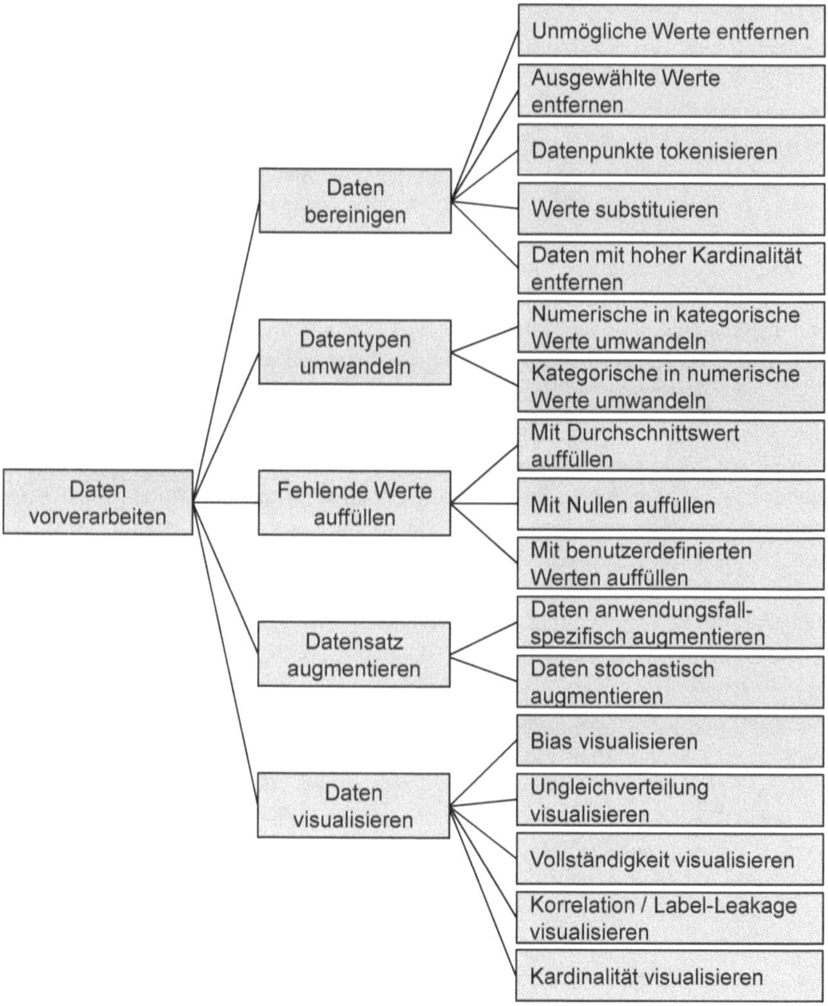

Abbildung 5-7: Daten vorverarbeiten (i. A. a. SCHUH; BENNING U. STROH ET AL. 2022, S. 363)

Die erste Teilfunktion ist die Datenbereinigung. Falsche oder mathematisch unmögliche Werte können die Performanz eines Algorithmus signifikant beeinträchtigen. Dasselbe gilt für Werte, die in einem unpassenden Format vorliegen und substituiert werden müssen, oder solche, die eine ungewöhnlich hohe Kardinalität aufweisen – wie beispielsweise laufende Nummern oder Identifikationsnummern, welche keinen Bezug zu den eigentlichen Daten haben (s. MASOOD U. SHERIF 2021, S. 16; ZÖLLER U. HUBER 2021, S. 420). Die letzte Elementarfunktion ist die Tokenisierung, die bei der natürlichen Sprachverarbeitung angewandt wird. Hierbei werden Sätze in Substrukturen

(Tokens) zerlegt, um die Weiterverarbeitung mit ML-Modellen zu ermöglichen (DAS U. CAKMAK 2018, S. 159).

Je nach Problemtyp oder Modell können die Eingangsdatentypen umgewandelt werden. Die Art von Umwandlung, welche von Auto-ML-Lösungen unterstützt wird, ist die Transformation von kategorischen Werten (wie z. B. „klein“, „mittel“, „groß“) in numerische Werte oder andersherum. Damit können die Eingangsdaten auf den vorliegenden Problemtyp (Klassifikation oder Regression) und die favorisierten Modelle eingestellt werden (s. DAS U. CAKMAK 2018, S. 152). Die dritte Teilfunktion, fehlende Werte auffüllen, ist von zentraler Bedeutung, um einen stabilen Modelltrainingsprozess zu gewährleisten. Fehlende Werte in Datensätzen sind ein häufiger Qualitätsmangel und können sich negativ auf die Modellperformance auswirken. Auto-ML-Softwarelösungen können die fehlenden Werte in Datensätzen auffüllen (s. ZÖLLER U. HUBER 2021, S. 413–414). Dabei können abhängig vom Datensatz Nullen, Mittelwerte oder selbstdefinierte Werte wie z. B. Konstanten eingefügt werden (s. DAS U. CAKMAK 2018, S. 133–138).

Ähnlich dazu ist die vierte Teilfunktion, das Augmentieren des Datensatzes. Diese Technik wird angewandt, wenn die Menge an Daten zu klein für das gewünschte Modell ist. Dann können neue, synthetische Datenpunkte hinzugefügt werden. Auch diese Datenpräparationstechnik wird von Auto-ML-Softwarelösungen unterstützt (s. HE ET AL. 2021, S. 4–5). Die Augmentierung kann dabei auf zwei grundlegende Arten und Weisen implementiert werden: Entweder werden synthetische Datenpunkte anwendungsfallspezifisch generiert (z. B. bei Audiodaten eine Variierung der Lautstärke, Abspielgeschwindigkeit oder des Hintergrundgeräuschs) oder anwendungsfallagnostisch mithilfe von stochastischen Methoden (s. CHAWLA ET AL. 2002, S. 328).

Die fünfte und letzte Teilfunktion ist die Datenvisualisierung. Diese kommt vor allem bei Softwarelösungen zum Tragen, welche die Datenvorverarbeitungsschritte nicht automatisch auswählen und durchführen. Durch verschiedene Techniken werden Mängel in den Daten grafisch dargestellt und sind damit für Nutzende erkennbar und adressierbar. Zu den visualisierbaren Mängeln gehören hohe Kardinalität, Bias, Ungleichverteilung, Vollständigkeit, Korrelation und Label Leakage[5] (s. ELSHAWI ET AL. 2019, S. 13–15).

5.4.4 Feature-Engineering durchführen

Die vierte Funktion ist das Durchführen des Feature-Engineering (dt. Merkmalsentwicklung). Features sind die im Datensatz enthaltenen Merkmale (s. Kapitel 2.2.3), welche in diesem Schritt skaliert, extrahiert, ausgewählt oder durch verschiedene Techniken neu erzeugt werden (s. SCHUH; BENNING U. STROH ET AL. 2022, S. 364). Die angewandten Techniken erfordern bei manueller Durchführung Data-Science-

[5] Engl. Begriff, ein Phänomen im überwachten Lernen, bei dem die vorherzusagende Variable stark mit einer Eingangsvariable korreliert und damit den Trainingsprozess trivialisiert und verfälscht (s. KAUFMAN ET AL. 2012, S. 1). Funktion bspw. vorhanden in RapidMiner Studio 10.1.

Expertise und haben ähnlich wie die Datenvorverarbeitung einen großen Einfluss auf die Performanz der zu generierenden Modelle. Auto-ML-Softwarelösungen ermöglichen auch Personen mit geringerer Kompetenz in diesem Feld die Modellerstellung auf Datensätzen, die verrauscht, hochdimensional oder auf andere Weise schwierig zu verarbeiten sind (s. SCHUH; BENNING U. STROH ET AL. 2022, S. 363).

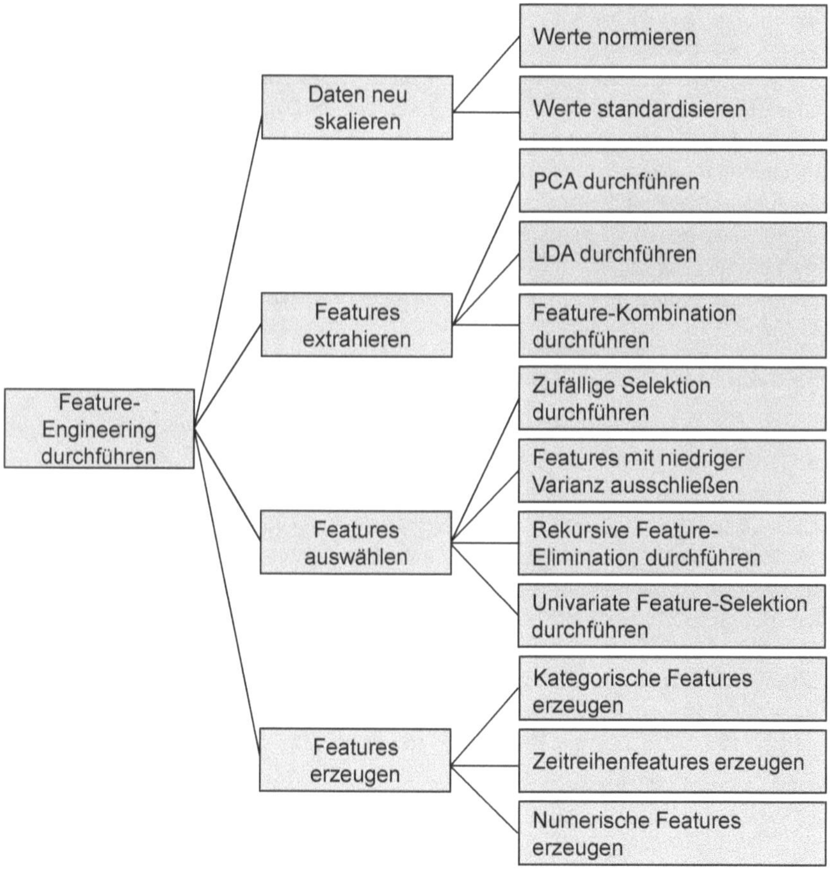

Abbildung 5-8: Feature-Engineering durchführen (i. A. a. SCHUH; BENNING U. STROH ET AL. 2022, S. 364)

Die erste Teilfunktion ist das Skalieren der Daten. Dabei werden die Elementarfunktionen Standardisierung und Normalisierung unterstützt. Die Skalierung wird in manchen Quellen der Funktion Datenvorverarbeitung zugeordnet (vgl. ZÖLLER U. HUBER 2021, S. 414). Im Kontext dieses Beschreibungsmodells dienen die Teilfunktionen der Datenvorverarbeitung allerdings hauptsächlich der Kompensation mangelnder Datenqualität. Die Teilfunktion Skalierung fokussiert hingegen die Veränderung der numerischen Werte zur Sicherstellung eines stabilen Trainingsprozesses und sagt wenig über die Qualität der zugrundeliegenden Daten aus. Daher ist sie im Kontext dieses Beschreibungsmodells Teil des Feature Engineering (s. ZÖLLER U. HUBER 2021, S. 414; DAS U. CAKMAK 2018, S. 128–131).

Bei der zweiten Teilfunktion, dem Extrahieren von Features, wird versucht, die Dimensionalität des Datensatzes zu verringern. Die Dimensionalität kann auf Basis von Kapitel 2.2.3 einfach als die Anzahl an Merkmalen pro Datenpunkt, d. h. die Anzahl Spalten in einem konventionell strukturierten Datensatz definiert werden (s. Abbildung 2-2). Eine zu hohe Dimensionalität kann sich negativ auf das Trainingsergebnis später auswirken. Für die Extraktion von Features zum Zweck der Dimensionalitätsreduktion stellen Auto-ML-Softwarelösungen Techniken wie PCA (abgekürzt von engl. Principal Component Analysis, dt. Prinzipalkomponentenanalyse) oder LDA (abgekürzt von engl. Linear Discriminant Analysis, dt. Lineare Diskriminantenanalyse) bereit. Bei diesen Techniken werden Wahrscheinlichkeitsverteilungen über die Datenpunkte gelegt und statt der ursprünglichen Grundwahrheit die Parameter der Verteilung zur Repräsentation der Punkte benutzt – eine Vereinfachung die trotz Informationsverlust effektiv sein kann (s. SZELISKI 2022, S. 197; RUSSELL U. NORVIG 2021, S. 777). Eine Kombination einzelner Features, beispielsweise durch Summen, ist auch möglich (s. ELSHAWI ET AL. 2019, S. 17–18; HE ET AL. 2021, S. 5).

Das Auswählen oder Selektieren von Features ist die dritte Teilfunktion. Die Auswahl kann dabei helfen, für das Problem nicht nötige Datenspalten vor dem eigentlichen Modellerstellungsprozess fallen zu lassen und damit Modelltrainingsergebnis und -geschwindigkeit zu verbessern. Für die automatische Selektion von Features gibt es zwei Ansätze: Entweder wird die Auswahl der optimalen Features ähnlich wie die Selektion von einer geeigneten Pipeline-Struktur als komplexes Suchproblem aufgefasst. Die Suchalgorithmen eliminieren zufällig oder rekursiv Features und bewerten das Ergebnis anhand einer Metrik. Im zweiten Ansatz wird mithilfe von statistischen Methoden versucht vorherzusagen, welche der Features positiven Einfluss auf Modellperformanz haben. Ein Kriterium hierfür kann beispielsweise die Varianz sein (s. DAS U. CAKMAK 2018, S. 166–168; ZÖLLER U. HUBER 2021, S. 422–423).

In der letzten Teilfunktion, dem Erzeugen von Features geht es um die Erweiterung des Datensatzes um Informationen auf Basis vorhandener Features. Die erweiterten Features können kategorisch, numerisch oder temporal sein. Ein Beispiel für die Erzeugung eines temporalen oder zeitreihenbasierten Features ist die Errechnung einer Verweildauer durch Subtraktion eines Startzeitpunkt- von einem Endzeitpunkt-Feature (s. DAS U. CAKMAK 2018, S. 172–173).

5.4.5 Lernverfahren und Problemtyp auswählen

Die fünfte Funktion ist die Bereitstellung unterschiedlicher Lernverfahren und Problemtypen (Definitionen von Lernverfahren s. Kapitel 2.2.3), welche von der Auto-ML-Lösung unterstützt werden (s. Abbildung 5-9). Vor dem eigentlichen Generieren der Modelle im nächsten Schritt muss festgelegt werden, auf welche Art von Problem das Modell trainiert werden soll. Ein Regressionsproblem benötigt andere Lernverfahren als das Clustering eines Datensatzes, was wiederum Auswirkungen auf die Generierung möglicher Modelltypen im nächsten Schritt hat (s. SCHUH; BENNING U. STROH ET AL. 2022, S. 364).

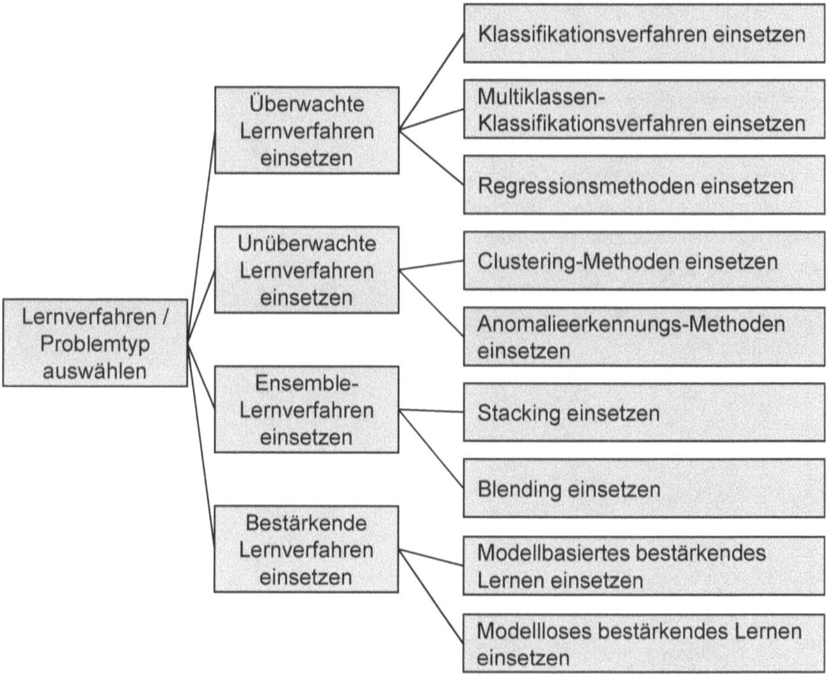

Abbildung 5-9: Lernverfahren / Problemtyp auswählen (i. A. a. SCHUH; BENNING U. STROH ET AL. 2022, S. 364)

Die erste Teilfunktion, überwachte Lernverfahren einsetzen, wird am häufigsten unterstützt (s. TRUONG ET AL. 2019, S. 2; ELSHAWI ET AL. 2019, S. 10). Mit überwachten Lernverfahren können auf strukturierten Datensätzen Klassifikations- und Regressionsprobleme, zu denen auch die Zeitreihenanalyse gehört, gelöst werden (s. RUSSELL U. NORVIG 2021, S. 652, 779). Für Anwendungsfälle wie Clustering und Anomalieerkennung bieten manche Auto-ML-Softwarelösungen ebenfalls unüberwachte Lernverfahren an (s. DAS U. CAKMAK 2018, S. 62), bei denen ohne Label trainiert wird (s. Kapitel 2.2.3). Ensemble-Lernverfahren mit den Methoden „Stacking" und „Blending"[6] werden ebenfalls angeboten. Neben diesen Lernverfahren bzw. Problemtypen können auch bestärkende Lernverfahren (s. Kapitel 2.2.3) unterstützt werden, allerdings ist dies nicht der Regelfall bei Auto-ML-Softwarelösungen (s. DAS U. CAKMAK 2018, S. 60).

[6] Art der Durchschnittsbildung beim parallelen Einsatz mehrerer Modelle, s. Kapitel 2.2.3 und s. DOMINGOS 2018, S. 238.

Bestärkende Lernverfahren können dabei modellbasiert Lernen, indem sie ein Modell der Problemumgebung lernen und so zukünftige Entscheidungen simulieren und abwägen, oder modelllos, indem sie ohne ein Modell der Umgebung einfach die besten Aktionen auf Basis der höchsten Belohnung lernen (s. RUSSELL U. NORVIG 2021, S. 790).

5.4.6 Modelle generieren

Die sechste Funktion, Modelle generieren, ist die zentrale Funktion von Auto-ML-Software. Hier werden die Modelle ausgewählt und ihre Hyperparameter auf der Grundlage des Datensatzes berechnet (s. Abbildung 5-10). Bei den verschiedenen Lösungsanbietern wird eine Vielzahl von Techniken eingesetzt (s. SCHUH; BENNING U. STROH ET AL. 2022, S. 364–365).

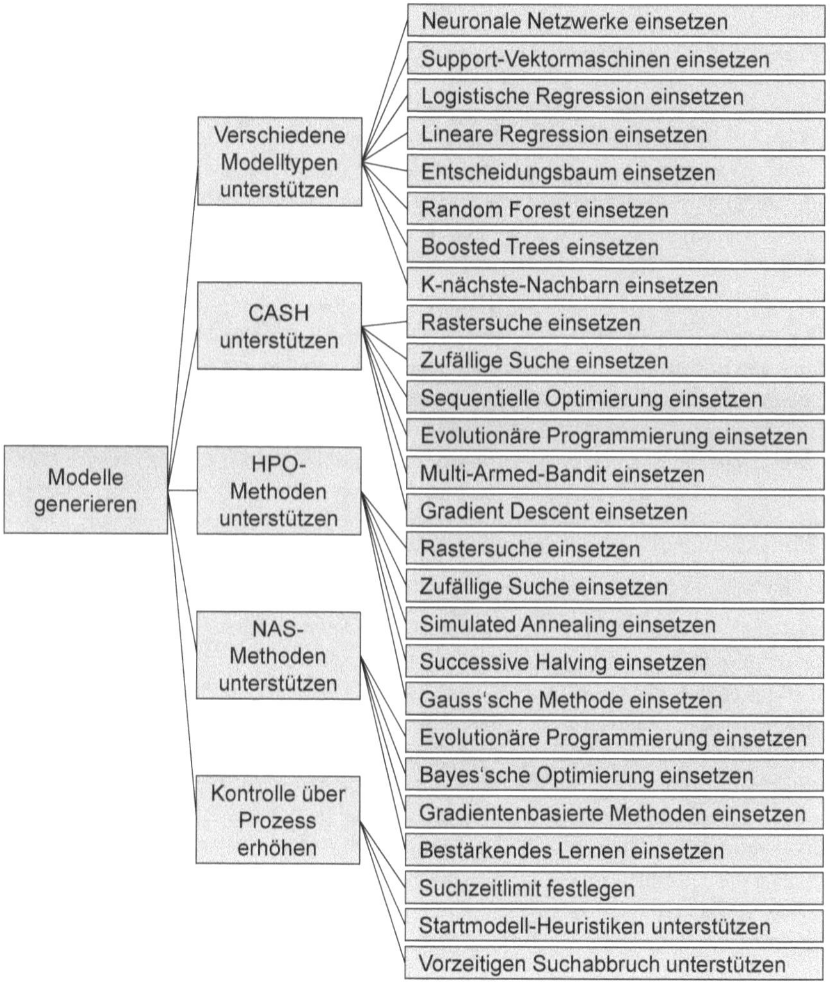

Abbildung 5-10: Modelle generieren (i. A. a. SCHUH; BENNING U. STROH ET AL. 2022, S. 365)

Neben der Vielfalt der verschiedenen Modelltypen unterscheiden sich die Lösungen auch in ihrem Automatisierungsansatz: Einige wählen einen CASH-Ansatz (s. Kapitel 5.4.2), während andere Lösungen die Nutzenden ein Modell selbst auswählen lassen und dann die Hyperparameter separat per HPO (abgekürzt von engl. Hyperparameter Optimization, dt. Hyperparameteroptimierung) optimieren. Die Generierung neuronaler Netze per NAS, (abgekürzt von engl. Neural Architecture Search, dt. Neuronale Architektursuche) ist eng mit HPO verwandt, kann aber andere Suchalgorithmen verwenden und wird daher separat aufgeführt. Darüber hinaus bieten einige Lösungen die Möglichkeit, Kontrolle während des Trainingsprozesses auszuüben (z. B. durch vorzeitigen Suchabbruch), um die Benutzungsfreundlichkeit der Lösung zu verbessern (s. SCHUH;

BENNING U. STROH ET AL. 2022, S. 364–365). Im Folgenden werden die Elementarfunktionen der Modellgenerierung kurz erläutert. Für die detaillierte mathematische Funktionsweise der Algorithmen, die nicht im Fokus dieser Arbeit steht, wird auf das Standardwerk von RUSSELL U. NORVIG verwiesen (vgl. RUSSELL U. NORVIG 2021). Beim CASH-Ansatz wird kombiniert nach optimalen Algorithmen und Hyperparametern gesucht. Für dieses Optimierungsproblem setzen Auto-ML-Softwarelösungen sowohl grundlegende Suchalgorithmen wie Rastersuche oder zufällige Suche als auch fortschrittliche Algorithmen wie Evolutionäre Programmierung oder gradientenbasierte Verfahren ein (s. ZÖLLER U. HUBER 2021, S. 416–419).

Für klassische HPO bedienen sich Auto-ML-Softwarelösungen ebenfalls der Raster- oder Zufallssuche (s. FEURER U. HUTTER 2019, S. 7–8). Zusätzlich kommen noch Ansätze wie Successive Halving (deutsch: sukzessive Halbierung) und GAUSS'sche Methoden zum Einsatz, bei denen sogenannte Ersatzmodelle optimiert werden. Ersatzmodelle (engl. Surrogate Models) sind vereinfachte Modelle, die das Verhalten des realen Optimierungsproblems emulieren, damit schneller zulässige und optimale Lösungen gefunden werden können (s. ELSHAWI ET AL. 2019, S. 6). Schließlich kann zur Hyperparameteroptimierung noch Simulated Annealing (dt. simuliertes Ausglühen) eingesetzt werden, ein Optimierungsalgorithmus, der auf physikalischen Prozessen der Metallurgie basiert (s. ELSHAWI ET AL. 2019, S. 6).

NAS ist eine Sonderform der Hyperparameteroptimierung für neuronale Netze. Hierbei kommen ebenfalls fortschrittliche Optimierungsverfahren wie Evolutionäre Programmierung oder ersatzmodellbasierte Verfahren wie BAYES'sche Optimierung zum Einsatz. Schließlich kann auch maschinelles Lernen selbst, in Form von bestärkenden Lernverfahren (s. Kapitel 2.2.3), für die Optimierung verwendet werden (s. ELSHAWI ET AL. 2019, S. 5). Neben den unterschiedlichen Algorithmen zu Modellgenerierung bieten Auto-ML-Softwarelösungen zudem Funktionen an, welche die Kontrolle über den Optimierungs- und Trainingsprozess erhöhen. Dazu gehört die Möglichkeit, ein Suchzeitlimit festzulegen oder die Suche vorzeitig abzubrechen (s. FEURER U. HUTTER 2019, S. 14), sowie Methoden, um die Startparametrierung der Modelle mithilfe von Heuristiken sinnvoll zu gestalten (s. TRUONG ET AL. 2019, S. 2).

5.4.7 Modelle evaluieren

Die Funktion „Modelle evaluieren" unterstützt Nutzende darin, die Ergebnisse der Modellgenerierung zu überprüfen und ein Modell auszuwählen. Die Teilfunktionen der Auto-ML-Softwarelösungen konzentrieren sich darauf, Nutzenden zu helfen, eine fundierte Entscheidung darüber zu treffen, welches das optimale Modell für den

Anwendungsfall ist. Dies kann durch die Einstufung der Modelle nach verschiedenen Kriterien und die Visualisierung ihrer Unterschiede geschehen (s. Abbildung 5-11).

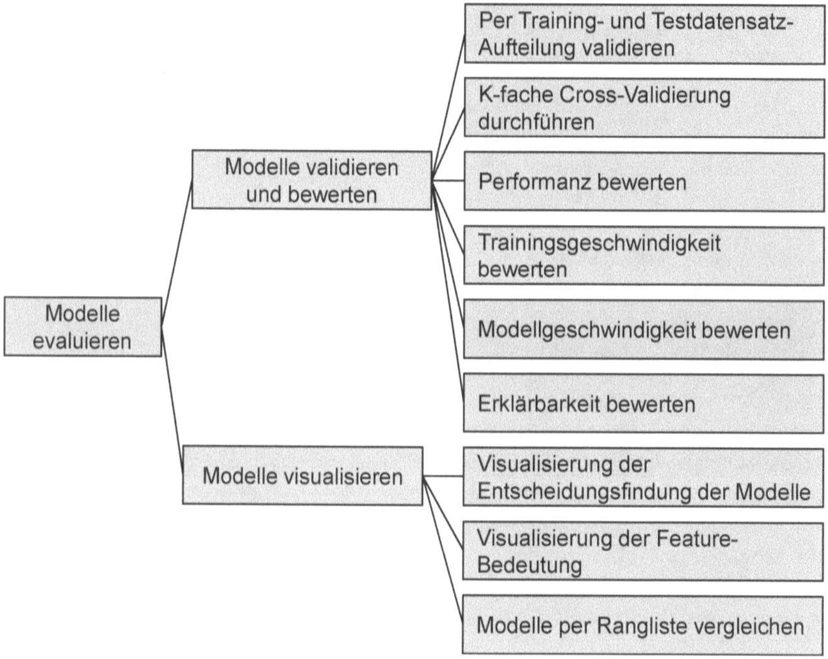

Abbildung 5-11: Modelle evaluieren (i. A. a. SCHUH; BENNING U. STROH ET AL. 2022, S. 365)

Die erste Teilfunktion ist das Validieren und Bewerten der Modelle. Hierfür werden Trainings- und Testdaten aufgeteilt, sodass die Performanz des Algorithmus anhand von Daten validiert werden kann, die im Training nicht zur Verfügung standen (s. DAS U. CAKMAK 2018, S. 113). Nur wenn auch hier die Klassifikation oder Regression zuverlässig geschieht, hat das Modell die gesuchte Funktion hinreichend approximiert. Manche Softwarelösungen bieten eine k-fache Cross-Validierung an, bei welcher der Vorgang der Unterteilung und Validierung mehrfach ausgeführt wird, um eine statistisch zuverlässigere Aussage zu erhalten (s. DAS U. CAKMAK 2018, S. 113). Zudem ist in dieser Teilfunktion noch die generelle Bewertung der Performanz zu nennen, da sich die Trainings-/Testdatenaufteilung nur für überwachte Lernverfahren eignet, und Auto-ML-Softwarelösungen auch andere Problemstellungen unterstützen (s. Kapitel 5.4.5). Neben der Performanz des Modells bewerten manche Auto-ML-Softwarelösungen noch weitere Aspekte der generierten Modelle. Zusätzlich zu der Geschwindigkeit, mit der das Modell trainiert wurde und der Reaktionszeit des trainierten Modells auf einen Input[7], ist ein weiterer wichtiger Aspekt die Bewertung der Erklärbarkeit. Vor allem vor dem Hintergrund der Benutzung durch Nicht-Fachleute kann es sinnvoll sein, Modelle, die in Auto-ML-Softwarelösungen generiert wurden, auch auf Basis der Nachvollziehbarkeit der Ergebnisse zu evaluieren (s. YAO ET AL. 2019, S. 4–7; s. MASOOD U. SHERIF 2021, S. 275–278).

Die zweite Teilfunktion, Modelle visualisieren, umfasst Elementarfunktionen, welche den Nutzenden helfen, eine informierte Entscheidung bei der Auswahl der Modelle zu treffen. Beispielsweise bieten manche Softwarelösungen die Möglichkeit, die Modelle auf Basis der vorhin genannten Kriterien in einer Rangliste darzustellen (s. MASOOD U. SHERIF 2021, S. 35). Weiterhin können bei manchen Softwarelösungen die Entscheidungspfade innerhalb der Modelle sowie die Bedeutung der einzelnen Features für die Entscheidungsfindung visualisiert werden (s. MASOOD U. SHERIF 2021, S. 275–278).

5.4.8 Modelle bereitstellen

Nachdem Modelle validiert und ausgewählt wurden, bieten einige Auto-ML-Softwarelösungen Unterstützung bei der Bereitstellung der Modelle in deren Anwendungskontext (s. Abbildung 5-12). Normalerweise erfordert dies Programmierressourcen, da das trainierte Modell in eine Applikation oder einen Service umgewandelt werden muss, auf den zugegriffen werden kann. Auto-ML-Lösungen können Modelle in ein distributionsfähiges Format konvertieren – fortschrittlichere Lösungen können darüber hinaus in wenigen Schritten aus einem Modell eine online nutzbare Applikation machen (s. SCHUH; BENNING U. STROH ET AL. 2022, S. 365–366).

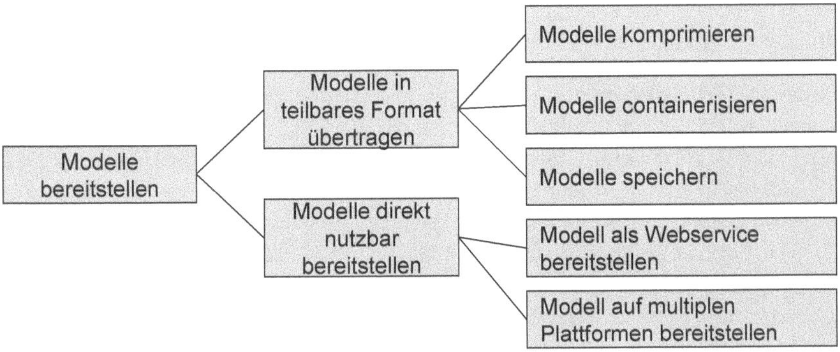

Abbildung 5-12: Modelle bereitstellen (i. A. a. SCHUH; BENNING U. STROH ET AL. 2022, S. 366)

Das Komprimieren eines Modells durch Übertragung in gängige Archivformate ist ein einfaches Prinzip, um Trainingsergebnisse mit anderen zu teilen (s. MASOOD U. SHERIF

[7] Benutzung von Softwarelösung RapidMiner Studio 10.1., 10.04.2023

2021, S. 51–52). Um Modelle mit anderen Prozessorarchitekturen, Betriebssystemen oder auch der Cloud kompatibel zu gestalten, unterstützen Auto-ML-Softwarelösungen die Containerisierung[8] dieser. Je nach Applikationslandschaft und Zugriff reicht es allerdings, das Modell einfach innerhalb der Auto-ML-Softwarelösung zu speichern (s. MASOOD U. SHERIF 2021, S. 93).

Manche Softwarelösungen automatisieren bereits die Schritte, um ein fertig trainiertes und gespeichertes Modell als Webservice bereitzustellen. Damit werden die Trainingsergebnisse für eine breite Zahl an Nutzenden hochverfügbar, ohne dass diese spezielle Programme bzw. Softwarebibliotheken auf ihrem Endgerät installieren müssen. Mit dem Modell kann grafisch über einen Browser oder maschinell per API (abgekürzt von eng. Application Programming Interface, dt. Anwendungsprogrammierschnittstelle) interagiert werden (s. MASOOD U. SHERIF 2021, S. 227; ELSHAWI ET AL. 2019, S. 12). Das Teilen auf über verschiedene Cloud-Plattformen hinweg ist ebenfalls möglich (s. ELSHAWI ET AL. 2019, S. 16).

5.4.9 Lebenszyklus und Betrieb von Modellen verwalten

Um die Nutzenden während des gesamten Lebenszyklus eines maschinellen Lernmodells zu unterstützen, bieten Auto-ML-Softwarelösungen Funktionen an, um die korrekte und sichere Verwendung der Modelle über ihren Lebenszyklus zu gewährleisten (s. Abbildung 5-13). Zudem helfen Meta-Learning-Funktionen dabei, neue Modelle

[8] Containerisierung ist eine Methode, Applikationen, die für ein bestimmtes Betriebssystem geschrieben wurden, für andere Betriebssystemen kompatibel zu machen. Die Containerisierung ist im Vergleich zu anderen Methoden, wie virtuellen Maschinen, ressourcenschonend (s. TURNBULL 2014, S. 6).

effizienter zu erstellen, indem sie bewährte Konfigurationen aus früheren Modellierungsvorgängen lernen (s. SCHUH; BENNING U. STROH ET AL. 2022, S. 366).

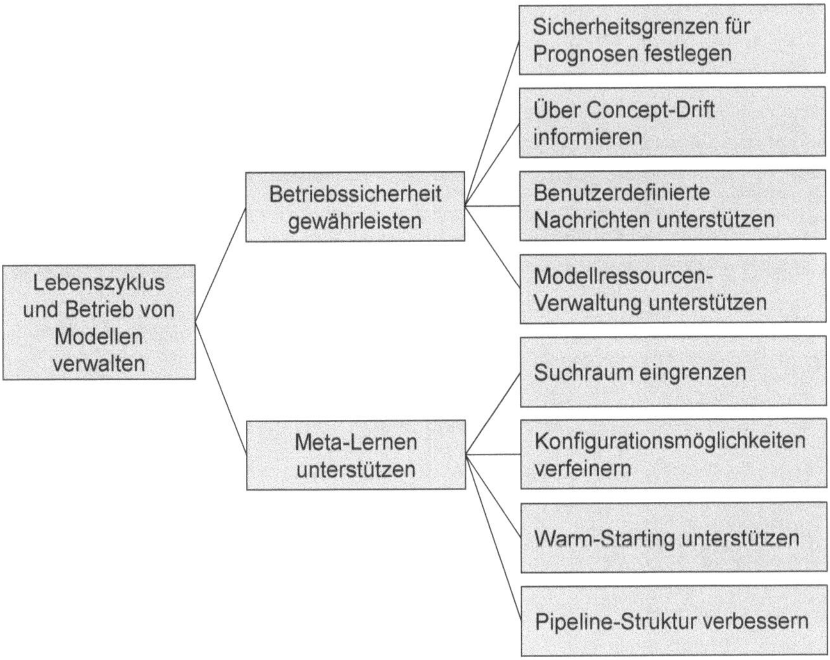

Abbildung 5-13: Lebenszyklus und Betrieb von Modellen verwalten (i. A. a. SCHUH; BENNING U. STROH ET AL. 2022, S. 366)

Die Gewährleistung der Betriebssicherheit von Modellen maschinellen Lernens umfasst mehrere Aspekte: Zuerst bietet es sich an, bei komplexen Modellen Sicherheitsgrenzen für die Prognosen festzulegen. Mit einfachen Regeln kann verhindert werden, dass Modelle in Extremfällen Prognosen treffen, die sicherheitsgefährdend oder physikalisch unmöglich sind. Weiterhin kann sich die Grundwahrheit ändern, die das Modell versucht abzubilden. Bei diesem Phänomen, welches häufig mit dem englischen Begriff „Concept Drift" bezeichnet wird, führen veraltete Zusammenhänge aus früheren Trainingsdaten zu unzuverlässigen Prognosen. Auto-ML-Softwarelösungen können bei der Minimierung dieser Risiken helfen. Weiterhin können Auto-ML-Softwarelösungen diese Ereignisse als Nachrichten oder Warnungen an zuständige Personen weiterleiten. Zudem können Ressourcen für den Betrieb von implementierten Modellen, wie zum Beispiel Speicher- und Rechenkapazität, verwaltet werden (s. LEE ET AL. 2019, S. 7; ELSHAWI ET AL. 2019, S. 18).

Meta-Lernen bezeichnet die Eigenschaft, über den Lernvorgang selbst zu lernen, d. h. zu identifizieren, welche Parameter im Lernvorgang zu einem vorteilhaften Ergebnis führen und dieses Wissen anzuwenden (s. AGGARWAL 2018, S. 454). In Bezug auf Auto-ML-Softwarelösungen ist Meta-Lernen eine Teilfunktion der Funktion

Lebenszyklus und Betrieb von Modellen verwalten. Auto-ML-Softwarelösungen können den Suchraum bei der Modellgenerierung (s. Kap. 5.4.6) eingrenzen, Konfigurationsmöglichkeiten für Hyperparameter verfeinern, die initiale Modellparametrierung verbessern (engl. warm starting) sowie die Pipelinestruktur an sich inkrementell verbessern (s. LI, Y. ET AL. 2021, S. 2).

5.5 Zusammenfassung

In dem Kapitel wurde ein Beschreibungsmodell für die Funktionsstruktur von Auto-ML-Softwarelösungen präsentiert. Die Funktionen wurden in einem Hierarchiediagramm mit vier Ebenen dargestellt. Die Modellierung erfolgt anhand der ARIS-Methode von SCHEER; die Informationen für die Erstellung des Modells wurden mit Hilfe einer integrativen Literaturrecherche von TORRACO synthetisiert (vgl. SCHEER 1998; TORRACO 2005). Das Hierarchiediagramm umfasst ein Funktionsbündel, neun Funktionen, 31 Teilfunktionen und 106 Elementarfunktionen.

Das Funktionsbündel von Auto-ML-Softwarelösungen wurde als die softwarebasierte Unterstützung von Personen im Prozess der Modellerstellung für maschinelles Lernen (ML-Prozess) definiert. Die zentrale Aufgabe dieser Softwarelösungen ist somit die Unterstützung des gesamten ML-Prozesses (Definition des ML-Prozesses s. Kapitel 2.2.6).

Durch den kombinierten Einsatz eines "Top-Down"- und "Bottom-Up"-Ansatzes wurden nach einer deduktiven, prozessbasierten Gliederung weitere identifizierte Funktionen aus der Literatur in die Struktur integriert. Ergebnis war, dass der ML-Prozess um zusätzliche, Auto-ML-spezifische Funktionen erweitert wurde. Über den klassischen ML-Prozess hinaus bieten Auto-ML-Lösungen umfassende Unterstützung, beispielsweise durch das Anbinden von Datenquellen, die Generierung von ML-Pipelines, die Auswahl von Lernverfahren und Problemtypen, die Evaluierung der Modelle und die Verwaltung des Modell-Lebenszyklus.

Mit der synthetisierten Funktionsstruktur wurde die erste Teilforschungsfrage, „wie können Softwarelösungen für automatisiertes maschinelles Lernen systematisch beschrieben werden?", beantwortet.

6 Beschreibung der Anforderungen

Dieses Kapitel widmet sich der Beantwortung der zweiten Teilforschungsfrage, „wie können Anforderungen von produzierenden Unternehmen an Auto-ML-Lösungen systematisch beschrieben werden?“ (s. Kapitel 1.2). Die Anforderungen wurden mithilfe der Methode der Fallstudienforschung nach EISENHARDT synthetisiert (s. EISENHARDT 1989, S. 532–550). Demnach wird zunächst in Kapitel 6.1 auf die Auswahl und Analyse der Fallstudien eingegangen. Anschließend werden in Kapitel 6.2 die gewonnenen Erkenntnisse präsentiert. Kapitel 6.3 stellt Vorgehen und Ergebnisse zusammengefasst dar.

Teile des Kapitels basieren auf einer Veröffentlichung des Autors, die an den entsprechenden Stellen referenziert wird (s. SCHUH; BENNING U. STROH 2022). Die Protokolle der Fallstudiengespräche sind im Anhang (s. A.1-A.6) zu finden.

6.1 Beschreibung der Auswahl und Analyse der Fallstudien

Die Methode der Fallstudienforschung nach EISENHARDT wird ausführlich in Kapitel 4.2.4 beschrieben. In den folgenden Abschnitten werden die Ergebnisse nach Anwendung der Methodik im Forschungskontext dargestellt.

6.1.1 A-Priori-Konstrukte

Zu Beginn der Methode sollte der Untersuchungsbereich durch eine Forschungsfrage abgegrenzt werden. Dies ist bereits in Kapitel 1.2 mit der Teilforschungsfrage geschehen. Daraufhin werden in der Fallstudienforschung sogenannte A-Priori-Konstrukte definiert, von denen angenommen wird, dass sie mit der Forschungsfrage in Zusammenhang stehen (s. EISENHARDT 1989, S. 536). Dabei wird bewusst auf Hypothesen und Theorien über mögliche Zusammenhänge zwischen den Konstrukten verzichtet. Ziel der Konstrukte ist es, zu helfen, einen ersten Betrachtungsrahmen zu formen und die Definition von Messinstrumenten und neuen Theorien zu erleichtern (s. EISENHARDT 1989, S. 536).

Ziel des Kapitels ist es, Anforderungen von produzierenden Unternehmen an Auto-ML-Lösungen zu beschreiben. Gemäß den Ausführungen von YIN und EISENHARDT ist es sinnvoll, als A-Priori-Konstrukte mögliche Einflussfaktoren auf die Anforderungen zu wählen und nicht die Anforderungen selbst. EISENHARDT betont, dass A-Priori-Konstrukte helfen, den Forschungsfokus zu definieren und die Datenerhebung zu strukturieren, ohne jedoch die Ergebnisse durch vorgefasste Hypothesen einzuschränken (s. EISENHARDT 1989, S. 536). Durch die Identifizierung von Einflussfaktoren bleibt die Forschung offen für unerwartete Erkenntnisse und ermöglicht es, die tatsächlichen Anforderungen an Auto-ML-Lösungen aus den Daten heraus emergieren zu lassen. Als Beispiel wählt EISENHARDT die Untersuchung der A-Priori-Konstrukte „Macht“ und „Konflikt“ im Zusammenhang mit der Forschungsfrage, wie strategische Entscheidungen in Top-Management-Teams getroffen werden (s. EISENHARDT 1989, S. 536). Diese

Konstrukte sind keine Entscheidungen oder Prozesse an sich, sondern Variablen, welche die Entscheidungsfindung beeinflussen können.

YIN unterstreicht die Bedeutung von sog. Studienpropositionen, die den Blick auf relevante Aspekte lenken, aber gleichzeitig genügend Flexibilität bieten, um neue, bisher unbekannte Phänomene zu entdecken (s. YIN 2018, S. 61–62). Indem Einflussfaktoren als A-Priori-Konstrukte gewählt werden, wird die Forschung gezielt geleitet, ohne die Vielfalt möglicher Anforderungen im Vorfeld einzuschränken.

Die A-Priori-Konstrukte wurden in einem Literaturreview nach CRESWELL (s. CRESWELL 2013, S. 25–50) identifiziert, dessen Methode sich eignet, eine Problemstellung zu Beginn einer qualitativen Studie einzuordnen (s. CRESWELL 2013, S. 29). Zunächst wurden relevante Schlüsselwörter definiert, um die Suche zu leiten. Diese waren „auto-ml requirements“ und „auto-ml application“ (inklusive der alternativen Schreibweise „automl“). Diese wurden verwendet, um im Zeitraum 01.04.2022 – 15.04.2022 eine Literatursuche in den wissenschaftlichen Datenbanken „Sciencedirect“, „Google Scholar“ und „IEEE Xplore“ durchzuführen.

Im nächsten Schritt wurde eine Eingrenzung auf Abstract-Basis getroffen um, relevante Quellen zu identifizieren, die sich mit Auto-ML-Lösungen und deren Anforderungen befassen. Die nach CRESWELL vorgeschlagenen Literaturabgrenzung (s. CRESWELL 2013, S. 32) wurde für die Zwecke dieser Vorrecherche übersprungen, da eine Einordnung und Abgrenzung für dieses Thema bereits in Kapitel 3.2 geschehen ist. Schließlich wurden innerhalb der Quellen elf Einflussfaktoren identifiziert, die mitsamt Quellen in Tabelle 6-1 dargestellt sind.

Tabelle 6-1: A-Priori-Einflussfaktoren auf Anforderungen

Lfd. Nr.	Einflussfaktor	Quellen
1	Ziel der Benutzung von Auto-ML-Softwarelösungen	(s. CRISAN U. FIORE-GARTLAND 2021, S. 11)
2	Anwendungsfälle und -szenarien	(s. KRAUß ET AL. 2020, S. 446–447)
3	Benötigte Unterstützung bei verschiedenen Schritten im ML-Prozess	(s. KRAUß ET AL. 2020, S. 446–447)
4	Expertise auf dem Gebiet maschinelles Lernen	(s. KRAUß ET AL. 2020, S. 444)
5	Integrationsmöglichkeiten in Unternehmens-IT	(s. BENDER U. OVTCHAROVA 2021, S. 651)
6	Leistungskriterien	(s. XIN ET AL. 2021, S. 5–7)

7	Gewünschter Detailgrad bei Auswertung und Evaluation	(s. MILUTINOVIC ET AL. 2020, S. 5–6)
8	Benötigter Grad der Automatisierung	(s. XIN ET AL. 2021, S. 1)
9	Gewünschte Form der Datenvisualisierung	(s. XIN ET AL. 2021, S. 7)
10	Art und Weise der Interaktion mit dem System	(s. AMERSHI ET AL. 2019, S. 3)
11	Systemverhalten im Fehlerfall	(s. AMERSHI ET AL. 2019, S. 3)

Der erste auf Basis der Literaturrecherche identifizierte Einflussfaktor ist die Zielsetzung, die Unternehmen beim Einsatz von Auto-ML-Softwarelösungen verfolgen. Laut CRISAN U. FIORE-GARTLAND existieren drei solcher Ziele: Unternehmen wollen entweder Routineaufgaben automatisieren, die explorative Datenanalyse im Unternehmen vereinfachen, oder den ML-Prozess demokratisieren, d. h. auch für Personen ohne Programmierkenntnisse zugänglich machen (s. CRISAN U. FIORE-GARTLAND 2021, S. 11).

Weiterhin können die Anforderungen an Auto-ML-Softwarelösungen mit den gewünschten Anwendungsfällen und Einsatzszenarien variieren (s. KRAUß ET AL. 2020, S. 446–447). Zusätzlich zu den Anwendungsfällen können verschiedene Schritte des ML-Prozesses im Fokus des Unternehmens stehen. Je nachdem, an welcher Stelle in der Vorbereitung, Erstellung oder Bereitstellung eine Automatisierung erwünscht ist, ist es möglich, dass sich unterschiedliche Anforderungen ergeben. Damit verbunden ist die Frage der Expertise, die im Unternehmen in Bezug auf maschinelles Lernen vorhanden ist (s. KRAUß ET AL. 2020, S. 444). Je nach Kenntnisstand im Unternehmen kann sich das Anforderungsprofil deutlich unterscheiden.

Technische Rahmenbedingungen im Unternehmen können weitere Anforderungen an Auto-ML-Softwarelösungen induzieren. Wenn die Lösung in eine bestehende Applikationslandschaft integriert werden soll, müssen Faktoren wie benötigte Schnittstellen und IT-Infrastruktur mitbetrachtet werden (s. BENDER U. OVTCHAROVA 2021, S. 651).

Darüber hinaus können unterschiedliche Kriterien bei der Bewertung der Leistung von Software im Unternehmen oder in diesem konkreten Anwendungsfall Einfluss auf die Anforderungen haben. Leistung bezieht sich in diesem Fall hauptsächlich auf die Qualität der generierten Modelle (s. XIN ET AL. 2021, S. 5–7). Darüber hinaus existieren Präferenzen bei Nutzenden bezüglich des gewünschten Automatisierungsgrades (s. XIN ET AL. 2021, S. 1) und der Form der Datenvisualisierung (s. XIN ET AL. 2021, S. 7), welche in eine Entscheidung für oder gegen eine Softwarelösung einfließen könnten. Die Art und Weise, wie mit der Auto-ML-Software als Unterart von KI-Software interagiert werden soll, ist ein weiteres identifiziertes A-Priori-Konstrukt (s. AMERSHI ET AL. 2019, S. 3). Bei Interaktion mit KI-Software können über konventionelle Software-Designrichtlinien hinaus Gestaltungsempfehlungen und Anforderungen formuliert werden. Dazu gehört beispielsweise, ob und wie sich das System als KI oder KI-basiert zu erkennen gibt, welche Kontextinformationen den Nutzenden gegeben werden und auch wie sich das System im Fehlerfall verhält (s. AMERSHI ET AL. 2019, S. 3).

Für diese in der Literatur identifizierten A-Priori-Konstrukte wird angenommen, dass sie einen Einfluss auf die zu untersuchenden Anforderungen, die produzierende Unternehmen an Auto-ML-Softwarelösungen stellen, haben. Im folgenden Abschnitt wird das auf Basis der A-Priori-Konstrukte erstellte Messinstrument in Form eines Fragebogens präsentiert.

6.1.2 Fragebogendefinition

Nach der Sammlung der A-Priori-Konstrukte in Form von möglichen Einflussfaktoren auf Anforderungen wurden diese im Studienverlauf genutzt, um die Richtung der Untersuchung zu lenken (s. YIN 2018, S. 62). Konkret in diesem Fall wurden sie in Anlehnung an EISENHARDT zur Fragebogendefinition genutzt (s. EISENHARDT 1989, S. 536). Auf der Grundlage der oben genannten A-Priori-Konstrukte wurden somit die Fragen für die Interviews formuliert (s. SCHUH; BENNING U. STROH 2022, S. 45–46). Tabelle 6-2 zeigt den endgültigen Fragebogen. Er enthält 16 Fragen bzw. Fragegruppen und diente als Grundlage für die Fallstudien, die als halboffene Interviews durchgeführt wurden (s. A.1-A.6).

Tabelle 6-2: Fragebogen für Fallstudien (s. SCHUH; BENNING U. STROH 2022, S. 45–46)

Lfd. Nr.	Frage
1	Wie ist der aktuelle Anwendungsstand von maschinellem Lernen und künstlicher Intelligenz in Ihrem Unternehmen?
2	Welche Herausforderungen sehen Sie beim Einsatz?
3	Welche Ziele sollen durch den Einsatz von Auto-ML erreicht werden?
4	Welche Nutzungsszenarien sollen mit Hilfe von Auto-ML realisiert werden?
5	Welche Arbeitsschritte sollen durch den Einsatz von Auto-ML optimiert werden?
6	Welche Person oder Personengruppe soll Modelle erstellen? Wer soll Sie benutzen?
7	Soll durch Auto-ML gezielt Expertise kompensiert werden?
8	Welche Daten oder Datenbanken sollen verarbeitet werden? Welche Kommunikationsschnittstellen sind für Sie unerlässlich?

9	Gibt es weitere Anforderungen aus der IT an die Software?
10	Welche Anforderungen haben Sie an die Leistungsfähigkeit des Modells?
11	Soll die Lösung Nutzenden eine Möglichkeit bieten, die Ergebnisse selbst zu evaluieren? Welche Anforderungen stellen Sie an die Transparenz und Erklärbarkeit Ihres Auto-ML Modells?
12	Wie stellen Sie sich die optimale User-Interaktion mit einem Auto-ML System vor? Welche Konfigurationen sollen durch Nutzende vorgenommen werden?
13	Wie sollte aus Ihrer Sicht die Datenvisualisierung umgesetzt sein?
14	Wann bzw. in welchen Fällen möchten Sie benachrichtigt werden?
15	Wie soll sich das System im Fehlerfall verhalten?
16	Gibt es weitere Anforderungen, die noch nicht genannt wurden?

6.1.3 Auswahl der Fallstudien

Insgesamt wurden sechs Fallstudien analysiert. Hauptinformationsquelle waren halbstrukturierte Experteninterviews mit Vertretern aus den verschiedenen Unternehmen. Ergänzende Informationsquellen waren Veröffentlichungen aus Anwendungsperspektive zu Auto-ML-Softwarelösungen, die Anforderungen an diese beschreiben, sowie Beobachtungen bei Unternehmensbesuchen im Rahmen von Forschungs- und Beratungsdienstleistungen. Zu den Personen gehören ML-Fachkräfte und Digitalisierungsbeauftragte. Die Unternehmen wurden nicht zufällig ausgewählt, sondern stellen polare Typen dar (s. EISENHARDT 1989, S. 537), womit eine möglichst große Spannweite an Eigenschaften innerhalb des Betrachtungsrahmens (s. Kapitel 2.6) sichergestellt wird. Kriterien zur Unterscheidung waren dabei die Unternehmensgröße, die Produktart und der Digitalisierungsgrad der Unternehmen. Tabelle 6-3 zeigt die für die Fallstudien ausgewählten Unternehmen.

Tabelle 6-3: Ausgewählte Fallstudien

Lfd. Nr.	Firma	Produktart	Anhang-Nr.
1	Maschinenfabrik Bernard Krone GmbH & Co. KG	Landmaschinen	A.1
2	Fahrzeugwerk Bernhard Krone GmbH & Co. KG	LKW-Anhänger	A.2
3	Albrecht Bäumer GmbH & Co. KG	Schaumstoff-Schneidemaschinen	A.3
4	Anonym[9]	Medizintechnik	A.4
5	SMS Group	Hütten- und Walzwerkstechnik.	A.5
6	Rudolf Hillebrand GmbH & Co. KG	Oberflächensysteme	A.6

Die Fallstudien wurden iterativ selektiert. Um festzustellen, dass genügend Fallstudien durchgeführt wurden, sollte eine theoretische Sättigung erreicht werden (s. EISENHARDT 1989, S. 533), wobei neben diesem theoretischen Kriterium auch die pragmatische Überlegung nach dem sinnvollen Maß an Aufwand einfließen sollte (s. EISENHARDT 1989, S. 545).

Nach EISENHARDT ist die theoretische Sättigung bezüglich der Anzahl an Fallstudien erreicht, wenn der schrittweise Wissensgewinn minimal wird, und sich Beobachtungen wiederholen (s. EISENHARDT 1989, S. 545). Dabei muss der Zugewinn nicht gleich null sein, sondern eine Wiederholung der Beobachtungen bzw. eine hinreichende Übereinstimmung zwischen emergenter Theorie und neuen Fallstudien entstehen (vgl. MARTIN U. EISENHARDT 2010, S. 271). Zusammen mit dem Kriterium, dass bei der Mehrfach-Fallstudienanalyse mindestens vier Fälle untersucht werden sollten (s. EISENHARDT 1989, S. 545), kann bei dem Auftreten von sich wiederholenden Mustern entschieden werden, dass theoretische Sättigung eintritt (vgl. GARG U. EISENHARDT 2017, S. 1833).

Die sechste Fallstudie ergab nur noch drei neue Anforderungen (im Gegensatz zu durchschnittlich 14 neuen Anforderungen pro Fallstudie), alle weiteren dort erhobenen Anforderungen wurden bereits genannt (s. A.6). Da zu diesem Zeitpunkt die Anzahl

---

[9] Werden im Rahmen der Dissertation nicht namentlich genannt, Details können beim Ersteller erfragt werden

bereits sicher in der empfohlenen Spanne von vier bis zehn Fallstudien lag, wurde die Sammlung an zusätzlichen Fallstudien abgeschlossen.

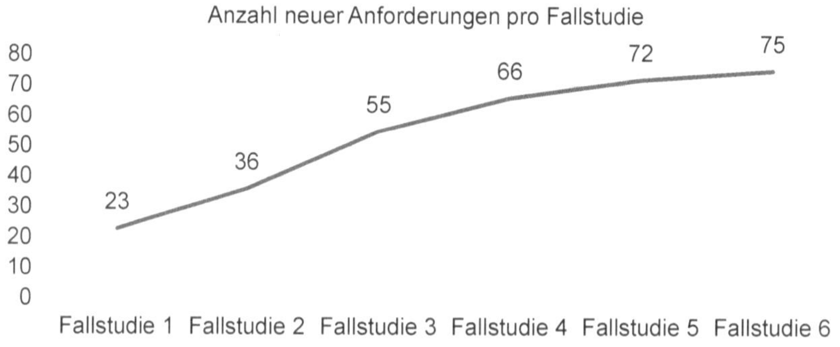

Abbildung 6-1: Sättigung der Ergebnisse (i. A. a. SCHUH; BENNING U. STROH 2022, S. 47)

Die Anforderungen sind zusammenfassend in einer Tabelle (s. A.7) dargestellt, sortiert nach Fallstudien, ohne Duplikate, sodass die Sättigung der Ergebnisse nachvollzogen werden kann.

6.1.4 Analyse der Fallstudien

Grundlage für die Analyse der Fallstudien waren die Protokolle der Gespräche (s. A.1-A.6). Die Tabelle mit 75 identifizierten Anforderungen (s. A.7) ist das Ergebnis des ersten Analyseschrittes nach EISENHARDT, der Analyse innerhalb einzelner Fallstudien (engl. within-case analysis) (s. EISENHARDT 1989, S. 533). Darauf aufbauend wurde mithilfe des zweiten Analyseschrittes, der Kreuzanalyse über die Fallstudien (engl. searching for cross-case patterns) das finale Modell synthetisiert (s. EISENHARDT 1989, S. 539–541). Hierbei wurden Anforderungen, die ähnliche Phänomene beschreiben, zusammengefasst und zudem den Schritten (bzw. Funktionen der zweiten Ebene, die die Gruppen in Kapitel 5.4 beschreiben) des Auto-ML-Prozesses zugeordnet (s. Abbildung 5-2). Die Anforderungen, welche keinem Schritt eindeutig zugeordnet werden konnten, wurden in einer separaten Gruppe, den übergeordneten Funktionen zusammengefasst. Diese Anforderungen beschreiben entweder wirtschaftliche Überlegungen oder Ziele, die bei der Anwendung von Auto-ML erwartet werden, oder Richtlinien, die das Unternehmen hinsichtlich des Einsatzes von IT-Lösungen umsetzen muss, wie eine Cloud-Strategie oder Datenschutzrichtlinien (s. SCHUH; BENNING U. STROH 2022, S. 47–48).

In Anhang A.8 ist dargestellt, welche der ursprünglich identifizierten Anforderungen in welche Anforderungen des finalen Modells gemündet sind, um eine Nachvollziehbarkeit des Analyseprozesses zu gewährleisten. Nach Gruppierung und Zuordnung ergaben sich 48 Anforderungen.

6.2 Beschreibung der Anforderungen

Im Folgenden werden die identifizierten und gruppierten Anforderungen von produzierenden Unternehmen an Auto-ML-Softwarelösungen detailliert beschrieben. Um den Anforderungen eine einheitliche Struktur zu geben, wurde die RUPP-Anforderungsschablone gewählt (s. Abbildung 6-2).

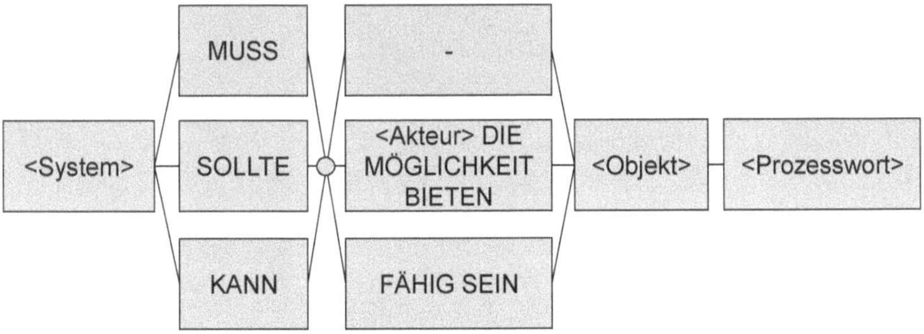

Abbildung 6-2: RUPP-Anforderungsschablone (s. RUPP 2014, S. 220)

Dabei wird zunächst das System genannt, auf das sich die Anforderung bezieht. Anschließend wird je nach Wichtigkeit der Anforderung ein Modalverb gewählt (s. RUPP 2014, S. 220–221). Die darauffolgenden drei Satzpartikel werden je nach Verhaltensweise gewählt: Wenn das System eigenständig / automatisiert handeln soll, entfällt das Element. Wenn das System Anwendende unterstützen soll, wird die Konstruktion „die Möglichkeit bieten“ gewählt (Interaktion mit Nutzenden). Falls das System in Abhängigkeit zu einem anderen System agieren soll (Schnittstellenanforderung), wird der Satz mit „fähig sein“ fortgeführt (s. RUPP 2014, S. 222). Danach beschreiben Objekt und Prozesswort das eigentlich geforderte Verhalten (s. RUPP 2014, S. 223). Für die nachfolgende Beschreibung der Anforderungen werden drei Vereinfachungen vorgenommen:

- Für den Kontext der Dissertation ist das System stets eine Auto-ML-Softwarelösung. Um Redundanz bei der Formulierung zu vermeiden, wird dieses Element im Folgenden nicht wiederholt.
- Weiterhin ist das Modalverb (muss / sollte / kann) abhängig vom konkreten Anwendungsfall, in dem der in der Dissertation entwickelte Prozess eingesetzt wird. Daher wird in der expliziten Formulierung der Anforderungen auf dieses Element verzichtet.
- Aus demselben Grund wird, anstatt die interagierende Person zu spezifizieren, stets von Nutzenden gesprochen. Welche Anspruchsgruppe im Unternehmen welche Anforderung formuliert, wird offengelassen.

Anforderungen werden also wie im nachfolgenden Beispiel formuliert, wobei der Satzteil in Klammern nur implizit vor jeder folgenden Anforderung steht: (Die Auto-ML-Softwarelösung muss / sollte / kann) fähig sein, Schnittstellen mit unstrukturierten Daten anzubinden.

6.2.1 Anforderungen an die Datenquellenanbindung

Bezüglich der Integration von Datenquellen durch Auto-ML-Softwarelösungen konnten fünf Anforderungen identifiziert werden (s. Tabelle 6-4).

Tabelle 6-4: Anforderungen an die Datenquellenanbindung

Schritt	Anforderung: Die Auto-ML-Softwarelösung muss / sollte / kann	Quellen
Datenquellen anbinden	fähig sein, Schnittstellen mit unstrukturierten Daten anzubinden	A.4
	fähig sein, Schnittstellen mit strukturierten Daten anzubinden	A.1, A.4
	fähig sein, Shopfloor-Schnittstellen und -Systeme anzubinden, um Maschinendaten zu analysieren	A.2, A.3, A.4, A.6
	große Datensätze verarbeiten können	A.3
	Nutzenden die Möglichkeit bieten, Daten in der Cloud zu speichern	A.1, A.4

Sowohl Schnittstellen mit unstrukturierten Daten als auch solche mit strukturierten Daten wurden als relevant für die Arbeit mit Auto-ML-Softwarelösungen genannt (s. A.1, A.4). Zu unstrukturierten Daten gehören beispielsweise Dateien wie Bilder, Audiodateien und Videos und Datenbanksysteme, die solche speichern können, wie z. B. BLOB-Storage[10]. Strukturierte Daten sind systematisch gespeicherte Zahlen oder Textwerte, beispielsweise in einem Tabellenkalkulationsprogramm oder einer SQL-Datenbank (abgekürzt von engl. Structured Query Language, strukturierte Abfragesprache).

Neben in IT-Applikationen gespeicherten Daten wünschen produzierende Unternehmen zudem eine direkte Anbindung der OT (abgekürzt von eng. Operations Technology, dt. Fertigungs- oder Prozesstechnologie), also der Maschinendaten auf dem Shopfloor für ML-Anwendungen (s. HOFFMANN 2018, S. 94). Diese Daten, welche häufig in Form von Zeitreihen bereitgestellt werden, können über proprietäre oder offene Schnittstellenprotokolle (bspw. OPC UA[11]) ausgelesen werden.

[10] BLOB steht für „binary large object" (große Binärobjekte), eine populäre Lösung, um große unstrukturierte Medienobjekte zu speichern (s. MATRI ET AL. 2016, S. 573).

[11] OPC Unified Architecture (OPC UA) ist ein Standard der Open Platform Communications Foundation, der Interoperabilität in der Prozessautomatisierung zum Ziel hat. Durch die Definition abstrakter Dienste bietet OPC UA eine serviceorientierte Architektur (SOA) für industrielle Anwendungen (s. LEITNER U. MAHNKE 2006, S. 1).

Eine weitere Anforderung, die genannt wurde, ist die Fähigkeit zur Verarbeitung großer Datensätze (s. HOFFMANN 2018, S. 124–125). Gerade in Szenarien, bei denen mehrere Sensoren mit hoher Abtastfrequenz Maschinendaten zur Verarbeitung bereitstellen, können in kurzer Zeit große Datenmengen entstehen (s. A.3). Verbunden mit dieser Anforderung wünschen sich Unternehmen zudem eine Möglichkeit zu Speicherung der zur Analyse erfassten Daten in der Cloud (s. A.1, A.4). Die damit verbundene hohe Verfügbarkeit und günstige Skalierbarkeit lassen manche produzierenden Unternehmen diese Option der klassischen lokalen Speicherung vorziehen.

6.2.2 Anforderungen an die ML-Pipeline-Generierung

Durch Identifikation und Gruppierung wurden drei Anforderungen an die ML-Pipeline-Generierung synthetisiert (s. Tabelle 6-5).

Tabelle 6-5: Anforderungen an die ML-Pipeline-Generierung

Schritt	Anforderung: Die Auto-ML-Softwarelösung muss / sollte / kann	Quellen
ML-Pipeline generieren	fähig sein, Echtzeitdaten zu verarbeiten	A.6
	Nutzenden die Möglichkeit bieten, prototypische Modelle mit hoher Geschwindigkeit zu erstellen	A.5
	Nutzenden die Möglichkeit bieten, die Pipeline selbst flexibel zu konfigurieren	A.1, A.3

Die ersten beiden Anforderungen beziehen sich dabei auf die Reaktionsgeschwindigkeit der erstellten ML-Pipelines. So wird sich einerseits die Fähigkeit zur Verarbeitung von Echtzeit-Daten gewünscht (s. A.6). Das bedeutet, dass Daten in Form eines kontinuierlichen Stroms, beispielsweise in Form einer Zeitreihe, an das Modell zur Auswertung gesendet werden. Dies stellt, im Gegensatz zum klassischen, eher niederfrequenten Abfragen, spezifische Anforderungen an ML-Pipelines (s. MUNAPPY ET AL. 2020, S. 170). Neben der Echtzeitfähigkeit bei der Verarbeitung von Daten durch bereits trainierte Modelle, kann die Anforderung gestellt werden, dass die Erstellung von Modellen mit hoher Geschwindigkeit erfolgt (s. CRISAN U. FIORE-GARTLAND 2021, S. 9). Geschwindigkeit hängt dabei (bei gleichen Hardware-Voraussetzungen) von dem Rechenaufwand bei der Erstellung der Pipeline ab (s. ZÖLLER U. HUBER 2021, S. 414).

Neben Anforderungen an die Struktur und Performanz der Pipelines selbst wurde eine weitere identifiziert, die sich eher auf die Nutzungserfahrung bei der Erstellung konzentriert. Manche Anwendenden wünschen sich, die Pipeline flexibel selbst konfigurieren zu können (s. A.1, A.3). Das heißt konkret, dass zwar die Modellgenerierungsfunktionen wie HPO und NAS (s. Kapitel 5.4.6) der Auto-ML-Softwarelösung genutzt werden, nicht jedoch die Algorithmen zur automatischen Suche geeigneter Vorverarbeitungs- oder Feature-Engineering-Techniken.

6.2.3 Anforderungen an die Datenvorverarbeitung

Die Analyse der Fallstudien ergab insgesamt vier Anforderungen für den Schritt der Datenvorverarbeitung (s. Tabelle 6-6).

Tabelle 6-6: Anforderungen an die Datenvorverarbeitung

Schritt	Anforderung: Die Auto-ML-Softwarelösung muss / sollte kann	Quellen
Daten vorverarbeiten	Daten automatisiert vorverarbeiten	A.1, A.3
	fähig sein, Echtzeit-Daten mit Dashboards zu visualisieren	A.1, A.4
	Analysevorschläge für bestehende Datensätze geben	A.5
	Nutzenden die Möglichkeit bieten, eine ausreichende Datenqualität sicherzustellen	A.2

Die erste Anforderung ist der Wunsch nach vollständiger Automatisierung der Datenvorverarbeitung (s. A.1, A.3). Ähnlich wie bei dem vorangegangenen Schritt der ML-Pipeline-Generierung ziehen unterschiedliche Anspruchsgruppen unterschiedliche Automatisierungsgrade vor (s. XIN ET AL. 2021, S. 6–7). In den Fallstudiengesprächen war der angegebene Grund für diese Präferenzen ein wahrgenommener Trade-Off zwischen Kontrolle (geringer Automatisierungsgrad) und Benutzbarkeit (hoher Automatisierungsgrad) (s. A.1, A.3). Diese Begründung wird durch die Studie von XIN ET AL. bestätigt (s. XIN ET AL. 2021, S. 6).

Die zweite identifizierte Anforderung ist die Fähigkeit zur Echtzeit-Datenvisualisierung mit Dashboards (s. A.1, A.4). Nutzende wollen somit noch vor der eigentlichen Modellerstellung Einblicke in die angebundenen Datenquellen bekommen. Diese Beobachtung lässt sich ebenfalls in angrenzender Literatur wiederfinden. So unterstreichen die Veröffentlichungen von LIU ET AL. und GSCHWANDTNER U. ERHART die Notwendigkeit der Visualisierung von Daten vor dem eigentlichen Analyseprozess, um Fehler und Inkonsistenzen aufzudecken (s. LIU ET AL. 2018, S. 192; GSCHWANDTNER U. ERHART 2018, S. 205–206). Eine Visualisierung der Daten per Dashboard ermöglicht eine intuitive Analyse der Daten. Entweder, um in den folgenden Schritten des ML-Prozesses informierte Entscheidungen zu treffen, oder, weil bereits ohne ML-Modelle Rückschlüsse über die Problemumgebung gezogen werden können.

Die dritte Anforderung bezieht sich auf die Fähigkeit der Auto-ML-Softwarelösung, Analysevorschläge für bestehende Datensätze zu geben (s. A.5). Dieser Ansatz, in vorhandenen Daten nach Mehrwert zu suchen, und diese nicht speziell anwendungsfallgetrieben zu erheben, wird als explorative Datenanalyse bezeichnet (s. XIN ET AL. 2021, S. 6). Die letzte identifizierte Anforderung, Möglichkeiten zur Sicherstellung einer ausreichenden Datenqualität (s. A.2), beschreibt den Anspruch, dass die in Auto-ML-Softwarelösungen vorhandenen Heuristiken zur Vorab-Analyse der Daten genutzt werden, um ein Modelltraining auf ungeeigneten Daten zu verhindern. Mögliche Kriterien der Datenqualität beim maschinellen Lernen sind Vollständigkeit, Richtigkeit, Freiheit von Bias und eine ähnliche Größe der zu klassifizierenden Gruppen (s. BUDACH ET AL. 2022, S. 2).

6.2.4 Anforderungen an das Feature-Engineering

Für den Schritt des Feature-Engineering wurden zwei Anforderungen synthetisiert (s. Tabelle 6-7), die im Folgenden detailliert erläutert werden.

Tabelle 6-7: Anforderungen an das Feature-Engineering

Schritt	Anforderung: Die Auto-ML-Softwarelösung muss / sollte kann	Quellen
Feature-Engineering durchführen	Daten zur Visualisierung verborgener Trends und Korrelationen automatisch analysieren	A.1, A.2, A.3
	das Feature-Engineering zur Analyse komplexer Prozesse vereinfachen	A.2

Die erste Anforderung ist die automatische Analyse von Daten zur Visualisierung verborgener Trends und Korrelationen. Ähnlich wie im vorangegangenen Schritt der Datenvorverarbeitung werden Möglichkeiten gefordert, die explorative Datenanalyse zu unterstützen (s. A.1, A.2, A.3). Die Analyse vor der eigentlichen Modellierung, basierend auf Heuristiken und weniger rechenintensiven Methoden, kann indizieren, ob Merkmale untereinander korrelieren. Verschiedene Arten von Korrelationen können dabei unterschiedliche Feature-Engineering-Maßnahmen bedingen. Beispielsweise kann „label leakage" (dt. Ergebnisdurchlass, eine lineare Korrelation zwischen einem Input-Merkmal und der zu prognostizierenden Größe) zu einer Verfälschung der Modellierungsergebnisse führen und darüber hinaus im Anwendungskontext datenschutzrelevante Konsequenzen haben (s. LI, O. ET AL. 2021, S. 1; WAINAKH ET AL. 2022, S. 24).

Die zweite Anforderung bezieht sich generell auf den Schritt des Feature-Engineering. Von manchen Anwendenden wird sich eine Vereinfachung des Feature-Engineering bei der Analyse komplexer Prozesse gewünscht (s. A.2). Ähnlich wie bei der Datenvorbereitung existiert allerdings auch hier ein Spektrum des gewünschten Unterstützungsgrades (s. XIN ET AL. 2021, S. 6). Darunter fallen Möglichkeiten zur Automatisierung von Routinevorgängen bei der Feature-Auswahl und -Extraktion sowie bei der

Visualisierung von Zusammenhängen in den Daten (s. BILAL ET AL. 2022, S. 107774–107775).

6.2.5 Anforderungen an Problemtypen und Lernverfahren

Im Schritt „Lernverfahren und Problemtyp auswählen“ wurden ebenfalls zwei der gruppierten Anforderungen verortet (s. Tabelle 6-8).

Tabelle 6-8: Anforderungen an Problemtypen und Lernverfahren

Schritt	Anforderung: Die Auto-ML-Softwarelösung muss / sollte kann	Quellen
Lernverfahren und Problemtyp auswählen	Nutzenden die Möglichkeit bieten, datenbasierte Prognosen zu erstellen	A.1, A.3
	Nutzenden die Möglichkeit bieten, Anwendungsfälle der natürlichen Sprachverarbeitung umzusetzen	A.5

Die erste Anforderung war die Fähigkeit zur datenbasierten Prognose (s. A.1, A.3). Die anwendenden Personen wollen auf Basis von Klassifikationen, Regressionen oder Zeitreihenanalysen Vorhersagen über zukünftige Vorfälle oder Zustände erhalten. Auto-ML-Einsatzszenarien auf Basis dieser Anforderung lassen sich in der Literatur vor allem für operativ-technische Prognosen wie die Standzeit eines Werkzeugs (s. KIßKALT ET AL. 2020, S. 403) als auch für die datenbasierte Risikoeinschätzung in autonomen Fahrzeugen finden (s. SHI ET AL. 2021, S. 7145).

Darüber hinaus besteht die Anforderung, Anwendungsfälle der natürlichen Sprachverarbeitung mit den Softwarelösungen abbilden zu können (s. A.5). NLP (abgekürzt von engl. Natural Language Processing, dt. natürliche Sprachverarbeitung) ist eine KI-Disziplin und hat zum Ziel, natürliche Sprache (geschrieben oder gesprochen) mit Computern zu verarbeiten (s. RUSSELL U. NORVIG 2021, S. 823). Für diese Anwendungsfälle kommen ebenfalls spezifische Lernverfahren zum Einsatz. Zwar bestätigt angrenzende Literatur die Eignung von Auto-ML-Lösungen für die Optimierung von NLP-Modellen (s. XU ET AL. 2024, S. 2; DUH U. ZHANG 2023, S. 25–26), allerdings kann bezogen auf die Schnittmenge von Auto-ML, NLP-Anwendungsfällen und produzierender Industrie kein Literaturbeispiel gefunden werden, was auf eine Forschungslücke in diesem emergenten Feld hinweist.

6.2.6 Anforderungen an die Modellgenerierung

Dem Schritt der Modellgenerierung wurden insgesamt sieben der synthetisierten Anforderungen zugeordnet (s. Tabelle 6-9).

Tabelle 6-9: Anforderungen an die Modellgenerierung

Schritt	Anforderung: Die Auto-ML-Softwarelösung muss / sollte kann	Quellen
Modelle generieren	Modelle hochautomatisiert erstellen	A.1, A.4
	Nutzenden die Möglichkeit bieten, Modelle auf Basis von Empfehlungen ohne vollständige Automatisierung zu erstellen	A.1, A.2, A.3
	Nutzenden die Möglichkeit bieten, Warnungen, Fehler und Abbrüche im Generierungsprozess sehen zu können	A.2
	Nutzenden die Möglichkeit bieten, Abbruchkriterien für das Training festzulegen	A.2
	verständliche Algorithmen für einfaches Verständnis der Modelle bereitstellen	A.1
	Nutzenden die Möglichkeit bieten, Benachrichtigungen über die Serverauslastung zu erhalten	A.2
	fähig sein, den Trainingsprozess in die Cloud zu verlagern	A.2

Die ersten beiden Anforderungen beziehen sich auf den Grad der Kontrolle, die über den Modellgenerierungsprozess ausgeübt werden kann. Während es für manche Anwendungsfälle vorteilhaft ist, wenn mit einem hohen Automatisierungsgrad Modelle effizient erstellt werden können (s. A.1, A.4), sollen in anderen Szenarien lediglich Empfehlungen bei einzelnen Schritten gegeben werden (s. A.1, A.2, A.3). Dies entschleunigt den Prozess, führt aber dazu, dass Entscheidungen über Modellart und -struktur bewusst von Nutzenden getroffen werden können. Dieses Spannungsfeld zwischen Automatisierung und Kontrolle wird in der Veröffentlichung von QUARANTA ET AL. zu den Vorteilen und Limitationen von Auto-ML aufgegriffen (s. QUARANTA ET AL. 2024, S. 6).

Die dritte und vierte Anforderung ist vor allem bei rechenintensiven Modellgenerierungsprozessen wichtig. Mit der Fähigkeit, Warnungen, Fehler und Abbrüche im Generierungsprozess sehen zu können und der Möglichkeit, selbst Abbruchkriterien für das Training festzulegen (s. A.2, A.3), können Zeit und Ressourcen gespart werden. Wenn beispielsweise eine benötigte Genauigkeit erreicht worden ist, oder abzusehen ist, dass diese im Generierungsprozess nicht erreicht werden kann, ist es damit möglich, den Rechenprozess frühzeitig zu beenden. Die Möglichkeit zur genauen Steuerung des Modellerstellungsprozesses aufgrund des mit Auto-ML verbundenen Rechenressourcen- und Zeitaufwandes wird ebenfalls von der Literatur aufgegriffen (s. QUARANTA ET AL. 2024, S. 31).

Darüber hinaus kann es vonnöten sein, verständliche Algorithmen, wie z. B. Entscheidungsbäume zu generieren (s. A.1), beispielsweise für risikoreiche Anwendungsfälle oder für spezielle Anspruchsgruppen (s. QUARANTA ET AL. 2024, S. 6). Das Vertrauen in Prognosen von ML-Modellen kann durch Nachvollziehbarkeit der Algorithmen gestärkt werden (s. KRAFFT U. ZWEIG 2019, S. 42–45).

Schließlich wurden noch zwei Anforderungen identifiziert, welche sich auf die für die Modellgenerierung benötigte IT-Infrastruktur beziehen. So ist es wichtig für rechenintensive Anwendungsfälle, Benachrichtigungen über die Auslastung des verwendeten Servers zu erhalten (s. A.2). Darüber hinaus kann es wirtschaftlich sinnvoll sein, Trainingsprozesse in die Cloud zu verlagern, sofern ein mit den Datenschutzrichtlinien des Unternehmens kompatibler Cloud-Service gefunden werden kann (s. A.2). Vor allem die flexible Skalierbarkeit von Cloud-Services können eine Generierung von Modellen auf Basis sehr großer Datensätze ohne eine Investition in Hardware-Infrastruktur ermöglichen (s. HASHEM ET AL. 2015, S. 101).

6.2.7 Anforderungen an die Modellevaluation

Nach der Generierung der Modelle müssen diese evaluiert werden. Diesem Schritt wurden sieben der identifizierten und gruppierten Anforderungen zugeordnet (s. Tabelle 6-10).

Tabelle 6-10: Anforderungen an die Modellevaluation

Schritt	Anforderung: Die Auto-ML-Softwarelösung muss / sollte kann	Quellen
Modelle evaluieren	Nutzenden die Möglichkeit bieten, die Modellperformanz mit einfach verständlichen Metriken zu kontrollieren	A.1
	eine hohe Erklärbarkeit der Ergebnisse bei risikoreichen und sicherheitskritischen Anwendungsfällen sicherstellen	A.3, A.4
	Nutzenden die Möglichkeit bieten, eigene Evaluationsschritte zu definieren und durchzuführen	A.3
	Nutzenden die Möglichkeit bieten, Modellleistung mit verschiedenen Metriken zu bewerten	A.3
	Nutzenden die Möglichkeit bieten, Modelle anhand wirtschaftlicher Kennzahlen zu bewerten	A.4
	Nutzenden die Möglichkeit bieten, eine Sensitivitätsanalyse durchzuführen	A.3
	eine hohe Verständlichkeit der Evaluationsergebnisse sicherstellen	A.1

Anforderungen an Auto-ML-Softwarelösungen im Kontext der Modellevaluation sind von entscheidender Bedeutung, um deren Wirksamkeit und Nützlichkeit zu gewährleisten. Eine der grundlegenden Forderungen besteht darin, eine einfache Kontrolle der Modellperformanz zu ermöglichen (s. A.1). Hierbei wollen anwendende Personen in der Lage sein, die Leistung des erstellten Modells auf einfache und effiziente Weise zu überprüfen und zu bewerten (s. URBANOWICZ ET AL. 2023, S. 209–211).

Besonders in risikoreichen und sicherheitskritischen Anwendungsfällen ist eine hohe Erklärbarkeit der Modelle von großer Relevanz (s. A.3, A.4). Es ist erforderlich, dass die Auto-ML-Softwarelösung klare und nachvollziehbare Erklärungen für die Entscheidungen des Modells liefert, um das Vertrauen der Nutzenden in dessen Funktionsweise zu stärken und potenzielle Risiken besser einschätzen zu können (s. BARREDO ARRIETA ET AL. 2020, S. 83; QUARANTA ET AL. 2024, S. 36–37). Eine weitere Anforderung ist die Möglichkeit, eigene Evaluationsschritte definieren und durchführen zu können (s. MILUTINOVIC ET AL. 2020, S. 3). Diese Anforderung ermöglicht es den Nutzenden, spezifische Evaluationsverfahren zu implementieren, die auf ihre individuellen Bedürfnisse und Geschäftsanforderungen zugeschnitten sind (s. A.3).

Die Auto-ML-Software sollte außerdem in der Lage sein, die Modellleistung mit verschiedenen Metriken zu bewerten (s. URBANOWICZ ET AL. 2023, S. 209–211; MILUTINOVIC ET AL. 2020, S. 3–6). Durch die Vielfalt an Metriken können die Nutzenden die Performance des Modells aus verschiedenen Blickwinkeln betrachten und eine umfassende Beurteilung vornehmen (s. A.3). Die Möglichkeit der Durchführung einer Sensitivitätsanalyse ist ebenfalls von Bedeutung, da sie es ermöglicht, die Robustheit und Stabilität des Modells zu untersuchen (s. MOOSBAUER ET AL. 2022, S. 19), sowie den Einfluss einzelner Variablen auf die Prognose zu untersuchen (s. A.3). Eine zusätzliche Anforderung besteht darin, dass die Auto-ML-Software die Möglichkeit bieten sollte, Modelle anhand wirtschaftlicher Kennzahlen zu bewerten (s. A.4).

Abschließend wurde noch eine übergreifende Anforderung für die Modellevaluation identifiziert. Demnach sollten die Evaluationsergebnisse der Auto-ML-Software eine hohe Verständlichkeit aufweisen (s. A.1). Klare und leicht interpretierbare Ergebnisse sind essenziell, damit anwendende Personen die Performance des Modells korrekt interpretieren und angemessene Handlungsentscheidungen treffen können (s. BARREDO ARRIETA ET AL. 2020, S. 83; ZÖLLER ET AL. 2023, S. 7–8)

6.2.8 Anforderungen an die Modellbereitstellung

Nach der Generierung und Evaluation können Auto-ML-Softwarelösungen dabei unterstützen, das Modell im Unternehmen auszurollen. Für diesen Schritt wurden drei relevante Anforderungen identifiziert (s. Tabelle 6-11).

Tabelle 6-11: Anforderungen an die Modellbereitstellung

Schritt	Anforderung: Die Auto-ML-Softwarelösung muss / sollte kann	Quellen

Modelle bereitstellen	fähig sein, die Bereitstellung zu automatisieren	A.1
	fähig sein, Modelle zur Steigerung der Produktionseffizienz auf dem Shopfloor bereitzustellen	A.1, A.3
	fähig sein, Modelle über die Cloud hochverfügbar zu machen	A.3

Zunächst wurde die Anforderung genannt, dass der Bereitstellungsprozess vollständig durch die Auto-ML-Softwarelösung automatisiert wird (s. A.1). Damit wird ein Teilschritt des ML-Prozesses automatisiert, der streng genommen eher Programmierfähigkeiten als Datenanalysekompetenz erfordert. Hierdurch versprechen sich Unternehmen Zeit- und Ressourcenersparnis (s. QUARANTA ET AL. 2024, S. 28–29). In produzierenden Unternehmen besteht zudem die Anforderung, dass Unternehmen die Modelle direkt auf dem Shopfloor bereitstellen können (s. A.1, A.3). Hierdurch wird eine Steigerung der Produktionseffizienz angestrebt.

Die dritte identifizierte Anforderung ist die Möglichkeit, ein Modell über die Cloud hochverfügbar zu machen (s. A.3). Diese Anforderung ist mit den ersten beiden eng verbunden. Die Cloud ist ein probates Mittel, Modelle weitgehend unabhängig von der am Einsatzort verfügbaren Hardware nutzbar zu machen (s. HASHEM ET AL. 2015, S. 101). Anstelle per lokaler Instanz kann das Modell von jedem internetfähigen Endgerät aus über eine IP-Adresse (abgekürzt von eng. Internet Protocol, dt. Internetprotokolladresse) angesprochen werden. Abfragen an das Modell können per Webbrowseroberfläche manuell oder automatisch über standardisierte Schnittstellen erfolgen (s. MASOOD U. SHERIF 2021, S. 245).

6.2.9 Anforderungen an die Verwaltung des Betriebs und des Lebenszyklus der Modelle

Im nachfolgenden Abschnitt werden die Anforderungen an die Verwaltung des Betriebs und des Lebenszyklus der Modelle beschrieben. Es wurden drei Anforderungen in diesem letzten Schritt des ML-Prozesses verortet (s. Tabelle 6-12).

Tabelle 6-12: Anforderungen an die Verwaltung des Betriebs und des Lebenszyklus der Modelle

Schritt	Anforderung: Die Auto-ML-Softwarelösung muss / sollte kann	Quellen
ML-Pipeline	Nutzenden die Möglichkeit bieten, durch Transparenz im Modellbetrieb auf sich ändernde Umgebungsbedingungen reagieren zu können	A.3

	Nutzenden die Möglichkeit bieten, Warnungen über Concept-Drift zu erhalten	A.3
	Nutzenden die Möglichkeit bieten, Benachrichtigungen und deren Frequenz zu konfigurieren	A.4

Ähnlich wie bei der Evaluation des Modells soll auch während des Betriebs des Modells transparent werden, warum welche Prognosen getroffen werden (s. ZÖLLER ET AL. 2023, S. 9–11). Damit kann auf sich ändernde Umgebungsbedingungen reagiert werden (s. A.3). Ein Beispiel hierfür ist der Prädiktive-Qualität-Anwendungsfall, bei dem auf Basis von Maschinenparametrierung und Umgebungsvariablen die Qualität des herzustellenden Bauteils prognostiziert wird. Bei einem transparenten Modell ist es möglich, bei einer sich ändernden Prognose nachzuvollziehen, welche der Einflussvariablen das Ergebnis geändert hat. Das macht ein Nachsteuern zur Erhöhung der Prozessstabilität möglich.

Problematischer ist es, wenn sich nicht einzelne Einflussvariablen, sondern die realen statistischen oder physikalischen Zusammenhänge ändern, die durch das Modell abgebildet werden. Dieses Phänomen heißt „Concept-Drift" (dt. Konzeptverschiebung) (s. MASOOD U. SHERIF 2021, S. 23) und führt zu einem Auseinanderklaffen der modellierten und mittlerweile eingetretenen Realität. Prognosen werden systematisch fehlerbehaftet. Eine Anforderung an Auto-ML-Lösungen ist, dass Nutzende über dieses Phänomen benachrichtigt werden, um rechtzeitig ein neues Modell generieren zu können (s. A.3). Diese Anforderung findet sich ebenfalls in angrenzender Literatur am Beispiel des Halbleiterherstellungsprozesses (s. ZHAI ET AL. 2024, S. 2).

Schließlich wurde die Anforderung identifiziert, Benachrichtigungen über den Betrieb der Modelle und deren Frequenz konfigurieren zu können. Nutzenden ist es wichtig, die richtige Menge an Informationen zu erhalten, um den Einsatz von ML-Modellen effektiv zu verwalten. Dabei sollen weder wichtige Ereignisse unerkannt bleiben noch in einem Informationsstrom untergehen (s. A.4).

6.2.10 Übergeordnete Anforderungen

Neben den Anforderungen, die eindeutig einem Schritt im ML-Prozess zugeordnet werden konnten, wurden zwölf weitere Anforderungen identifiziert (s. Tabelle 6-13), welche sich generell auf den Einsatz von Auto-ML-Softwarelösungen beziehen. Diese werden im folgenden Abschnitt gesondert erläutert.

Tabelle 6-13: Übergeordnete Anforderungen

Schritt	Anforderung: Die Auto-ML-Softwarelösung muss / sollte kann	Quellen

Übergeordnete Anforderungen	Nutzenden die Möglichkeit bieten, mit dem System per intuitiver Bedienungsoberfläche zu agieren	A.5
	das Modelltraining in nachvollziehbarer Historie dokumentieren	A.1, A.5
	durch Hyperscaler oder ein großes Cloud- / Plattform-Unternehmen bereitgestellt werden	A.1
	nicht durch einen Hyperscaler oder ein großes Cloud- / Plattform-Unternehmen bereitgestellt werden	A.4
	Nutzenden die Möglichkeit bieten, existierende Code-Bibliotheken zu integrieren	A.3
	DSGVO-Konformität sicherstellen	A.4
	Rollen und Zugriffsrechte abbilden	A.1
	On-Premise Daten speichern und verarbeiten	A.1, A.2, A.3
	durch ein großes Softwareunternehmen bereitgestellt werden, um Langzeitunterstützung sicherzustellen	A.5
	Nutzenden die Möglichkeit bieten, eine schnelle Implementierung und Schulung durchzuführen	A.6
	Grafikkarten-Kompatibilität sicherstellen	A.2
	Nutzenden die Möglichkeit bieten, Fachexpertise über Softwarelösung abzubilden	A.1

Die erste Anforderung betrifft die intuitive Bedienung und Bedienungsoberfläche. Um eine breite Akzeptanz bei der Anwendung zu gewährleisten und die Hürden für den Einstieg zu minimieren, muss eine Auto-ML-Software über eine bedienungsfreundliche Oberfläche verfügen, die es auch Nicht-Fachleuten ermöglicht, ML-Aufgaben mühelos durchzuführen (s. QUARANTA ET AL. 2024, S. 28–29). Eine weitere Anforderung ist die Dokumentation der Modelltrainings in nachvollziehbarer Historie. Eine transparente und detaillierte Aufzeichnung der Trainingsverläufe ermöglicht nicht nur die Rückverfolgung von Ergebnissen, sondern auch eine bessere Fehlerdiagnose und -behebung (s. ZÖLLER ET AL. 2023, S. 19–24). Zudem können damit Bedarfe an Prognosemodellen festgestellt werden, beispielsweise wenn Fachleute analysieren, welche Modelle durch Nicht-Fachleute generiert wurden (s. A.1, A.5).

Die Wahl zwischen einer Lösung von einem Hyperscaler (einem großen Cloud-Service-Unternehmen mit diversem Leistungsportfolio und großen Kapazitäten) gegenüber einer Lösung von einem auf Auto-ML-Softwarelösungen spezialisierten Unternehmen hängt von den individuellen Bedürfnissen und Präferenzen des Unternehmens ab. Im Kontext der Entscheidung für oder gegen eine Hyperscaler-Lösung kristallisiert sich ein grundlegender Trade-Off zwischen der potenziellen Integration in bereits bestehende Systeme und dem Risiko eines Herstellerabhängigkeits-Konstrukts (engl. vendor-lock-in (s. QUARANTA ET AL. 2024, S. 32)) heraus (s. A.1, A.4). Die Möglichkeit der Integration existierender Code-Bibliotheken ist ein weiterer kritischer Faktor (s. ZÖLLER ET AL. 2023, S. 11–12). Eine effektive Auto-ML-Software sollte nahtlos mit bestehenden Werkzeugen und Bibliotheken interagieren können, um eine umfassende und anpassbare Modellentwicklung zu ermöglichen (s. A.3).

Die Konformität mit der Datenschutzgrundverordnung (DSGVO) ist insbesondere in datenschutzsensiblen Anwendungen von großer Wichtigkeit (s. CRISAN U. FIORE-GARTLAND 2021, S. 7; BARREDO ARRIETA ET AL. 2020, S. 101). Die Software muss sicherstellen, dass datenschutzrechtlichen Bestimmungen eingehalten werden, um die Privatsphäre der Nutzenden zu schützen (s. A.4). Darüber hinaus trägt die Implementierung von Rollen und Zugriffsrechten innerhalb der Softwarelösung zur Sicherheit und Verwaltbarkeit durch die IT bei. Dies ist besonders relevant, wenn mehrere Nutzende mit unterschiedlichen Aufgaben und Verantwortlichkeiten zusammenarbeiten (s. A.1).

Zudem bietet die Option zur On-Premise Datenspeicherung und -verarbeitung Unternehmen gegebenenfalls mehr Kontrolle über ihre Daten (s. QUARANTA ET AL. 2024, S. 11) und kann in Umgebungen mit spezifischen Datenschutzanforderungen von Vorteil sein (s. A.1, A.2, A.3). Die Vorgabe der Wahl einer Softwarelösung von einem großen Softwareunternehmen zur Sicherstellung der Langzeitunterstützung ist ein strategischer Schritt, um kontinuierliche Weiterentwicklung, Aktualisierungen und technischen Support sicherzustellen (s. A.5).

Die schnelle Implementierung und Schulung der nutzenden Personen sind essenziell, um den Zeitaufwand für die Einführung der Software zu minimieren und die Produktivität der Nutzenden rasch zu steigern. Zudem können mit Realisierung dieser Anforderung meist Kosten gespart werden (s. A.6). Als technische Anforderung wurde die Möglichkeit der Ausführung von Berechnungen auf Grafikkarten genannt (s. A.2). Die Kompatibilität mit Grafikkarten ist in der modernen ML-Landschaft von Bedeutung, da viele der Berechnungen auf Matrizenoperationen beruhen und somit von Grafikkarten beschleunigt werden können (s. AGGARWAL 2018, S. 156–157). Schließlich ermöglicht die Möglichkeit, Fachexpertise über die Softwarelösung abzubilden, auch weniger erfahrenen Nutzenden, fortschrittliche Modelle zu entwickeln und zu implementieren (s. A.1). Dieser Demokratisierungseffekt wird von der Studie von CRISAN U. FIORE-GARTLAND unterstützt (s. CRISAN U. FIORE-GARTLAND 2021, S. 6–7).

6.3 Zusammenfassung

Ziel des Kapitels war es, die zweite Teilforschungsfrage des Dissertationsvorhabens zu beantworten: „Wie können Anforderungen von produzierenden Unternehmen an Auto-ML-Softwarelösungen systematisch beschrieben werden?". Dafür wurden auf Basis der Fallstudienforschung nach EISENHARDT Anforderungen an Auto-ML-Softwarelösungen identifiziert, gruppiert und erläutert (s. EISENHARDT 1989). Mit einem durch A-Priori-Konstrukte entwickelten Fragebogen wurden qualitative Erhebungen in sechs Fallstudien durchgeführt, bis eine Sättigung erreicht wurde. Ohne Duplikate ergab sich hieraus eine Liste von 75 vorläufigen Anforderungen. Diese wurden dann in den weiteren Schritten der Fallstudienforschung gruppiert und den Schritten des ML-Prozesses zugeordnet. Final wurden 48 Anforderungen synthetisiert und erläutert. Die synthetisierten Anforderungen konnten durch ergänzende Aussagen in der Literatur bestätigt werden.

Die zentrale Erkenntnis auf der Anforderungsseite war das Spannungsfeld zwischen Automatisierung und der damit verbundenen Reduktion von Aufwand einerseits und der Belassung von manuellen Arbeitsschritten mit der daraus resultierenden höheren Kontrolle über den ML-Prozess andererseits. Demnach existieren auch innerhalb produzierender Unternehmen heterogene Anspruchsgruppen bezüglich Auto-ML. Angrenzende Literatur suggeriert, dass sowohl die Erfahrung im KI-Bereich als auch die Rolle der Nutzenden hier eine beeinflussende Rolle spielen.

Neben den auf den ML-Prozess bezogenen Anforderungen konnten übergeordnete Anforderungen an die Software an sich identifiziert werden. Diese Anforderungen werden anscheinend auch an Auto-ML-Softwarelösungen gestellt, könnten jedoch kontextunabhängig auch auf andere Formen betrieblicher Anwendungssoftware übertragen werden. Dieser Umstand deutet darauf hin, dass der Auswahlprozess von Auto-ML-Softwarelösungen zwar besondere Eigenschaften besitzt, jedoch nicht losgelöst von den in Unternehmen existierenden Anforderungen und Richtlinien für die Beschaffung betrieblicher Software betrachtet werden kann.

7 Wirkungen zwischen Funktionen und Anforderungen

Im vorliegenden Kapitel wird die dritte Teilforschungsfrage des Dissertationsvorhabens beantwortet: „Wie können die Wirkbeziehungen zwischen den Anforderungen und den Funktionen von Auto-ML-Softwarelösungen erklärt werden?". Hierfür werden die Wirkbeziehungen zwischen Teilergebnissen der deskriptiven Modelle aus Kapitel 5 (Funktionen) und Kapitel 6 (Anforderungen) synthetisiert.

7.1 Vorgehensweise zur Erklärung der Wirkung von Anforderungen auf Funktionen

Ziel der Erklärung der Wirkbeziehungen zwischen Funktionen und Anforderungen in diesem Kapitel ist die Eingrenzung von Auswahlalternativen, um den Entscheidungsprozess im darauffolgenden Gestaltungsmodell zu unterstützen (s. PROBST U. GOMEZ 1991, S. 8). Dies wird durch eine qualitative Bestimmung der Ausprägung von Wirkzusammenhängen zwischen den Elementen der deskriptiven Modelle erreicht (s. PROBST U. GOMEZ 1991, S. 12–13). Die verwendeten Ausprägungen der Wirkzusammenhänge orientieren sich an der Vereinfachung von HICKING (s. HICKING 2020, S. 189) und sind nachfolgend in Tabelle 7-1 dargestellt.

Tabelle 7-1: Erläuterung der Ausprägungen der Wirkbeziehungen (s. HICKING 2020, S. 189)

Darstellung	Ausprägung	Kommentar
++	Starke Intensität	Die entsprechende Anforderung ist eine Muss-Anforderung für die zugeordneten Funktionen.
+	Normale Intensität	Die entsprechende Anforderung ist eine Kann-Anforderung für die zugeordneten Funktionen.
	Keine oder äußerst geringe Intensität	Die entsprechende Anforderung hat keinen nennenswerten Einfluss darauf, ob die Funktion vorhanden sein sollte.

Die Bestimmung der Ausprägung einzelner Zusammenhänge erfolgt dabei entweder durch sachlogische Herleitung oder, wenn kein direkter logischer Zusammenhang evident ist, mithilfe von Belegen aus der Literatur. Grundlegend wird bei der Synthese die Methode des vernetzten Denkens angewandt (s. PROBST U. GOMEZ 1991, S. 4–19). Die für die Methodik nötigen Zielstellungen des Systems sind dabei bereits mit der

Beschreibung der Anforderungen von produzierenden Unternehmen an Auto-ML-Softwarelösungen beschrieben.

In Kapitel 5 wurden insgesamt 147 Funktionen ermittelt, in Kapitel 6 nach Gruppierung 48 Anforderungen identifiziert. Eine Untersuchung aller möglichen Zusammenhänge würde die Analyse von 7056 potenziellen Beziehungen verlangen. Dies ist im Rahmen der Dissertation nicht abbildbar und würde wie in den folgenden Erläuterungen ausgeführt zudem keinen nennenswerten Nutzen für das darauffolgende Gestaltungsmodell generieren.

Die Untersuchung der Wirkzusammenhänge unterliegt folglich zwei Eingrenzungen. Zunächst kann die in den vorangegangenen Kapiteln erfolgte Gruppierung der zu untersuchenden Elemente nach den Stufen des im Rahmen der Dissertation erarbeiteten Auto-ML-Prozesses (s. Abbildung 5-2) genutzt werden. Es wird angenommen, dass innerhalb der Schritte die stärksten Wirkbeziehungen bestehen. Folglich werden die Wirkzusammenhänge stets innerhalb der Schritte untersucht. Es steht Anwendenden der in dieser Dissertation entwickelten Methode jedoch frei, weitere Wirkbeziehungen zu untersuchen und in die Entscheidung miteinfließen zu lassen, wenn der Nutzen für den konkreten Anwendungsfall den Aufwand hierfür überwiegt. Zudem wird eine der vier Ebenen des synthetisierten Funktionsbaums zur Erklärung ausgewählt. Die dem Funktionsbaum inhärente Abstufung der Granularität unterstützt dabei bei der Auswahl der geeigneten Ebene. Die auszuwählende Ebene sollte die Anforderungen, welche für die Modelle des Vorhabens definiert wurden (s. Kapitel 4.1) so weit wie möglich erfüllen.

Die relevante Anforderung hierbei ist die Reliabilität, welche bezogen auf das Modell einen (nützlichen) Zielkonflikt in sich vereint. Reliabilität bezeichnet sowohl die Genauigkeit der Aussagen, als auch die Stabilität des erarbeiteten Konzeptes (s. FRIEDRICHS 1990, S. 102). Bezogen auf die Wahl der geeigneten Granularität induziert die Genauigkeit den Anspruch, einen hinreichenden Detailgrad sicherzustellen, also eine feingranulare Ebene auszuwählen. Die Stabilität hingegen bezeichnet eine Robustheit der Aussagen über einen längeren Zeitraum. Da es sich bei Auto-ML-Softwarelösungen um ein emergentes Feld mit dynamischen Entwicklungen handelt (s. ZÖLLER U. HUBER 2021, S. 447–448), sind die beschriebenen Funktionen auf den feingranulareren Ebenen zwangsläufig Veränderungen ausgesetzt.

Die ersten beiden Ebenen des Funktionsbaumes (Funktionsgruppe und Funktion) sind nicht für die Untersuchung geeignet. Der Detailgrad ist schlicht zu gering, um für die Praxis relevante Aussagen zu treffen. So ist beispielsweise klar, dass die Anforderung, einen hohen Automatisierungsgrad bei der Modellgenerierung zu erreichen nötig macht, dass Modelle generiert werden können (Funktionsebene), allerdings lässt sich auf dieser Basis kein Auswahlprozess gestalten. Die vierte Ebene der Elementarfunktionen ist die detaillierteste, allerdings unterlag diese bereits im Erstellungsprozess der Dissertation zeitlichen Veränderungen. So wurden beispielsweise während der Erstellung neue Features zur Software RapidMiner Studio hinzugefügt, welche zu einer Veränderung der Elementarfunktionen in Kapitel 5.4.3 führte. Somit ist die Anforderung an zeitliche Robustheit nicht erfüllt. Damit wird für eine geeignete Untersuchung der Wirkbeziehungen die Ebene der Teilfunktionen gewählt.

7.2 Erklärung der Wirkzusammenhänge

In den folgenden Unterkapiteln werden die Wirkzusammenhänge innerhalb der Schritte des ML-Prozesses erläutert und zudem zwecks Übersichtlichkeit in Wirkungsmatrizen grafisch dargestellt.

7.2.1 Wirkzusammenhänge bei der Datenquellenanbindung

Die erste Wirkungsmatrix gibt eine Übersicht über die Wirkzusammenhänge bei der Datenquellenanbindung (s. Abbildung 7-1). Die Zusammenhänge werden im Folgenden einzeln erläutert.

Anforderung: Die Auto-ML-Softwarelösung muss / sollte / kann	Datentypen erkennen	Datenbanken und Dateien anbinden	Multimedia-Quellen anbinden	Daten-speicherung anbieten
Fähig sein, Schnittstellen mit unstrukturierten Daten anzubinden		+	++	
Fähig sein, Schnittstellen mit strukturierten Daten anzubinden	+	++		
Fähig sein, Shopfloor-Schnittstellen und -Systeme anzubinden, um Maschinendaten zu analysieren	++			
Fähig sein, große Datensätze zu verarbeiten		+		+
Nutzenden die Möglichkeit bieten, Daten in der Cloud zu speichern				+

Abbildung 7-1: Wirkungsmatrix Datenquellenanbindung (eigene Darstellung)

Die erste Anforderung ist eine einfache Anbindung an Schnittstellen mit unstrukturierten Daten. Unstrukturierte Daten sind in erster Linie Videos, Bilder, Tonaufnahmen oder auch Freitext, dessen Inhalt nicht in ein vorgegebenes Datenmodell kategorisiert wurde (s. TALEB ET AL. 2018, S. 70). Um diese Anforderung zu erfüllen, muss die Auto-ML-Softwarelösung folglich eine Funktion zur Verarbeitung von Multimedia-Datenquellen besitzen. Darüber hinaus kann es nützlich sein, wenn die Lösung eine Funktion zur

Anbindung von Datenbanken besitzt, da unstrukturierte Daten im BLOB-Format auch in Datenbanken gespeichert werden können (s. STANCU-MARA U. BAUMANN 2008, S. 277–281). Wenn strukturierte Datenquellen angebunden werden sollen, muss die Funktion gegeben sein, Datenbanken und Dateien anzubinden, da strukturierte Daten in Datenbanken oder (im Fall von KMU) häufig in Tabellenkalkulationsdateien gespeichert werden (s. JUSOH U. AHMAD 2019, S. 23–25).

Wenn Maschinendaten analysiert werden sollen, ist es erforderlich, dass die Auto-ML-Softwarelösung direkt verschiedene Datentypen wie Text oder zeitreihenbasierte bzw. hierarchische Daten interpretieren kann. Ersteres ist wichtig für ältere Maschinen, die meist serielle Schnittstellen verwenden, welche auf Anfrage einfache Binär- oder Textdaten zurückgeben (s. TARJAN ET AL. 2020, S. 1486). Wenn die Maschine eine OPC UA Schnittstelle anbietet (s. Kap. 6.2.1) ist es wichtig, dass ebenfalls hierarchische Datentypen erkannt werden, da diese Architektur ein hierarchisches Datenmodell zur Ausgabe und Übertragung von Daten verwendet (s. LEITNER U. MAHNKE 2006, S. 1).

Wenn große Datensätze verarbeitet werden sollen, muss die Software entweder eine Schnittstelle anbieten, um externe Datenbanken anbinden zu können oder eigene Datenspeicherungsfunktionen anbieten. Bei extraordinär großen Datenmengen bietet sich eine Cloudspeicherungsfunktion an, da dies mit höherer Skalierbarkeit und geringeren initialen Investitionen verbunden ist (s. HASHEM ET AL. 2015, S. 101). Wenn eine Speicherung von Daten in der Cloud explizit gewünscht ist, ist diese Funktion logischerweise verpflichtend.

7.2.2 Wirkzusammenhänge bei der ML-Pipeline-Generierung

Die zweite Wirkungsmatrix zeigt die Zusammenhänge zwischen den Anforderungen und Funktionen im Schritt der ML-Pipeline-Generierung auf (s. Abbildung 7-2). Im Folgenden werden die Wirkzusammenhänge näher erläutert.

Anforderung: Die Auto-ML-Softwarelösung muss / sollte / kann	Automatisch Pipeline mit variabler Struktur erstellen	Automatisch Pipeline mit fixer Struktur erstellen	Halbautomatische Pipeline-Erstellung durchführen
Fähig sein, Echtzeitdaten zu verarbeiten	+	+	
Nutzenden die Möglichkeit bieten, prototypische Modelle mit hoher Geschwindigkeit zu erstellen		+	+
Nutzenden die Möglichkeit bieten, die Pipeline selbst flexibel zu konfigurieren			++

Abbildung 7-2: Wirkungsmatrix ML-Pipeline-Generierung (eigene Darstellung)

Wenn die Anforderung zur Verarbeitung von Echtzeit-Daten besteht, sollte die ML-Pipeline auf unvorhergesehene Daten und neue Paradigmen reagieren können, indem das Modell neu trainiert oder nachtrainiert wird (s. RONKAINEN U. IIVARI 2015, S. 185). In diesem Fall sollte eine automatische Pipeline-Erstellung vorgezogen werden, sodass das System bei zu großen Abweichungen das Modell an die Realität anpassen kann. Wenn eine hohe Geschwindigkeit beim Nachtraining vonnöten ist, sollte die Automatische Pipeline-Erstellung mit fixer Struktur vorgezogen werden, da hiermit die Rechenzeit sinkt (s. FOURNIER U. SKARBOVSKY 2021, S. 153–155).

Falls die Lösung dafür eingesetzt werden soll, schnell prototypische Modelle zu entwickeln, bieten sich die automatische Pipeline mit fixer Struktur oder die halbautomatische Pipeline-Erstellung an (s. CRISAN U. FIORE-GARTLAND 2021, S. 9). Bei diesen Varianten ist der Lösungsraum wesentlich Eingeschränkter (s. ZÖLLER U. HUBER 2021, S. 414), sodass durch die reduzierte Rechenzeit schneller mehrere Iterationen durchlaufen und geprüft werden können. Der Nachteil der möglicherweise sinkenden Performanz des Modells durch den eingeschränkten Lösungsraum fällt bei der prototypischen Entwicklung nicht so stark ins Gewicht (s. CRISAN U. FIORE-GARTLAND 2021, S. 9).

Wenn die Anforderung besteht, dass die Pipeline selbst konfiguriert werden soll, kann deduziert werden, dass die Funktion der halbautomatischen Pipeline-Erstellung (bei der anwendende Personen durch die Pipeline-Erstellung geführt werden) gegeben sein muss.

7.2.3 Wirkzusammenhänge bei der Datenvorverarbeitung

Im Folgenden werden die Wirkzusammenhänge der dritten Wirkungsmatrix (s. Abbildung 7-3) näher erläutert. Hierbei handelt es sich um die Zusammenhänge im Schritt der Datenvorverarbeitung.

Anforderung: Die Auto-ML-Softwarelösung muss / sollte / kann	Daten bereinigen	Datentypen umwandeln	Fehlende Werte auffüllen	Datensatz augmentieren	Daten visualisieren
Daten automatisiert vorverarbeiten	++	++	++	+	
Fähig sein, Echtzeit-Daten mit Dashboards zu visualisieren					++
Analysevorschläge für bestehende Datensätze geben					+
Nutzenden die Möglichkeit bieten, eine ausreichende Datenqualität sicherzustellen	++	++	++		+

Abbildung 7-3: Wirkungsmatrix Datenvorverarbeitung (eigene Darstellung)

Wenn eine Automatisierung der Datenvorverarbeitung gewünscht ist, müssen der Softwarelösung essenzielle Funktionen zur Manipulation und Korrektur der Daten bereitstehen, um eine hinreichende Qualität des Datensatzes in den nachfolgenden Schritten des ML-Prozesses gewährleisten zu können. Hierzu gehört die Funktion, Daten zu bereinigen, Datentypen umzuwandeln sowie die Funktion, fehlende Werte aufzufüllen (s. BILAL ET AL. 2022, S. 107768). Ebenfalls sinnvoll aber nicht zwingend nötig in diesem Zusammenhang ist die Funktion, den Datensatz zu augmentieren (synthetisch zu vergrößern), da hiermit die Qualität der Prognosen ebenfalls gesteigert werden kann - die Menge der Daten ist ein wichtiges Merkmal für die Eignung eines Datensatzes für maschinelles Lernen (AGGARWAL 2018, S. 191).

Falls die Fähigkeit zur Echtzeit-Datenvisualisierung mit Dashboards gegeben sein soll, lässt sich logisch herleiten, dass die Softwarelösung die Teilfunktion der Datenvisualisierung anbieten muss. Wenn die Anforderung nach Analysevorschlägen für bestehende Datensätze existiert, hilft ebenfalls die Visualisierungsfunktion: Menschen tendieren dazu, visuelle Informationen wesentlich intuitiver und schneller zu verarbeiten als numerische Informationen. Aus diesem Grund ist die Datenvisualisierung sowohl bei der Datenaufbereitung als auch bei der Interpretation von Daten von großer

Bedeutung, um wichtige Zusammenhänge aufzudecken (s. KONONENKO U. KUKAR 2007, S. 189; KANDEL ET AL. 2012, S. 547).

Falls Möglichkeiten zur Sicherstellung einer ausreichenden Datenqualität explizit gefordert sind, greift dieselbe Argumentation wie bei der ersten Anforderung dieses Schrittes: Basisfunktionen der Datenvorverarbeitung müssen gegeben sein. Darüber hinaus kann hier ebenfalls die Visualisierung der Daten helfen, da bei dieser Anforderung nicht ausgeschlossen ist, dass die Vorverarbeitung manuell geschieht. In diesem Fall hilft ein intuitiverer Zugang zu den Daten (s. KONONENKO U. KUKAR 2007, S. 189).

7.2.4 Wirkzusammenhänge beim Feature-Engineering

Im nachstehenden Abschnitt werden die Wirkzusammenhänge im Schritt des Feature-Engineering erläutert. Eine Übersicht über die Beziehungen findet sich in der Wirkungsmatrix (s. Abbildung 7-4).

Anforderung: Die Auto-ML-Softwarelösung muss / sollte / kann	Daten neu skalieren	Features extrahieren	Features auswählen	Features erzeugen
Daten zur Visualisierung verborgener Trends und Korrelationen automatisch analysieren		++		++
Das Feature-Engineering zur Analyse komplexer Prozesse vereinfachen	+	+	++	

Abbildung 7-4: Wirkungsmatrix Feature-Engineering (eigene Darstellung)

In Unternehmen kann die Anforderung bestehen, Daten automatisiert analysieren zu können, um verborgene Trends und Korrelationen aufzuzeigen. Das ist beispielsweise der Fall, wenn nichtlineare Systeme modelliert werden sollen. Hier hilft eine einfache Visualisierung der unverarbeiteten Daten wie in Kapitel 7.2.3 nicht, da die Zusammenhänge erst nach Rechenoperationen evident werden. In diesem Fall muss die Softwarelösung im Stande sein, Features zu extrahieren und aus den Daten neue Features zu erzeugen. Bei der Feature-Extraktion wird die Dimensionalität des Datensatzes verringert, was zum Beispiel bei unstrukturierten Daten wie Bildern effektiv ist (s. SIMON U. V 2020, S. 1681). Das Erzeugen von Features hilft dabei, schwach erscheinende Zusammenhänge in den Vordergrund zu bringen, indem Generalisierbarkeit und Robustheit des Modells erhöht werden (s. HE ET AL. 2021, S. 6).

Wenn die Anforderung besteht, dass die Softwarelösung bei der Analyse komplexer Prozesse durch Feature-Engineering unterstützt, muss die Funktion gegeben sein,

Features auswählen zu können. Dadurch, dass eine Teilmenge der Daten ausgewählt wird, werden bei komplexen Prozessen Probleme wie z. B. das Halluzinieren von Zusammenhängen in den Daten durch das Modell (engl. overfitting) verhindert (s. HE ET AL. 2021, S. 5). Die Funktion, Daten neu zu skalieren sowie Features zu extrahieren, können ebenfalls beim Feature-Engineering für komplexe Prozesse hilfreich sein.

7.2.5 Wirkzusammenhänge bei Problemtypen und Lernverfahren

Im nachfolgenden Abschnitt werden die Wirkzusammenhänge zwischen den Funktionen und Anforderungen des Schrittes Problemtypen und Lernverfahren erläutert. Die respektive Wirkungsmatrix ist in Abbildung 7-5 dargestellt.

Anforderung: Die Auto-ML-Softwarelösung muss / sollte / kann	Überwachte Lernverfahren einsetzen	Unüberwachte Lernverfahren einsetzen	Ensemble-Lernverfahren einsetzen	Bestärkende Lernverfahren einsetzen
Nutzenden die Möglichkeit bieten, datenbasierte Prognosen zu erstellen	++		+	+
Nutzenden die Möglichkeit bieten, Anwendungsfälle der natürlichen Sprachverarbeitung umzusetzen	++	++		

Abbildung 7-5: Wirkungsmatrix Problemtypen und Lernverfahren (eigene Darstellung)

Die Vorhersage unbekannter Zustände durch maschinelles Lernen basiert auf den Verfahren der Regression oder Klassifikation (s. SHMUELI U. KOPPIUS 2010, S. 562). Daher müssen, wenn die Anforderung besteht, datenbasierte Prognosen erstellen zu können, überwachte Lernverfahren von der Auto-ML-Softwarelösung unterstützt werden. Optional können auch Ensemble-Lernverfahren eingesetzt werden. Diese vereinen mehrere (beispielsweise auf überwachten Lernverfahren basierende) Modelle und bieten Mehrwert in manchen Prognose-Anwendungsfällen (s. MARCELLO ET AL. 2020, S. 41–42). Reinforcement Learning ist eine Untergruppe der Methoden des überwachten Lernens (s. RUSSELL U. NORVIG 2021, S. 792), bei der die Belohnung oder Bestrafung Labels in Form einer Zielfunktion geschieht. Dieses Verfahren kann bei Prognosen mit unsicheren Szenarien hilfreich sein (s. ELAVARASAN U. VINCENT 2020, S. 86886).

Der Einsatz von Techniken der natürlichen Sprachverarbeitung kann ein sinnvoller vorgelagerter Schritt sein, um auf Basis menschengeschriebener Texte weiterführende Analysen durchzuführen (s. A.5). Wenn die Anforderung besteht, müssen sowohl überwachte als auch unüberwachte Lernverfahren durch die Auto-ML-Softwarelösung unterstützt werden. Unüberwachte Lernverfahren sind essenziell für die aufwandsarme

Klassifizierung und Vorverarbeitung von Textdatensätzen (s. INDURKHYA U. DAMERAU 2012, S. 524), wohingegen überwachte Lernverfahren geeignet sind, ML-Probleme innerhalb wissensintensiver Domänen zu lösen (s. INDURKHYA U. DAMERAU 2012, S. 326–327; s. MANDAL ET AL. 2021, S. 1–7).

7.2.6 Wirkzusammenhänge bei der Modellgenerierung

Im nachfolgenden Abschnitt werden die Wirkungen der Anforderungen auf die Funktionen im Schritt der Modellgenerierung erläutert. Wie auch in den vorigen Kapiteln sind die Wirkzusammenhänge zunächst grafisch dargestellt (s. Abbildung 7-6).

Anforderung: Die Auto-ML-Softwarelösung muss / sollte / kann	Verschiedene Modelltypen unterstützen	CASH unterstützen	HPO-Methoden unterstützen	NAS-Methoden unterstützen	Kontrolle über Prozess erhöhen
Modelle hochautomatisiert erstellen		++			
Nutzenden die Möglichkeit bieten, Modelle auf Basis von Empfehlungen zu erstellen			+	+	
Nutzenden die Möglichkeit bieten, Warnungen, Fehler und Abbrüche sehen zu können					++
Nutzenden die Möglichkeit bieten, Abbruchkriterien für das Training festzulegen					++
Verständliche Algorithmen für einfaches Verständnis der Modelle bereitstellen	++	+	+		
Nutzenden die Möglichkeit bieten, Benachrichtigungen über die Serverauslastung zu erhalten					++
Fähig sein, den Trainingsprozess in die Cloud zu verlagern					+

Abbildung 7-6: Wirkungsmatrix Modellgenerierung (eigene Darstellung)

Sofern die Anforderung besteht, dass die Softwarelösung einen hohen Automatisierungsgrad für eine effiziente Modellerstellung bietet, muss eine kombinierte Algorithmus- und Hyperparameterauswahl (CASH) unterstützt werden. Wie bereits in Kapitel 5.4.6 erläutert ist dies der Ansatz, der im Gegensatz zu HPO und NAS den höchsten

Automatisierungsgrad bietet. Im Umkehrschluss sollte die Auto-ML-Softwarelösung bei der Anforderung nach Teilautomatisierung bzw. Arbeiten nach Empfehlung entweder HPO- oder NAS-Methoden unterstützen, da in diesem Fall noch Einfluss auf die Modellauswahl ausgeübt werden kann.

Die nächsten beiden Anforderungen beziehen sich auf Bedienungsfreundlichkeit im Erstellungsprozess und helfen anwendenden Personen, effizient die Iterationen der Modellerstellung zu durchlaufen. Sowohl bei der Anforderung, dass über Fehler und Abbrüche im Trainingsprozess informiert wird, als auch bei der Anforderung, Abbruchkriterien für den Prozess festlegen zu können, müssen Funktionen gegeben sein, welche die Kontrolle über den Erstellungsprozess erhöhen. Sonst kann der erhöhte Rechenaufwand bei Auto-ML-Lösungen zu einem ineffizienteren Erstellungsprozess führen (s. XIN ET AL. 2021, S. 10).

Wenn die Anforderung besteht, dass verständliche Modelle erstellt werden können, muss eine breite Auswahl an Modelltypen vorhanden sein. Erklärbare Modelle sind meist weniger komplex aufgebaut – daher muss der Typ sorgfältig ausgewählt werden, um eine hinreichende Performanz zu bieten (s. MASÍS 2021, S. 13). Weiterhin sollten entweder CASH- oder HPO-Methoden unterstützt werden, da die NAS-Methode für neuronale Netze bestimmt ist, deren Zusammenhänge schwierig erklärbar sind (s. MASÍS 2021, S. 16–17).

Für den Fall, dass große Modelle auf vielen Daten trainiert werden, kann die Anforderung bestehen, Benachrichtigungen über die Serverauslastung zu erhalten. In diesem Fall müssen entsprechende Funktionen gegeben sein, um die Prozesskontrolle zu erhöhen, da Abbrüche aufgrund von Hardware-Limitationen die Effizienz und Bedienungserfahrung im Trainingsprozess signifikant beeinträchtigen (s. XIN ET AL. 2021, S. 10). Weiterhin kann es sinnvoll sein, den Trainingsprozess in die Cloud zu verlagern, um Hardwareinvestitionskosten zu minimieren. Hier ist es sinnvoll, wenn Funktionen unterstützt werden, welche die Kontrolle über den Trainingsprozess erhöhen. Kosten für Cloud-Ressourcen werden häufig nach Nutzungszeit und Rechenkapazität berechnet (s. PÜSCHEL ET AL. 2015, S. 637). Wenn der Trainingsprozess manuell oder automatisch auf Basis bestimmter Kriterien verkürzt werden kann, können Kosten gespart werden.

7.2.7 Wirkzusammenhänge bei der Modellevaluation

Der nachstehende Abschnitt behandelt die Wirkzusammenhänge bei der Modellevaluation. Wie in den Abschnitten davor sind die Wirkzusammenhänge zunächst grafisch in einer Matrix dargestellt (s. Abbildung 7-7).

Anforderung: Die Auto-ML-Softwarelösung muss / sollte / kann	Modelle validieren und bewerten	Modelle visualisieren
Nutzenden die Möglichkeit bieten, die Modellperformanz mit einfach verständlichen Metriken zu kontrollieren	++	+
eine hohe Erklärbarkeit der Ergebnisse bei risikoreichen und sicherheitskritischen Anwendungsfällen sicherstellen		++
Nutzenden die Möglichkeit bieten, eigene Evaluationsschritte zu definieren und durchzuführen	+	+
Nutzenden die Möglichkeit bieten, Modellleistung mit verschiedenen Metriken zu bewerten	++	
Nutzenden die Möglichkeit bieten, Modelle anhand wirtschaftlicher Kennzahlen zu bewerten	++	
Nutzenden die Möglichkeit bieten, eine Sensitivitätsanalyse durchzuführen	+	+
Eine hohe Verständlichkeit der Evaluationsergebnisse sicherstellen		++

Abbildung 7-7: Wirkungsmatrix Modellevaluation (eigene Darstellung)

Wenn die Anforderung einer einfachen Kontrolle der Modellperformanz besteht, folgt daraus, dass Funktionen zur Bewertung von Modellen gegeben sein müssen. Die Automatisierung durch Integration in die Softwarelösung vereinfacht diesen Schritt für Nutzende. Zusätzliche Funktionen zur Modellvisualisierung können helfen, da diese die Kommunikation über Eigenschaften der Modelle vereinfachen (s. SUH ET AL. 2023, S. 3). Im Falle von risikoreichen oder sicherheitskritischen Anwendungsfällen müssen Modelle erklärbar sein, was heißt, dass deren Entscheidungen nachvollziehbar und deren Funktionsweise transparent sein müssen (s. BARREDO ARRIETA ET AL. 2020, S. 84–85; s. GOODMAN U. FLAXMAN 2017, S. 52–54). Für komplexe Modelle, die in solchen Anwendungsfällen eingesetzt werden, müssen Visualisierungsfunktionen gegeben sein, um dem Anspruch an Erklärbarkeit gerecht zu werden (s. KIM ET AL. 2022, S. 2942).

Wenn eigene Evaluationstechniken angewandt werden sollen, können diese sowohl grafischer als auch datenbasierter Natur sein. In diesem Fall sind beide Funktionen von Nutzen, wobei die Visualisierungsfunktionen einen intuitiveren Zugang zur Evaluation bieten (s. ZÖLLER ET AL. 2023, S. 2–3). Hierzu gehört auch die Evaluationsmethode der Sensitivitätsanalyse, bei der der Einfluss von Änderungen der Modellparameter auf das Ergebnis der Vorhersage überprüft wird (s. RUSSELL U. NORVIG 2021, S. 552).

Falls Modelle mit bestimmten Metriken bewertet werden sollen, wie z. B. wirtschaftlichen Kennzahlen, müssen Funktionen vorhanden sein, die anhand quantitativer Kennzahlen, qualitativer Kriterien oder auf vergleichende Art und Weise eine Einschätzung der Eignung der Modelle ermöglichen (s. ULRICH U. BACHLECHNER 2020, S. 54). Dabei sollte erwähnt werden, dass gerade die direkte quantitative Bewertung des wirtschaftlichen Nutzens von KI-Modellen ein noch emergentes Forschungsfeld ist, bei dem es an konkreten, universell einsetzbaren Methoden und Referenzen mangelt (s. ULRICH U. BACHLECHNER 2020, S. 57–58). Einzelne Auto-ML-Lösungen bieten rudimentäre wirtschaftliche Evaluationsmethoden an[12], wie eine Verrechnung der Konfusionsmatrix mit Kosten und Erlösen und dem dadurch entstehenden wirtschaftlichen Vorteil bei Einsatz des Modells. Die Schätzung der Kosten und Erlöse liegt allerdings in diesem Fall beim Unternehmen. Entwicklungsaufwände für das Modell werden nicht eingerechnet.

Wie bereits in Kapitel 7.2.3 erwähnt, tendieren Menschen dazu, visuelle Informationen intuitiver und schneller zu verarbeiten als numerische Informationen. Daher müssen, wenn die Anforderung einer hohen Verständlichkeit der Modellzusammenhänge gegeben ist, Funktionen zur visuellen Darstellung gegeben sein (s. KONONENKO U. KUKAR 2007, S. 189; KANDEL ET AL. 2012, S. 547).

7.2.8 Wirkzusammenhänge bei Modellbereitstellung

Die erste Wirkungsmatrix in Abbildung 7-8 gibt einen Überblick über die Wirkzusammenhänge bei der Modellbereitstellung. Die grafisch dargestellten Zusammenhänge werden im Folgenden ausführlich erläutert.

[12] (Benutzung von Softwarelösung RapidMiner Studio 10.1., 10.04.2023)

Anforderung: Die Auto-ML-Softwarelösung muss / sollte / kann	Modelle in teilbares Format übertragen	Modelle direkt nutzbar bereitstellen
Fähig sein, die Bereitstellung zu automatisieren		++
Fähig sein, Modelle zur Steigerung der Produktionseffizienz auf dem Shopfloor bereitzustellen	++	+
Fähig sein, Modelle über die Cloud hochverfügbar zu machen	+	++

Abbildung 7-8: Wirkungsmatrix Modellbereitstellung (eigene Darstellung)

Wenn die Anforderung einer automatischen Bereitstellung der Modelle besteht, sind Zwischenschritte wie die Speicherung des Modells in einem teilbaren Format und das anschließende eigenständige Bereitstellen durch Nutzende nicht erwünscht. Hieraus folgt direkt, dass Modelle sofort nutzbar bereitgestellt werden müssen, beispielsweise als Webservice. Wenn die Priorität darauf liegt, die Modelle auf dem Shopfloor bereitzustellen, muss zumindest die Funktion gegeben sein, das Modell in ein teilbares Format übertragen zu können. Hiermit ist es möglich, das fertige Modell im Kontext der Produktion vor Ort auf der im Shopfloor vorhandenen Hardware bereitzustellen (engl. on-edge-deployment) (s. KRAUß ET AL. 2020, S. 446). Falls Nutzende mit dem Modell interagieren sollen, kann eine Bereitstellung mit Bedienungsoberfläche über einen Webservice sinnvoll sein (s. KRAUß ET AL. 2020, S. 447).

Falls Modelle über die Cloud bereitgestellt werden sollen, ist es, um unabhängig vom anbietenden Cloud-Unternehmen zu sein, von Vorteil, wenn das fertige Modell in ein teilbares Format übertragen werden kann, meist per Containerisierung (s. JOHN ET AL. 2021, S. 7). Im eigentlichen Sinne der Anforderung bedarf es jedoch einer Automatisierung dieses Vorgangs durch automatisches Deployment als Cloud-Service, was durch einige Lösungen bereits abgedeckt wird (s. ELSHAWI ET AL. 2019, S. 16).

7.2.9 Wirkzusammenhänge bei der Verwaltung des Betriebs und des Lebenszyklus der Modelle

Zuletzt werden die Wirkzusammenhänge zwischen Funktionen und Anforderungen bei der Verwaltung des Betriebs und des Lebenszyklus der Modelle erläutert. Eine Übersicht gibt die Wirkungsmatrix in Abbildung 7-9.

Anforderung: Die Auto-ML-Softwarelösung muss / sollte / kann	Betriebssicherheit gewährleisten	Meta-Lernen unterstützen
Nutzenden die Möglichkeit bieten, durch Transparenz auf sich ändernde Umgebungsbedingungen reagieren zu können	++	+
Nutzenden die Möglichkeit bieten, Warnungen über Concept-Drift zu erhalten	++	
Nutzenden die Möglichkeit bieten, Benachrichtigungen und deren Frequenz zu konfigurieren	++	

Abbildung 7-9: Wirkungsmatrix Verwaltung des Betriebs und des Lebenszyklus der Modelle (eigene Darstellung)

Für den Fall, dass die Modelle in einer Umgebung mit sich ändernden Rahmenbedingungen, engl. Concept-Drift, bereitgestellt werden, müssen Funktionen gegeben sein, um die Betriebssicherheit zu gewährleisten. Essenziell ist, dass ein Sicherheitsbereich für die Prognosen festgelegt wird, sodass keine Schäden durch unrealistische oder unsinnige Modellausgaben entstehen können (s. NETO ET AL. 2022, S. 130748).

Zusätzlich kann die Funktion eines Feedback-Loops für Meta-Lernen sinnvoll sein, um Modelle automatisch auf die sich ändernden Rahmenbedingungen anzupassen (s. JOHN ET AL. 2021, S. 5). Zu dieser Anforderungsgruppe gehört ebenfalls die Möglichkeit, Warnungen über Concept-Drift zu erhalten sowie die Frequenz und Art der Mitteilungen individuell zu konfigurieren, beispielsweise über personalisierte Dashboards. Beide haben zur Folge, dass die entsprechenden Funktionen zur Gewährleistung der Betriebssicherheit gegeben sein müssen (s. JOHN ET AL. 2021, S. 5).

7.3 Zusammenfassung

Ziel des Kapitels war es, die dritte Teilforschungsfrage des Dissertationsvorhabens zu beantworten: „Wie können die Wirkbeziehungen zwischen den Anforderungen und den Funktionen von Auto-ML-Softwarelösungen erklärt werden?“. Hierfür wurden mit der Methode des vernetzten Denkens nach PROBST U. GOMEZ Wirkbeziehungen zwischen den Teilfunktionen aus Kapitel 5.4 und den gruppierten Anforderungen aus Kapitel 6.2 identifiziert und in Wirkungsmatrizen dargestellt (s. PROBST U. GOMEZ 1991, S. 9–14). Um die Anzahl der zu untersuchenden Wirkbeziehungen angemessen zu gestalten, wurde zusätzlich zur Eingrenzung auf die Ebene der Teilfunktionen ausgenutzt, dass sich die Funktionen und Anforderungen einzelnen Schritten des ML-Prozesses zuordnen lassen. Es wurden die Beziehungen innerhalb der Schritte untersucht. Die Wirkbeziehungen sind entweder Muss-Beziehungen (++), Kann-Beziehungen (+) oder keine Beziehung (Abwesenheit eines Symbols im entsprechenden Feld der Wirkungsmatrix). Insgesamt wurden so 128 potenzielle Wirkbeziehungen betrachtet und deren Ausprägung mithilfe logischer Deduktion oder Literaturnachweisen festgestellt.

Falls im konkreten Einsatzfall der in der Dissertation entwickelten Methode eine Einschränkung des Betrachtungsbereichs der Wirkbeziehungen nicht nötig ist, kann das in diesem Kapitel beschriebene Vorgehen auf weitere Zusammenhänge zwischen Funktionen und Anforderungen erweitert werden. Zudem können, falls neue Teilfunktionen oder Anforderungen identifiziert werden, deren Beziehungen untereinander innerhalb der Schritte analog zum hier beschriebenen Vorgehen untersucht und ergänzt werden. Das im folgenden Kapitel beschriebene Gestaltungsmodell ist in dieser Hinsicht flexibel erweiterbar.

8 Gestaltung des Auswahlprozesses

Das folgende Kapitel schließt die Theoriebildung der Dissertationsschrift ab. Die in den vorigen Kapiteln synthetisierten Teilmodelle fließen in den nachfolgend vorgestellten Auswahlprozess für Auto-ML-Softwarelösungen ein. Damit wird die vierte und letzte Teilforschungsfrage des Dissertationsvorhabens, „wie kann ein strukturierter Prozess für die Auswahl einer geeigneten Auto-ML-Softwarelösung gestaltet werden?“, beantwortet. In Kapitel 8.1 wird kurz auf den Ansatz zur Synthese des letzten Modells eingegangen, in Kapitel 8.2 wird das Ergebnis dargestellt.

8.1 Konzeption des Prozesses

Ziel des Kapitels ist die Beantwortung der Forschungsfrage „wie kann ein strukturierter Prozess für die Auswahl einer geeigneten Auto-ML-Softwarelösung gestaltet werden?“. Gemäß dem in Kapitel 4.3 hergeleiteten Konzeptansatz soll die Beantwortung der Frage gemäß der Denkweise des Systems Engineering modellbasiert geschehen. Die grundlegende Methodik für die Lösung definierter Herausforderungen im Systems Engineering ist hierbei der Problemlösezyklus (s. HABERFELLNER ET AL. 2019, S. 43–51). Somit bildet der Problemlösezyklus das theoretische Grundgerüst für den entwickelten Prozess zur Auswahl einer geeigneten Auto-ML-Softwarelösung.

Mit seinen sechs Schritten (Situationsanalyse, Zielformulierung, Lösungssynthese, Lösungsanalyse, Evaluation und Entscheidung, s. Kapitel 4.2.1) ist der Problemlösezyklus so abstrakt formuliert, dass er für Systems-Engineering-Herausforderungen generisch anwendbar ist. Er kann für die Eigenentwicklung oder Auswahl von Informationssystemen aller Art eingesetzt werden (s. HABERFELLNER ET AL. 2019, S. 51–54). Gemäß der in Kapitel 2.6 getroffenen Abgrenzung des Untersuchungsbereiches ist jedoch bereits definiert, dass sich die zu entwickelnde Methode auf fertige Softwarelösungen bezieht. Eigenentwicklungen können ausgeschlossen werden. Der in Kapitel 4.1 formulierten Anforderung der Utilität (und dem untergeordnet der Einfachheit der Anwendung des entwickelten Prozesses) folgend, sollte daher eine Konkretisierung des abstrakten Problemlösezyklus erfolgen.

In Kapitel 3.3 wurden Verfahren für die Softwareauswahl vorgestellt. Von diesen existierenden Modellen wurde das 3-Phasen-Konzept von BROSZE ET AL. gewählt (s. BROSZE ET AL. 2009, S. 52–54), um den generischen Problemlösezyklus zu konkretisieren. Die Auswahl wurde getroffen, da das 3-Phasen-Konzept einen Fokus auf betriebliche Anwendungssysteme legt und in der Praxis für die Auswahl solcher etabliert ist. Die im Konzept verwendete Formulierung von einfach verständlichen Aufgaben statt abstrakten Schritten hilft, den Auswahlprozess nachvollziehbar und praxisorientiert zu gestalten.

Darüber hinaus werden die auf Basis des 3-Phasenkonzeptes formulierten konkreten Aufgaben durch die in der Dissertation entwickelten Teilmodelle (Funktionen in Kapitel 5, Anforderungen in Kapitel 6, Wirkzusammenhänge in Kapitel 7) mit Blaupausen zur Lösung dieser Aufgaben versehen. Durch den klaren, sequenziellen Aufbau mit

Blaupausen für die Erledigung der Schritte entsteht ein praxisorientierter, reproduzierbarer Prozess für die Auswahl einer geeigneten Auto-ML-Softwarelösung. Die Modelle sind sowohl innerhalb der Schritte als auch im Gesamtprozess strukturgebend: Innerhalb der Schritte grenzen sie die zu analysierenden Zielstellungen und Elemente ein. Im Gesamtprozess hilft die sequenzielle Natur der Modelle, systematisch aufeinander aufbauende, transparente Teilergebnisse im Selektionsprozess zu erzielen.

Zusätzlich zu den einzusetzenden Teilmodellen werden ergänzende Ressourcen identifiziert, die in den jeweiligen Schritten zielführend sind. Dazu zählen in den Auswahlprozess einfließende Rahmenbedingungen des Unternehmens wie die IT-Strategie sowie Methoden (Anspruchsgruppen-Workshops, Marktrecherche und eine Berechnungsmethode aus der VDI 2225).

8.2 Auswahlprozess

Der Auswahlprozess ist, wie der Problemlösezyklus nach HABERFELLNER, in sechs Schritte untergliedert. Eine Gesamtübersicht über das Gestaltungsmodell gibt Abbildung 8-1.

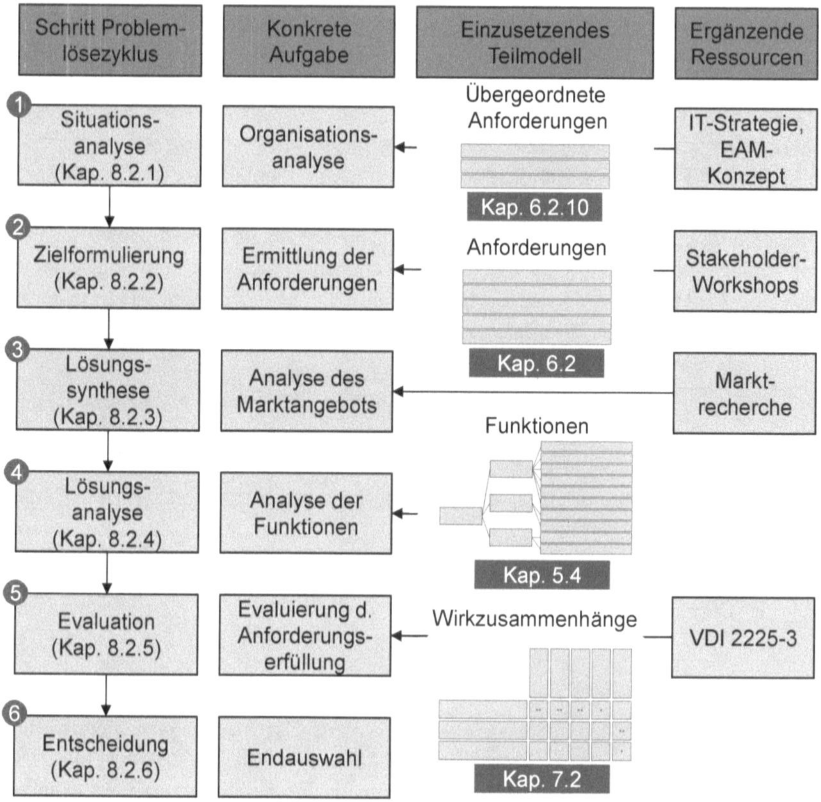

Abbildung 8-1: Auswahlprozess für Auto-ML-Softwarelösungen (eigene Darstellung)

In den ersten beiden Schritten, welche im Problemlösezyklus die Suche nach der Zielstellung darstellen, findet das in Kapitel 6.2 erstellte Modell, die Beschreibung der Anforderungen Anwendung. Zunächst wird mithilfe der in Kapitel 6.2.10 synthetisierten, übergeordneten Anforderungen der organisationale Rahmen für den Einsatz der Auto-ML-Softwarelösung abgesteckt. Informationen zu diesen übergeordneten Anforderungen sollten dabei die IT-Strategie des Unternehmens (oder wenn existent das EAM-Konzept) liefern. Falls der Impuls der Einführung eines solchen Tools von primären Geschäftsbereichen ausging, sollten die Informationen bei der IT-Abteilung eingeholt werden. Wenn die Rahmenbedingungen klar sind, wird im zweiten Schritt des Problemlösezyklus, der Zielformulierung, die Anforderungsermittlung vorgenommen. Dies geschieht mithilfe der in Kapitel 6.2 synthetisierten, detaillierten Anforderungen. Als Mittel zur Erhebung der Anforderungen im individuellen Fall werden Workshops mit betroffenen Personen nahegelegt.

Daraufhin wird der dritte Schritt des Problemlösezyklus aktiv, die Lösungssynthese. In der allgemeinen Methode nach HABERFELLNER sollen hier möglichst viele, geeignete Lösungsvorschläge generiert werden (s. HABERFELLNER ET AL. 2019, S. 48). Im konkreten Fall der Auswahl von Softwarelösungen bedeutet dies eine Marktrecherche der verfügbaren Optionen (s. BROSZE ET AL. 2009, S. 53). Dabei dienen die im ersten Schritt identifizierten, übergeordneten Anforderungen als Werkzeug zur Eingrenzung der Recherche. Der vierte Schritt, die Lösungsanalyse, dient dazu, die Vor- und Nachteile der vorab identifizierten Optionen kennenzulernen. Im konkreten Fall bedeutet dies, eine Vergleichbarkeit der Lösungen herzustellen und die darauffolgende Evaluation vorzubereiten. Dies erfolgt mithilfe einer Funktionsanalyse durch die in Kapitel 5.4 erstellten Funktionsdiagramme. Durch die in der Dissertation erstellte Blaupause für Funktionen von Auto-ML-Softwarelösungen können die Lösungen untereinander konsistent beschrieben werden.

Da nun von Unternehmensseite die Anforderungen an die Auto-ML-Softwarelösung geklärt sind, zudem potenzielle Lösungen identifiziert sowie in ihrem Funktionsumfang beschrieben wurden, kann im fünften Schritt die Evaluation der Lösungen erfolgen. Hier werden die in Kapitel 7.2 synthetisierten Wirkzusammenhänge zwischen Funktionen und Anforderungen genutzt, um die Eignung der Lösungen für das Anforderungsprofil des Unternehmens zu bewerten. Ist die Bewertung abgeschlossen, kann die finale Auswahl einer Lösung in Schritt sechs auf Basis der gesammelten Informationen geschehen.

8.2.1 Situationsanalyse

Im ersten Schritt, der Situationsanalyse, besteht das Ziel, die Ausgangssituation und Rahmenbedingungen für den Selektionsprozess zu beschreiben (s. HABERFELLNER ET AL. 2019, S. 45). Bevor die Details der Lösung ausgearbeitet werden, müssen die grundlegenden, übergreifenden Anforderungen identifiziert werden. Die vollständige Liste der im Rahmen dieser Arbeit synthetisierten, übergreifenden Anforderungen findet sich in Tabelle 6-13 und ist in Abbildung 8-2 beispielhaft dargestellt. Die dort im Fokus stehenden Anforderungen haben Auswirkungen darauf, welche Lösungen im späteren Verlauf des Prozesses überhaupt infrage kommen und entfalten somit eine vereinfachende, eingrenzende Wirkung. Zudem stellen sie sicher, dass die Auswahl der Auto-ML-Lösung, welche in produzierenden Unternehmen eine weitere Applikation neben vielen ist (ERP, MES, etc.) kongruent mit dem bestehenden IT-Bebauungsplan ist.

Lösung von Hyperscaler oder großem Plattformanbieter	✓
Möglichkeit der Integration existierender Code-Bibliotheken	
DSGVO-Konformität	✓
Softwarelösung mit Rollen und Zugriffsrechten	
...	...

Abbildung 8-2: Identifikation übergeordneter Anforderungen (eigene Darstellung)

Informationen darüber, welche dieser Anforderungen bestehen und für das Unternehmen wichtig sind, gibt die IT-Strategie, aus der sich die Informationssystem-Architektur manifestieren sollte (s. KRCMAR 2015, S. 393). Methoden und Werkzeuge, die IT-Strategie in eine dem Geschäft zuträgliche Applikationslandschaft umzuwandeln und damit die strategischen Vorgaben zu operationalisieren, werden durch das Enterprise Architecture Management bereitgestellt (vgl. HANSCHKE 2016). Auf Basis dieser unternehmensspezifischen Rahmenbedingungen kann entschieden werden, ob eine Cloud-Lösung einer On-Premise-Lösung vorzuziehen ist, oder ob gewisse Softwareunternehmen bereits im Vorhinein aufgrund ihrer Größe oder ihres Serviceportfolios ausgeschlossen werden.

8.2.2 Zielformulierung

Im zweiten Schritt, der Zielformulierung werden in der zugrundeliegenden Methode nach HABERFELLNER Anforderungen auf Basis von Zielstellungen formuliert (s. HABERFELLNER ET AL. 2019, S. 47). Auch im Kontext der Auto-ML-Softwareauswahl lohnt es sich, zunächst klar zu definieren, welche Ziele mit der Einführung der Softwarelösung verfolgt werden sollen. Speziell im Kontext von Auto-ML-Softwarelösungen existieren drei Zielstellungen, die jeweils verfolgt werden können (s. SCHUH; BENNING U. STROH 2022, S. 48–49):

- Die Demokratisierung des ML-Prozesses
- Die Automation von Routineaufgaben im ML-Prozess
- Die Beschleunigung der Entwicklung von prototypischen ML-Modellen

Auf dieser Grundlage aufbauend sollten Anforderungen formuliert werden. In der Methode nach HABERFELLNER werden Regeln für Anforderungen festgelegt. Sie sollten lösungsneutral, möglichst vollständig, präzise und realistisch formuliert sein (s. HABERFELLNER ET AL. 2019, S. 47). Die im Rahmen dieser Dissertation empirisch synthetisierte Anforderungsliste erfüllt diese Anforderungen und kann somit als Grundlage für den zweiten Schritt verwendet werden. Hierfür wird die Anforderungsliste sukzessive durchgegangen und es wird eingeschätzt, ob die entsprechende Anforderung vorliegt oder nicht (s. Abbildung 8-3).

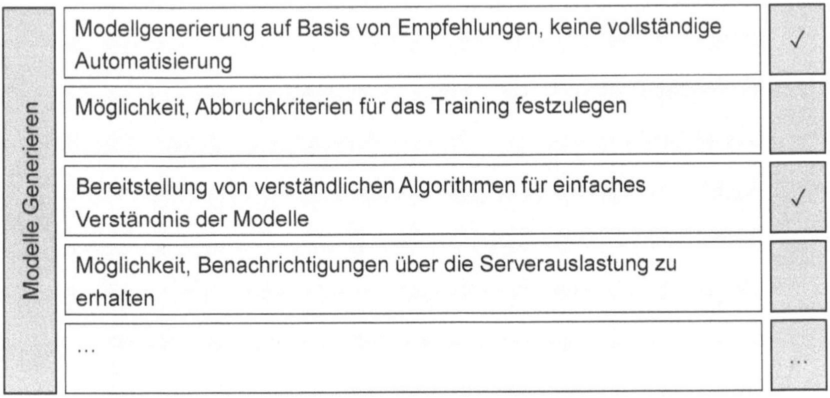

Abbildung 8-3: Selektion von Anforderungen auf Basis der Liste (eigene Darstellung)

Optional können zwei Erweiterungen dieses Schrittes vorgenommen werden: Zunächst bieten sich Iterationen zwischen dem zweiten und dritten Schritt, der Lösungssynthese an. Durch dieses Wechseln zwischen Anforderungs- und Lösungsperspektive können Anforderungen durch Ausprobieren der Funktionen von verfügbaren Lösungen inspiriert werden oder aufgrund von Testläufen für nicht nötig erachtet werden und wegfallen. Solche Iterationen sind in der Methode des Problemlösezyklus möglich und sogar vorgesehen (s. HABERFELLNER ET AL. 2019, S. 124–125).

Weiterhin können statt eines binären Wertungssystems („Anforderung besteht" vs. „Anforderung besteht nicht") eine differenziertere Einschätzung erfolgen, beispielsweise in Muss-, Soll- und Kann-Anforderungen (s. HABERFELLNER ET AL. 2019, S. 47). Diese Differenzierung ist mit den weiteren Schritten der Methode kompatibel, da für die spätere Bewertung Gewichtungen eingeführt werden können.

8.2.3 Lösungssynthese

Der dritte Schritt, die Lösungssynthese, weicht methodisch vom Grundkonstrukt des Problemlösezyklus ab. Im Gegensatz zu der Erarbeitung von neuen Konzepten wird bei der Software-Auswahl auf bestehende Lösungen zurückgegriffen. Somit tritt an die Stelle der Kreativitätstechniken eine systematische Marktrecherche, im 3-Phasen-Konzept auch als Vorauswahl bezeichnet (s. BROSZE ET AL. 2009, S. 54). Im Kontext der vorliegenden Methode werden die im ersten Schritt identifizierten, übergeordneten Anforderungen herangezogen, um die Anzahl der für eine detaillierte Bewertung in Betracht kommenden Lösungen zu reduzieren. Ressourcen, die hier zum Einsatz kommen (von grob bis detailliert geordnet) sind Suchmaschinen, Berichte oder Benchmarks von aktuellen Lösungen am Markt, Testversionen sowie erste Abstimmungstermine mit Softwareunternehmen, deren Lösungen interessant wirken. Zudem bietet das Unternehmen TROVARIT eine auf betriebliche Anwendungssoftware spezialisierte

Suchmaschine mit Evaluationsfunktion an[13]. Zielgröße der Recherche sind circa zehn bis maximal fünfzehn Lösungen (s. BROSZE ET AL. 2009, S. 54).

8.2.4 Lösungsanalyse

Nach den ersten drei Schritten sind das Anforderungsprofil des Unternehmens sowie potenzielle Softwarelösungen bekannt, welche in die im ersten Schritt ermittelten Rahmenbedingungen passen. Ziel ist es nun, die potenziellen Lösungen untereinander vergleichbar zu machen. Dafür müssen sie nach einem einheitlichen System beschrieben werden. Im Kontext der Dissertation wird hier der Aspekt der Funktionalität nach HABERFELLNER in den Fokus gestellt (s. HABERFELLNER ET AL. 2019, S. 48). Es wird eine Funktionsanalyse durchgeführt, die auf den in Kapitel 5.4 erstellten Funktionsdiagrammen basiert. Aufgrund der in Kapitel 7.1 getroffenen Eingrenzungen müssen die potenziellen Systeme für die Anwendung der Methode lediglich auf das Vorhandensein der Funktionen auf der Teilfunktionsebene hin analysiert werden. Beispielhaft für die Funktion des Feature Engineering ist dieses Vorgehen in Abbildung 8-4 dargestellt.

Hierbei gibt es zwei grundsätzliche Formen der Erhebung der notwendigen Informationen. Entweder können die Funktionen eigenständig analysiert werden, durch Benchmarks, Veröffentlichungen, der Dissemination des anbietenden Unternehmens oder die Nutzung einer Testversion. Alternativ kann eine direkte Anfrage an das anbietende Unternehmen gestellt werden, welches im Zuge des Vertriebsprozesses Auskunft gibt.

[13] https://www.it-matchmaker.com/ (Link zuletzt geprüft am 03.12.2024)

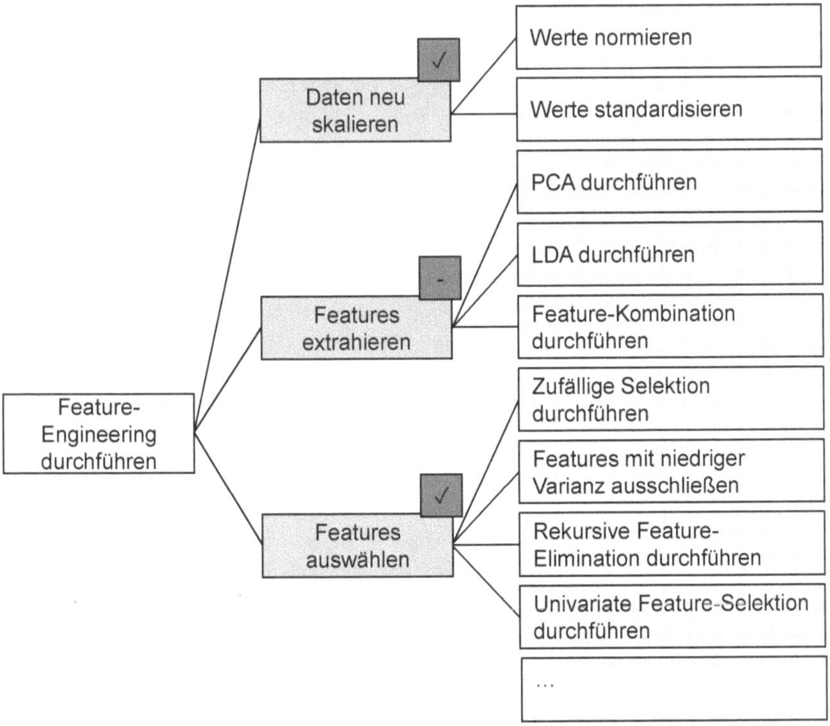

Abbildung 8-4: Analyse der Teilfunktionen (eigene Darstellung)

Wichtig ist hierbei der Abgleich mit der dritten Ebene, da diese im direkten Wirkzusammenhang mit den vorab selektierten Anforderungen steht. Die noch feiner detaillierten Elementarfunktionen können für zwei Zwecke herangezogen werden:

- Nachvollziehen des Sinns einer Teilfunktion, wenn Unklarheit über deren genaue Implikationen herrscht
- Validierung des Vorhandenseins einer Teilfunktion in einer konkreten Auto-ML-Softwarelösung. Wenn keine der Elementarfunktionen gegeben ist, ist auch die Teilfunktion nicht gegeben

Dieses Vorgehen ist zur Verdeutlichung in Abbildung 8-5 prozessual dargestellt:

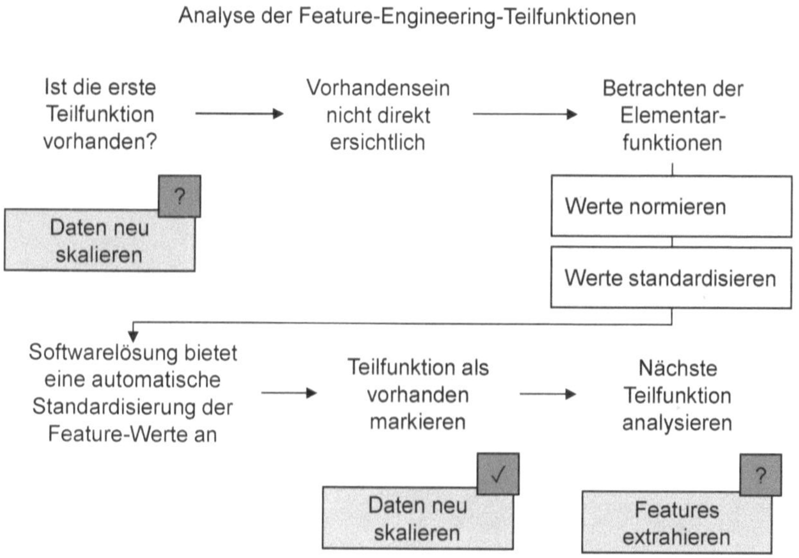

Abbildung 8-5: Erläuterung Prozess zur Analyse der Teilfunktionen (eigene Darstellung)

Dabei wird im Beispiel eine ODER-Logik angewandt. Wenn eine der Elementarfunktionen gegeben ist, dann wird die Teilfunktion als gegeben betrachtet. Diese Logik kann im Einzelfall angepasst oder verfeinert werden, wenn gewisse Elementarfunktionen für den Anwendungsfall besonders wichtig sind. Wenn der Prozess für alle Teilfunktionen der Kandidaten abgeschlossen ist, können auf Basis dieser Beschreibung die Lösungen evaluiert werden.

8.2.5 Evaluation

Der Zweck der Evaluation ist der systematische Vergleich der Eignung der Lösungen für die Lösung des Problems (s. HABERFELLNER ET AL. 2019, S. 49). Dafür wird eine Bewertungsmetrik benötigt. Endresultat sollte eine Rangliste der Lösungen sein. Die im Rahmen dieser Dissertation eingesetzte Metrik für die Evaluation ist eine Kombination aus den synthetisierten Wirkzusammenhängen (s. Kapitel 7.2) und der technisch-wirtschaftlichen Bewertung nach der VDI-Norm 2225-3 (s. VDI-RICHTLINIE 2225 Blatt 3). Die aus der technisch-wirtschaftlichen Konstruktion stammende Methode lässt sich ebenfalls sinnvoll im Zusammenhang der Betriebswirtschaft und Wirtschaftsinformatik einsetzen (vgl. BERNARDY 2019, S. 69–70). Die Eingangsgrößen in die Bewertungslogik der Norm sind Anforderungen und Funktionen (s. VDI-RICHTLINIE 2225 Blatt 3, S. 3), womit eine Eignung im Rahmen dieser Dissertation gegeben ist. Die Schritte der Evaluation werden nachfolgend erläutert.

Zunächst wird mithilfe der in Kapitel 7.2 dargestellten Wirkungsmatrizen festgehalten, inwieweit die Teilfunktionen der vorausgewählten Lösungen die Anforderungen erfüllen. Dies erfolgt mithilfe der nachfolgend dargestellten Bewertungsskala (s. Abbildung 8-6).

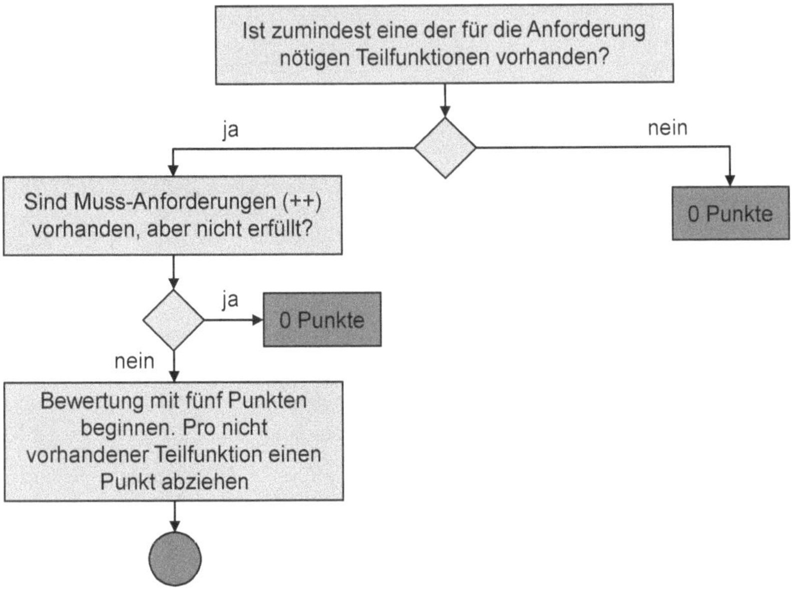

Abbildung 8-6: Schema zur Bewertung der Passung von Funktionen und Anforderungen (eigene Darstellung)

Dabei wird die vom VDI vorgeschlagene Ordinalskala von 0 (unzureichend) bis 5 (optimal) eingesetzt. Die empfohlene Zuordnung von Passungsgrad zu Ordinalskala basiert auf der Empfehlung von HABERFELLNER, das Nicht-Vorhandensein von wichtigen Funktionen zu bestrafen (s. HABERFELLNER ET AL. 2019, S. 49). Andere Logiken zur Bewertung könnten je nach Anwendungsfall entwickelt werden, jedoch ist für den weiteren Verlauf der Evaluation die Verwendung der vorgeschlagenen Ordinalskala förderlich. Zum besseren Verständnis der Skala ist eine beispielhafte Bewertung nach diesem Prinzip in Abbildung 8-7 dargestellt:

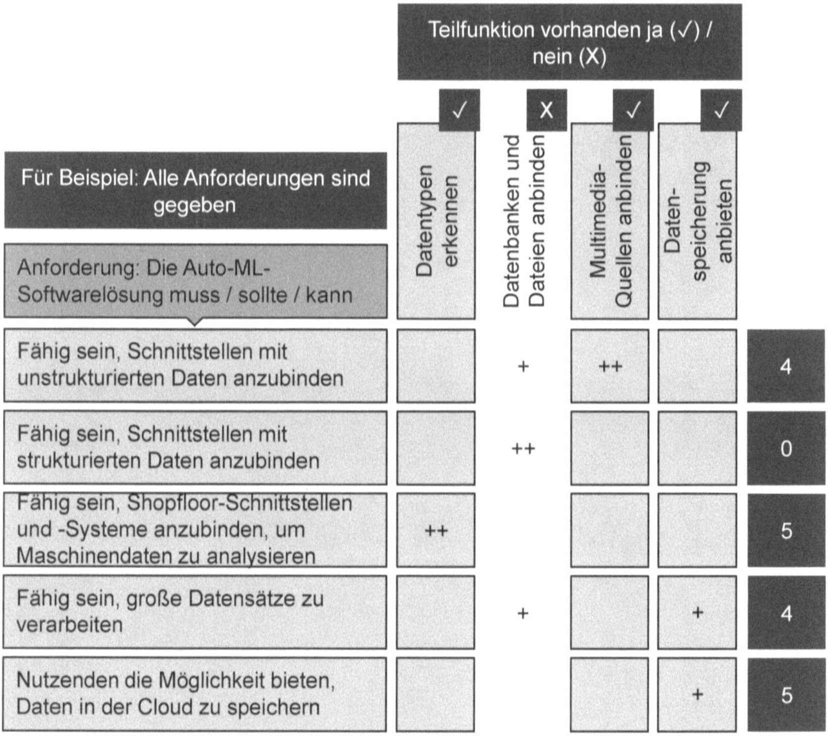

Abbildung 8-7: Bewertung des Passungsgrades per Ordinalskala (eigene Abbildung)

In der Abbildung wird ersichtlich, dass das Prinzip, das Nicht-Vorhandensein von wichtigen Funktionen zu bestrafen, mit dieser Ordinalskala umgesetzt wird. Die Lösung in dem Beispiel bietet alle Teilfunktionen, bis auf die zweite. Damit erhält sie vier Punkte für die Erfüllung der ersten Anforderung. Die (++)-Wirkbeziehung ist erfüllt, die (+)-Wirkbeziehung nicht, somit wird ein Punkt abgezogen. Die Erfüllung der zweiten Anforderung wird mit null Punkten gewertet, da die mit der (++)-Wirkbeziehung versehene Teilfunktion nicht gegeben ist. Die nötigen Teilfunktionen für die dritte und fünfte Anforderung sind vollständig erfüllt, daher erhalten sie volle Punktzahl. Für die vierte Anforderung erhält die Lösung wiederum eine Bewertung von vier Punkten, da eine Teilfunktion nicht gegeben ist.

Nach der mithilfe der Ordinalskala erfolgten Bewertung des Passungsgrades für jede Anforderung sollte eine abschließende Gesamtbewertung erfolgen, die den Passungsgrad zusammengefasst darstellt und somit eine Vergleichbarkeit herstellt. Hierfür wird die technische Wertigkeit X (s. VDI-Richtlinie 2225 Blatt 3, S. 2) herangezogen. Diese kann mithilfe von Formel 8-1 ermittelt werden:

$$X = \frac{p_1+p_2+\cdots+p_n}{n*p_{max}} \qquad \text{8-1}$$

Die technische Wertigkeit der Ideallösung ist $X = 1$ (s. VDI-RICHTLINIE 2225 Blatt 3, S. 2). Damit entsteht eine Bewertungsskala von 0 bis 1, mit der die Lösungen untereinander verglichen werden können. Wenn Kriterien zur Gewichtung der Anforderungen eingeführt wurden (s. Kapitel 8.2.2) kann statt Formel 8-1 eine gewichtete Summe gebildet werden (vgl. VDI-RICHTLINIE 2225 Blatt 3, S. 2). Zudem kann, sofern ein Budget H_{zul} für die Anschaffung der Software vorliegt, mit Formel 8-2 die wirtschaftliche Wertigkeit Y der Lösungsalternativen berechnet werden (s. VDI-RICHTLINIE 2225 Blatt 3, S. 3).

$$Y = \frac{0{,}7 * H_{zul}}{H} \qquad \textbf{8-2}$$

Bei Berechnung beider Größen kann anschließend das s-Diagramm (s. Abbildung 8-8) angewandt werden, um die Schwachstellen der Lösungen im Hinblick auf deren Wirtschaftlichkeit zu visualisieren (s. VDI-RICHTLINIE 2225 Blatt 3, S. 3).

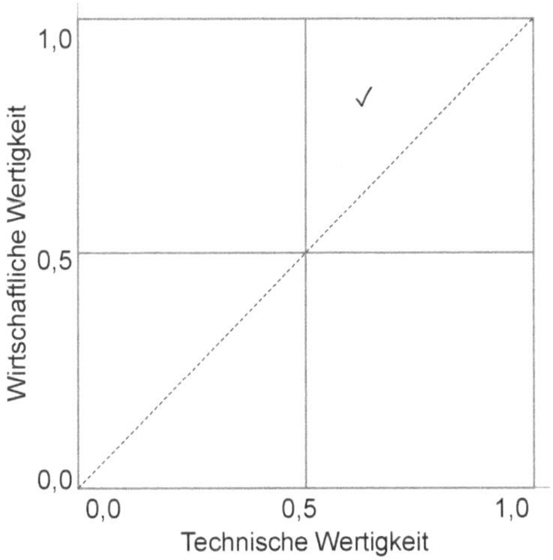

Abbildung 8-8: s-Diagramm (i. A. a. VDI-RICHTLINIE 2225 Blatt 3, S. 5)

Dabei werden Lösungen angestrebt, die über der Diagonale (s-Linie) liegen und sich möglichst im oberen rechten Quadranten finden. In dem oberen rechten Quadranten ist eine technische und wirtschaftliche Wertigkeit von über 0,5 gegeben, was als Mindestkriterium für die Eignung gilt. In der Praxis stellt das die Grenze des Akzeptablen dar, Werte um 0,8 oder höher gelten als sehr gut (s. VDI-RICHTLINIE 2225 Blatt 3, S. 2). Die zusätzliche Einschränkung durch die Diagonale legt den Fokus auf wirtschaftliche Lösungen, die den Zweck hinreichend erfüllen und vermeidet somit Budgetüberschreitungen.

8.2.6 Entscheidung

Resultat des bis hierhin vorgestellten systematischen Prozesses ist eine Übersicht über die vorhandenen Lösungen, versehen mit den jeweiligen Bewertungen der technischen und wirtschaftlichen Wertigkeit (s. Abbildung 8-9), wodurch die Lösungen relativ zueinander vergleichbar gemacht werden. Auf Basis dieser im fünften Schritt ermittelten Bewertungen kann nun der letzte Schritt angegangen werden, die Entscheidung, die mit der Endauswahl eines Systems den Problemlösezyklus abschließt.

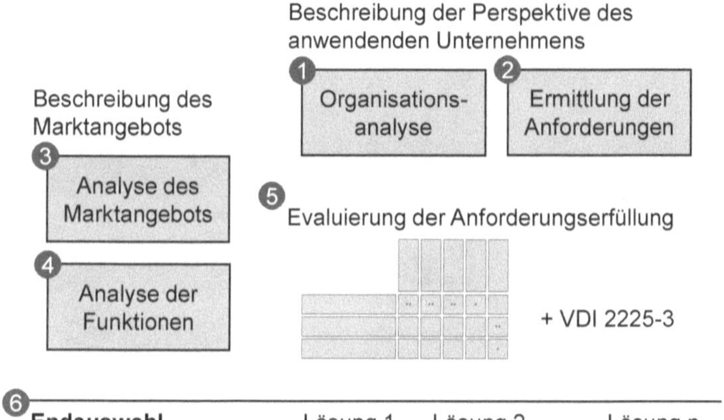

Endauswahl	Lösung 1	Lösung 2	...	Lösung n
Technische Wertigkeit	0,7	0,8	...	0,4
Wirtschaftl. Wertigkeit	0,6	0,9	...	0,5
Entscheidung	X	✓	...	X

Abbildung 8-9: Übersicht über abgeschlossene Schritte für die Endauswahl (eigene Abbildung)

Für die Entscheidungsfindung ist es essenziell, zu verstehen, dass Modelle (und auch der vorliegende modellbasierte Ansatz) nur einen Teil der Wirklichkeit abbilden. Damit ersetzt die vorangegangene Evaluation und ein Vergleich der resultierenden Bewertungszahlen den bewussten Akt der Entscheidung nicht (s. HABERFELLNER ET AL. 2019, S. 261). Die resultierende Tabelle dient vielmehr der Transparenz für alle Beteiligten des Entscheidungsprozesses und trifft eine Aussage, welche der Lösungen unter den voran getroffenen Annahmen bei Betrachtung der hier entwickelten Kriterien die höchste Wertigkeit erzielt (s. HABERFELLNER ET AL. 2019, S. 261).

8.3 Zusammenfassung

In diesem Kapitel wurde ein Gestaltungsmodell für einen Prozess zur Selektion einer Auto-ML-Softwarelösung vorgestellt. Damit wurde die vierte Teilforschungsfrage des Dissertationsvorhabens, „wie kann ein strukturierter Prozess für die Auswahl einer geeigneten Auto-ML-Softwarelösung gestaltet werden?", beantwortet. Die Schritte des Prozesses sind an den Problemlösezyklus nach HABERFELLNER (s. HABERFELLNER ET AL. 2019, S. 43–51) angelehnt und werden durch Konzepte des 3-Phasen-Modells und der VDI 2225-3 ergänzt (s. BROSZE ET AL. 2009; VDI-RICHTLINIE 2225 Blatt 3).

Das Vorgehen ist erneut zur Übersicht in Abbildung 8-10 dargestellt und wird anschließend kurz zusammengefasst.

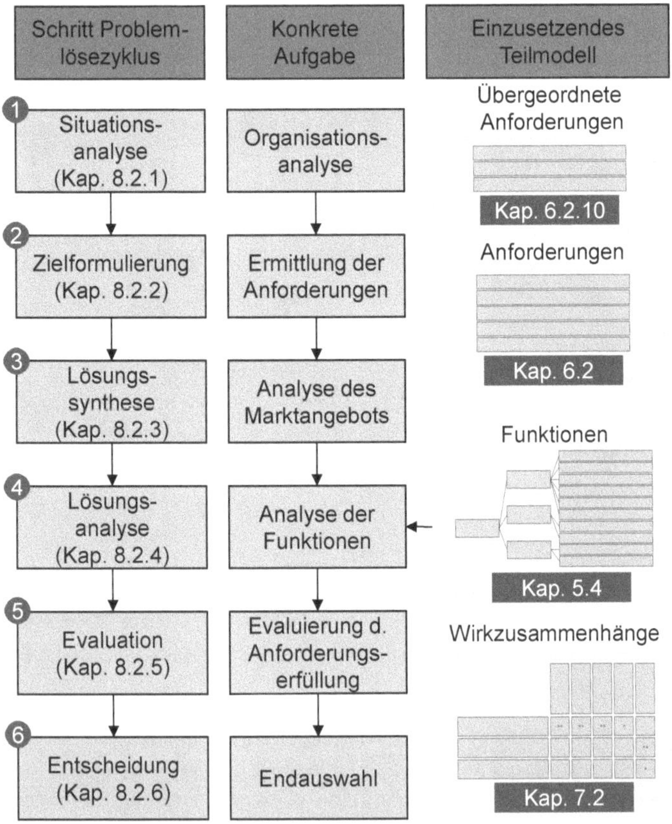

Abbildung 8-10: Zusammenfassung des Auswahlprozesses (eigene Abbildung)

In Kapitel 8.1 wurden die in den Prozess einfließenden Methoden und Teilmodelle aus den vorigen Kapiteln kurz vorgestellt. Kapitel 8.2 enthält das eigentliche Gestaltungsmodell. Das Modell unterteilt den zu gestaltenden Prozess in sechs Schritte: Die ersten beiden Schritte des Prozesses (die Situationsanalyse in Kapitel 8.2.1 und die Zielformulierung in Kapitel 8.2.2) basieren auf dem in Kapitel 6.2 synthetisierten Beschreibungsmodell der Anforderungen von produzierenden Unternehmen an Auto-ML-Softwarelösungen. In der darauffolgenden Lösungssynthese (s. Kapitel 8.2.3) werden auf Basis der Situationsanalyse geeignete Lösungen per Marktrecherche identifiziert.

Diese werden anschließend in der Lösungsanalyse (s. Kapitel 8.2.4) mit dem in Kapitel 5.4 hergeleiteten Hierarchiediagramm der Funktionen von Auto-ML-Softwarelösungen analysiert. Dadurch entsteht eine konsistente Beschreibung der zuvor am Markt identifizierten Lösungen, die einen von der Anbieterkommunikation weitgehend unabhängigen Blick auf den angebotenen Funktionsumfang bietet.

Mit der so erhaltenen Beschreibung der anwendenden Perspektive (eigenes Unternehmen) und der Angebotsseite kann eine Bewertung erfolgen. Im fünften Schritt, der Evaluation (s. Kapitel 8.2.5), wird durch das Erklärungsmodell der Wirkzusammenhänge (s. Kapitel 7.2) die Wertigkeit der jeweiligen Lösungen in Bezug auf das unternehmensindividuelle Anforderungsprofil ermittelt. Mit den per VDI 2225-3 (s. VDI-Richtlinie 2225 Blatt 3) errechneten Wertigkeiten kann anschließend im finalen Schritt eine transparente Entscheidung für eine der Auto-ML-Softwarelösungen getroffen werden.

9 Evaluation

In diesem Kapitel werden die im Rahmen der Dissertation erzielten Ergebnisse evaluiert. Die Überprüfung der Resultate, die in Form von Modellen vorliegen, erfolgt auf Grundlage der in Kapitel 4.1 dargelegten Anforderungskriterien: Validität, Reliabilität, Utilität und Originalität. Die Utilität als zentraler Aspekt für die anwendungsorientierte Forschung steht dabei im Mittelpunkt der Evaluation. Die Utilität, auch als Nutzen bezeichnet, prüft, ob durch die erzielten Ergebnisse ein gegenwärtiger oder zukünftiger Mehrwert für die definierte Zielgruppe geschaffen wird (s. ÖSTERLE ET AL. 2010, S. 669). Neben dem inhaltlichen Mehrwert ist die Einfachheit ein Kernelement der Utilität. Diese betrifft die Präsentation der Ergebnisse und gewährleistet, dass eine Balance zwischen wissenschaftlich präziser Darstellung und einer breiten Zugänglichkeit für unterschiedliche Anspruchsgruppen gewahrt bleibt (s. EISEND U. KUß 2017, S. 115).

Zur Evaluation wird der in Kapitel 8.2 entwickelte Prozess in zwei Fallstudien mit Industrieunternehmen angewandt. Die Unternehmen müssen dabei der in Kapitel 2.6 definierten Abgrenzung des Untersuchungsbereichs entsprechen, also im produzierenden Gewerbe tätig sein und als KMU oder Großunternehmen gelten. Der Aufbau der durchzuführenden Fallstudien orientiert sich an den Schritten des in Kapitel 8.2 erarbeiteten Prozesses. Die benötigten Informationen wurden durch Interviews und Workshops mit Mitarbeitenden der Unternehmen erhoben.

In Kapitel 9.1 wird die Selektion und der Aufbau der beschriebenen Fallstudien erläutert. Kapitel 9.2 befasst sich mit der ersten Fallstudie, der Selektion einer Auto-ML-Softwarelösung für ein innovatives Produkt der VOSS Automotive GmbH. Kapitel 9.3 beschreibt die Fallstudie bei der Mennekes Elektrotechnik GmbH & Co. KG. Abschließendend wird in Kapitel 9.4 eine integrierte Bewertung der Evaluationsergebnisse durchgeführt.

9.1 Auswahl und Aufbau der Fallstudien

Die Auswahl der Fallstudien erfolgt wie auch in der vorangegangenen Fallstudienforschung nicht zufällig. Es wird vielmehr auf eine Abdeckung unterschiedlicher Typen und Szenarien geachtet, um eine möglichst stabile Einschätzung der Kriterienerfüllung der Ergebnisse zu erhalten. Für die Fallstudien wurden zwei produzierende Unternehmen ausgewählt, deren Ziel und Einsatzszenario für eine Auto-ML-Softwarelösung grundverschieden sind:

Die VOSS Automotive GmbH will Auto-ML für das Wertversprechen eines innovativen smarten Produkts verwenden und resultierende ML-Modelle bei der Kundschaft bereitstellen. Die Mennekes Elektrotechnik GmbH & Co. KG prüft den Einsatz von Auto-ML zum Zweck der internen Effizienzsteigerung und will Modelle für Vertriebs- und Absatz-Prognosen entwickeln. Tabelle 9-1 bietet eine Gegenüberstellung der ausgewählten Evaluationspartner:

Tabelle 9-1: Gegenüberstellung der Evaluationspartner

Evaluationspartner:	VOSS Automotive GmbH	A. Mennekes Holding GmbH & Co. KG
# Mitarbeitende:	ca. 7.500 (Gruppe)	ca. 1.600
Gründungsjahr:	1931	1935
Standort:	Wipperfürth, DE	Kirchhundem, DE
Produktportfolio:	Fluid- & Verbindungstechnik, Thermomanagement	Industriesteckvorrichtungen, E-Mobilitäts-Produkte
Auto-ML-Anwendungsfall	ML-Modelle als Teil des smarten Produkts „ClickID“	Interne Prozessverbesserung, Vertriebsprognosen

VOSS Automotive beschäftigt etwa 7.500 Mitarbeitende (Gruppe) und wurde 1931 gegründet. Der Hauptsitz des Unternehmens befindet sich in Wipperfürth. Das Produktportfolio umfasst Fluid- und Verbindungstechnik sowie Thermomanagement. Die Mennekes Elektrotechnik GmbH & Co. KG hat rund 1.600 Mitarbeitende, wurde 1935 gegründet und ist in Kirchhundem ansässig. Das Unternehmen spezialisiert sich auf Industriesteckvorrichtungen und E-Mobilitäts-Produkte. Die bei den Unternehmen durchgeführten Fallstudien sind wie folgt aufgebaut:

1. Beschreibung von Ausgangslage und Herausforderung
2. Anwendung der Methode

Die Anwendung der Methode (dritter Schritt) erfolgt dabei auf Basis des in Kapitel 8.2 entwickelten Prozesses (s. Abbildung 9-1). Das Kapitel wird mit einer Ergebnisreflexion abgeschlossen.

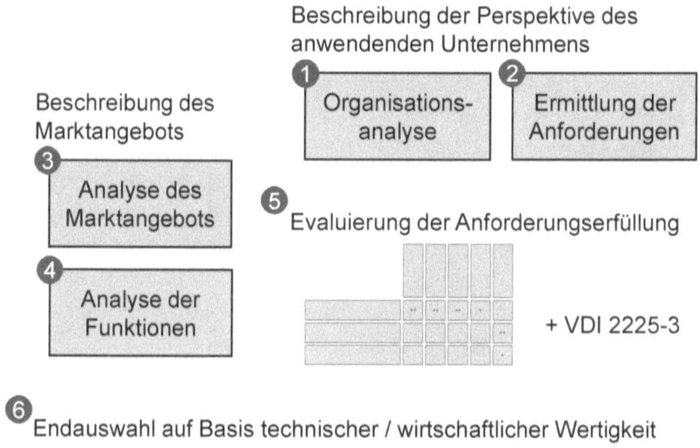

Abbildung 9-1: Aufbau der Evaluation (eigene Abbildung)

Im ersten Schritt, der Organisationsanalyse, werden übergeordnete Anforderungen und Richtlinien des Unternehmens für IT-Systeme generell erfragt. Danach werden im zweiten Schritt die auf Auto-ML-Softwarelösungen bezogenen Anforderungen beschrieben. Darauffolgend wird die Perspektive auf das Marktangebot gerichtet. Mit den im ersten Schritt erhobenen Anforderungen wird eine Marktanalyse durchgeführt, um zu ermitteln, welche Softwarelösungen generell in Frage kommen. Die hieraus resultierenden Lösungen werden im vierten Schritt auf das Vorhandensein der in Kapitel 5.4 dargelegten Teilfunktionen hin analysiert. Sobald der Funktionsumfang der Lösungskandidaten und das Anforderungsprofil des Unternehmens beschrieben sind, kann die Evaluation erfolgen, in der per Wirkungsmatrizen die Passung ermittelt wird. Daraufhin erfolgt im sechsten und letzten Schritt die Empfehlung für eine der Softwarelösungen.

9.2 VOSS Automotive GmbH

Die VOSS Automotive GmbH ist Teil der VOSS-Gruppe in Wipperfürth. Das Unternehme hat sich auf die Entwicklung und Produktion von Systemlösungen für das Fluidmanagement in der Automobilindustrie spezialisiert. Zu den Leistungen gehören die Konzeption von Verbindungslösungen, die Planung von Leitungsroutings sowie die Integration von Komponenten wie Ventilen, Sensoren und spezifischen Bauteilen nach Kundenvorgaben. Das Unternehmen deckt den gesamten Prozess Konzept bis zur Serienfertigung ab und bietet Lösungen für verschiedene Antriebsarten, darunter hybride, vollelektrische, wasserstoffbasierte und verbrennungsmotorbetriebene Fahrzeuge. Die Kernkompetenzen umfassen dabei Leitungen für Abgasnachbehandlung, Druckluftsysteme sowie Thermomanagement.

9.2.1 Ausgangslage und Herausforderung

Neben den hauptgeschäftlich angebotenen Fluidtechnik-Lösungen existieren in dem Unternehmen diverse Innovationsprojekte unterschiedlicher Marktreife. Eines davon ist ClickID, ein smartes Produkt in Form eines intelligenten Handschuhs, der mithilfe von KI erfolgreiche Montageversuche erkennen kann.[14] Hierzu werden die Daten aus Bewegungs- und Audiosensoren mithilfe eines im Handschuh befindlichen Mikroprozessors per ML-Modell ausgewertet und in erfolgreich / nicht erfolgreich klassifiziert. Für den dafür erforderlichen ML-Prozess sind bereits (Auto-ML-)Werkzeuge in Eigenentwicklung entstanden, jedoch sollen potenzielle Vorteile durch fertige Auto-ML-Softwarelösungen ermittelt werden. Die existierende Softwarelandschaft ist anhand des Auto-ML-Prozesses in Abbildung 9-2 dargestellt:

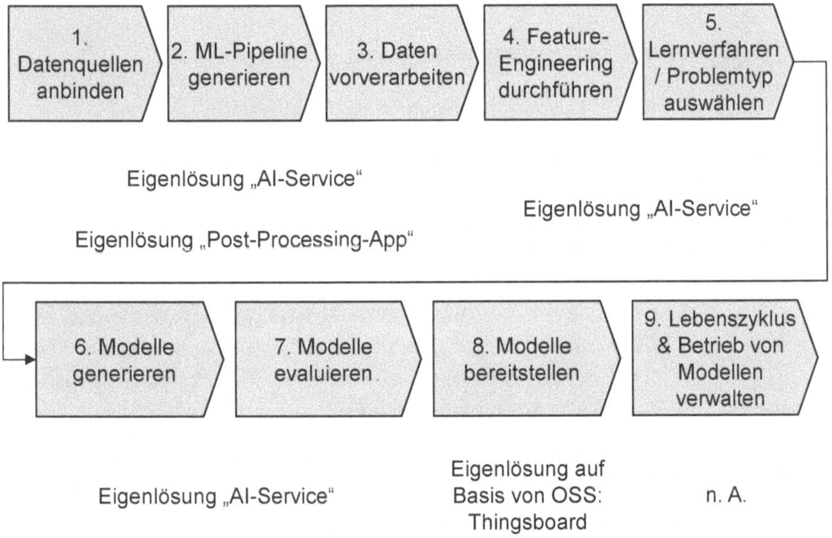

Abbildung 9-2: Ist-Zustand VOSS Automotive (eigene Abbildung)

Die Trainingsdaten werden mithilfe eines mobilen Gerätes in der Produktion aufgezeichnet und liegen anschließend in einem strukturierten Datenformat vor. Diese Daten können dann entweder, wenn die Aufzeichnungsqualität als gut erachtet wird, direkt in die Trainingspipeline-Lösung gegeben werden (AI-Service) oder, falls eine Revision der Daten geschehen soll in die Post-Processing-App geladen werden.

Die Post-Processing-App ist eine eigens erstellte On-Premise Lösung, die Visualisierung und Korrektur der Daten erlaubt. Der AI-Service ist eine Docker-basierte Lösung, die entweder On-Premise oder in der Cloud als Zusammensetzung mehrerer

[14] https://clickid.voss.net/, zuletzt abgerufen am 27.12.2024

Microservices läuft. Die hauptsächlich Python-basierte Lösung nimmt als Input den strukturierten Datensatz an und generiert als Output ein fertiges Modell samt Evaluationsmetriken. Die fertigen Modelle werden anschließend an eine Thingsboard-basierte IoT-Lösung per API gesendet, von wo aus sie auf die Edge-Devices aufgespielt werden können. Schritt neun, Lebenszyklus & Betrieb von Modellen verwalten ist im derzeitigen Zustand nicht softwareseitig unterstützt.

Aus diesem Status Quo ergeben sich folgende Verbesserungspotenziale, die mithilfe einer Auto-ML-Softwarelösung realisiert werden können:

- Wartungsaufwand Quellcode: Durch Eigenentwicklung müssen Updates und neue Anforderungen stets selbst durchgeführt werden
- Geschwindigkeit des Modelltrainings: Derzeit muss der Docker-Container auf einem leistungsfähigen Server laufen, obwohl Datensatz- und Modellgröße aufgrund des Edge-Deployments klein sind
- Aufteilung in Post-Processing-App und AI-Service: Eine End-to-End-Lösung mit reduzierten Schnittstellen würde den Prozess beschleunigen
- Modellmanagement nach Deployment: Momentan existiert keine Softwareunterstützung für den letzten Schritt

Mit ihren Eigenschaften von hoher Benutzerfreundlichkeit, der Möglichkeit einer schnellen Erstellung von Modellen und der Automatisierung von sich wiederholenden Aufgaben verspricht die Auswahl einer Auto-ML-Softwarelösung somit einen Effizienzgewinn für das Unternehmen.

9.2.2 Anwendung der Methode

Zunächst wurden die übergeordneten Anforderungen von VOSS an Softwarelösungen mithilfe der IT-Abteilung[15] analysiert (s. Tabelle 9-2).

[15] Interview mit Dimitri Wied, Leiter IT-Consulting und Projekte, 06.01.2025, virtuell

Tabelle 9-2: Übergeordnete Anforderungen VOSS

Übergeordnete Anforderung	Besteht?
Nutzenden die Möglichkeit bieten, mit dem System per intuitiver Bedienungsoberfläche zu agieren	ja
Das Modelltraining in nachvollziehbarer Historie dokumentieren	nein
Durch Hyperscaler oder ein großes Cloud- / Plattform-Unternehmen bereitgestellt werden	ja
Nicht durch einen Hyperscaler oder ein großes Cloud- / Plattform-Unternehmen bereitgestellt werden	nein
Nutzenden die Möglichkeit bieten, existierende Code-Bibliotheken zu integrieren	ja
DSGVO-Konformität sicherstellen	ja
Rollen und Zugriffsrechte abbilden	ja
On-Premise Daten speichern und verarbeiten	nein
Durch ein großes Softwareunternehmen bereitgestellt werden, um Langzeitunterstützung sicherzustellen	ja
Nutzenden die Möglichkeit bieten, eine schnelle Implementierung und Schulung durchzuführen	ja
Grafikkarten-Kompatibilität sicherstellen	ja
Nutzenden die Möglichkeit bieten, Fachexpertise über Softwarelösung abzubilden	nein

Wenn die Anforderung gegeben ist, wird dies mit einem „ja" in der Spalte „Besteht?" vermerkt. Neben einer intuitiven Bedienungsoberfläche präferiert VOSS dabei Lösungen von großen Software-Unternehmen, um langfristigen Support sowie Zugriff auf weitere Lösungen innerhalb der Servicelandschaft der Anbietenden zu erhalten. Eine Möglichkeit für individuelle Erweiterungen durch die Integration existierender Code-Bibliotheken ist dabei genauso wichtig wie eine schnelle Implementierung. Zwar werden in dem Anwendungsfall keine personenbezogenen Daten verarbeitet, jedoch sollen für potenzielle Erweiterungen der Einsatzszenarien alle eingeführten Softwarelösungen bei VOSS DSGVO-konform sein. Zudem müssen aufgrund von Datensicherheitszwecken Rollen- und Zugriffsrechte abbildbar sein. Um die Möglichkeit von Deep Learning in der Zukunft zu unterstützen, wird GPU-Kompatibilität gefordert.

Nachdem die übergeordneten Anforderungen geklärt waren, wurden die spezifischen Anforderungen an die Auto-ML-Softwarelösung erhoben. Die zutreffenden Anforderungen sind in Tabelle 9-3 dargestellt, der gesamte Fragebogen und Daten zum Interview sind in Anhang A.9 zu finden. Im Folgenden werden die Anforderungen erläutert.

Tabelle 9-3: Relevante Anforderungen im Auto-ML-Prozess bei VOSS

Schritt	Anforderung: Die Auto-ML-Softwarelösung muss
1	Fähig sein, Schnittstellen mit unstrukturierten Daten anzubinden
	Fähig sein, Schnittstellen mit strukturierten Daten anzubinden
2	Nutzenden die Möglichkeit bieten, prototypische Modelle mit hoher Geschwindigkeit zu erstellen
	Nutzenden die Möglichkeit bieten, die Pipeline selbst flexibel zu konfigurieren
3	Daten automatisiert vorverarbeiten
	Nutzenden die Möglichkeit bieten, eine ausreichende Datenqualität sicherzustellen
6	Modelle hochautomatisiert erstellen
	Nutzenden die Möglichkeit bieten, Warnungen, Fehler und Abbrüche im Generierungsprozess sehen zu können
	Nutzenden die Möglichkeit bieten, Abbruchkriterien für das Training festzulegen
	Verständliche Algorithmen für einfaches Verständnis der Modelle bereitstellen
	Fähig sein, den Trainingsprozess in die Cloud zu verlagern
7	Nutzenden die Möglichkeit bieten, die Modellperformanz mit einfach verständlichen Metriken zu kontrollieren
	Nutzenden die Möglichkeit bieten, eigene Evaluationsschritte zu definieren und durchzuführen
	Nutzenden die Möglichkeit bieten, Modellleistung mit verschiedenen Metriken zu bewerten
	Nutzenden die Möglichkeit bieten, Modelle anhand wirtschaftlicher Kennzahlen zu bewerten
8	Fähig sein, die Bereitstellung zu automatisieren
	Fähig sein, Modelle zur Steigerung der Produktionseffizienz auf dem Shopfloor bereitzustellen
	Fähig sein, Modelle über die Cloud hochverfügbar zu machen
9	Nutzenden die Möglichkeit bieten, durch Transparenz im Modellbetrieb auf sich ändernde Umgebungsbedingungen reagieren zu können
	Nutzenden die Möglichkeit bieten, Warnungen über Concept-Drift zu erhalten
	Nutzenden die Möglichkeit bieten, Benachrichtigungen und deren Frequenz zu konfigurieren

Auffallend bei der Übersicht des Anforderungsprofils ist, dass ein deutlicher Fokus auf den nachgelagerten Schritten des Auto-ML-Prozesses liegt. Das liegt daran, dass der Anwendungsfall bereits wohldefiniert war, und Schritte wie Datenformatierung sowie Feature-Engineering durch die vorgelagerte Datenverarbeitung auf dem Click-ID Gerät selbst vorgegeben werden.

Im ersten Schritt wurde die Anforderung formuliert, dass sowohl strukturierte als auch unstrukturierte Daten verarbeitet werden sollen. Das liegt daran, dass das Gerät normalerweise strukturierte, vorberechnete Feature-Daten sendet, allerdings zu Fehleranalysezwecken ebenfalls rohe Zeitreihendaten aus den Sensoren im unstrukturierten Format gesendet werden können. In den nächsten beiden Schritten, der Pipeline-Erstellung und der Datenvorverarbeitung, ist wichtig, dass mit hoher Geschwindigkeit Modelle mit ausreichender Datenqualität erstellt werden können. Das trägt dem Umstand Rechnung, dass die KI-Modelle als Produkt verkauft werden und somit eine kurze Trainingszeit dem Geschäftsmodell zuträglich ist. Schritte vier und fünf (Feature-Engineering und Problemauswahl) entfallen, wie anfangs erwähnt. Diese müssen nicht durch die Auto-ML-Software unterstützt werden.

Für die Modellgenerierung wurde eine hohe Automatisierung, Ausführbarkeit auf der Cloud sowie Kontrolle über den Trainingsprozess gefordert. Zudem war es wichtig, dass auch verständliche Modelle auf Basis der Daten generiert werden können. Zwar ist die Performanz des Modells entscheidend, jedoch können in frühen Trainingsphasen Ersatzmodelle verwendet werden, um die Daten besser zu verstehen. An die Modellevaluation wurden ebenfalls umfassende Anforderungen gestellt. Hervorzuheben ist hierbei, dass die Modelle anhand wirtschaftlicher Kennzahlen bewertet werden sollen, da die Modelle als Teil eines smarten Produktes verkauft werden. Durch eine wirtschaftliche Abschätzung des Mehrwerts für die Kundschaft lassen sich wichtige Informationen zum Preismodell ableiten.

Die Bereitstellung der Modelle zieht aufgrund des Anwendungsfall ebenfalls ein spezielles Anforderungsprofil nach sich. Anders als bei der nachfolgenden Fallstudie sollen bei dem VOSS-Produkt die Modelle auf den Endgeräten und damit auf dem Shopfloor bereitgestellt werden. Zudem muss, da mehrere Geräte gleichzeitig zum Einsatz kommen können für eine ununterbrochene Benutzungserfahrung die Bereitstellung automatisiert geschehen. Für die (im darauffolgenden Schritt näher beschriebene) Überwachung der Modellperformanz nach Auslieferung an die Kundschaft sollen zudem parallel Modelle in der Cloud laufen.

Für diesen letzten Schritt, das Lebenszyklus-Management gelten ebenfalls strikte Anforderungen. Wenn KI-Modelle an externe Umgebungen ausgeliefert werden, ist eine stete Überwachung der Performanz und Datenbeschaffenheit von hoher Wichtigkeit. Sich ändernde Umgebungsbedingungen und Concept-Drift sollen daher überwacht werden. Zudem muss eingestellt werden können, welche Benachrichtigungen mit welcher Dringlichkeit an zuständige Fachkräfte geleitet werden, da bei Skalierung des smarten Produkts von mehreren hundert Geräten im Einsatz ausgegangen werden kann.

Mit der abgeschlossenen Beschreibung der Unternehmensperspektive wurde anschließend im dritten Schritt die Marktanalyse durchgeführt. Die folgenden drei Auto-ML-Softwarelösungen[16] wurden als auf das in Tabelle 9-2 beschriebene übergeordnete Anforderungsprofil passend identifiziert:

- AWS SageMaker Canvas[17]
- Google Cloud Vertex AI[18]

[16] Zur besseren Leserlichkeit werden die Produktnamen im darauffolgenden Fließtext verkürzt
[17] https://aws.amazon.com/de/sagemaker-ai/canvas/, (Link zuletzt geprüft am 05.02.2025)
[18] https://cloud.google.com/vertex-ai?hl=de, (Link zuletzt geprüft am 05.02.2025)

- Microsoft Azure AutoML[19]

Durch die Präferenz von VOSS für große Softwareunternehmen und die Möglichkeit, durch EU-Server alle DSGVO-Auflagen zu erfüllen, sowie umfassende Rollenmodelle, stellte sich heraus, dass die Auto-ML-Lösungen der Hyperscaler die übergeordneten Anforderungen am besten erfüllen.

Mit den so identifizierten Kandidaten wurde der vierte Schritt im Auswahlprozess begonnen, die detaillierte Beschreibung der Teilfunktionen, die zusammengefasst in Tabelle 9-4 dargestellt ist. Die Informationen wurden durch Nutzung der Lösungen sowie Einsehen und Analyse der Produktdokumentation gesammelt (AMAZON WEB SERVICES INC. 2025; MICROSOFT 2025; GOOGLE CLOUD 2025).

[19]https://azure.microsoft.com/de-de/solutions/automated-machine-learning, (Link zuletzt geprüft am 05.02.2025)

Tabelle 9-4: Funktionsanalyse der Softwarelösungen für VOSS

		Lösung		
Schritt	**Teilfunktion**	**AWS SageMaker**	**Google Vertex AI**	**MS Azure AutoML**
1	Datentypen erkennen	ja	ja	ja
	Datenbanken und Dateien anbinden	ja	ja	ja
	Multimediaquellen anbinden	ja	ja	ja
	Datenspeicherung anbieten	ja	ja	ja
2	Automatisch Pipeline mit variabler Struktur erstellen	nein	nein	nein
	Automatisch Pipeline mit fixer Struktur erstellen	ja	ja	nein
	Halbautomatische Pipeline-Erstellung durchführen	ja	nein	ja
3	Daten bereinigen	ja	nein	ja
	Datentypen umwandeln	ja	ja	ja
	Fehlende Werte auffüllen	ja	nein	ja
	Datensatz augmentieren	nein	nein	nein
	Daten visualisieren	ja	nein	nein
4	Daten neu skalieren	ja	nein	ja
	Features extrahieren	nein	nein	nein*
	Features auswählen	ja	ja	nein*
	Features erzeugen	nein	nein	nein*
5	Überwachte Lernverfahren einsetzen	ja	ja	ja
	Unüberwachte Lernverfahren einsetzen	nein	nein	nein
	Ensemble-Lernverfahren einsetzen	ja	ja	ja
	Bestärkende Lernverfahren einsetzen	nein	nein	nein
6	Verschiedene Modelltypen unterstützen	ja	ja	ja
	CASH unterstützen	nein	ja	nein
	HPO-Methoden unterstützen	ja	ja	ja
	NAS-Methoden unterstützen	ja	ja	ja
	Kontrolle über Prozess erhöhen	ja	ja	ja
7	Modelle validieren und bewerten	ja	ja	ja
	Modelle visualisieren	nein	nein	ja
8	Modelle in teilbares Format übertragen	nein	nein	ja
	Modelle direkt nutzbar bereitstellen	ja	ja	ja
9	Betriebssicherheit gewährleisten	ja	ja	nein*
	Meta-Lernen unterstützen	nein	nein	nein

*Nur im Python-Modul

In Bezug auf die Datenvorbereitung können alle drei Plattformen Datentypen erkennen, mit Datenbanken und Dateien arbeiten, Multimediaquellen anbinden und Datenspeicherung anbieten. Bei der Pipeline-Erstellung können AWS SageMaker und Google Vertex AI sowohl automatische Pipelines mit fixer Struktur als auch halbautomatische Pipelines durchführen, während Azure AutoML nur automatische Pipelines mit fixer Struktur und halbautomatische Pipeline-Erstellung bietet. In Bezug auf die Datenaufbereitung unterstützen alle drei Plattformen das Umwandeln von Datentypen und das Auffüllen fehlender Werte. Allerdings bieten nur AWS SageMaker und Azure AutoML die Möglichkeit, Daten zu bereinigen. Keine der Plattformen bietet Funktionen zum Augmentieren von Datensätzen oder zum Visualisieren von Daten. Das Neuskalieren von Daten wird von AWS SageMaker und Azure AutoML unterstützt, wobei Funktionen für das Extrahieren, Auswählen oder Erzeugen von Features nicht verfügbar sind.

Überwachte und Ensemble-Lernverfahren sind bei allen Plattformen verfügbar, während unüberwachte und bestärkende Lernverfahren von keiner der Plattformen unterstützt werden. Alle drei Plattformen unterstützen verschiedene Modelltypen, HPO- und NAS-Methoden sowie eine erhöhte Kontrolle über den Prozess. Nur Google Vertex AI bietet Unterstützung für CASH. In der Modellvalidierung bieten die Lösungen ausreichende Möglichkeiten zur quantitativen Bewertung, jedoch mangelt es an Visualisierungsfunktionen bei den Lösungen von Google und AWS. Modelle direkt nutzbar bereitzustellen, wird ebenfalls von allen unterstützt, außer bei Azure AutoML, wo Modelle auch in einem teilbaren Format übertragen werden können. In Bezug auf Sicherheit und erweiterte Funktionen werden Funktionen für die Überwachung der Betriebssicherheit von AWS SageMaker und Google Vertex AI gewährleistet, jedoch nicht von Azure AutoML. Keine der Plattformen unterstützt Meta-Lernen.

Mit den so beschriebenen Teilfunktionen konnte nun im fünften Schritt die Bewertung der Lösungen in Bezug auf das von VOSS formulierte Anforderungsprofil vorgenommen werden. Dafür wurden die in Kapitel 7.2 zuvor hergeleiteten Wirkzusammenhänge herangezogen. Die Bewertung für den ersten Schritt des Auto-ML-Prozesses, Datenquellen anbinden, ist in Abbildung 9-3 dargestellt. Die Lösungen werden in den Matrixdarstellungen mit Zahlen versehen (1-3, siehe rechte Spalten). Wenn diese Zahlen in der obersten Reihe der Matrix (links von „Erfüllt") erscheinen, werden diese Teilfunktionen von der jeweiligen Lösung abgedeckt. Bietet keine der drei Lösungen die Teilfunktion, wird dies mit einem „-" gekennzeichnet.

		1,2,3	1,2,3	1,2,3	1,2,3	< Erfüllt		
		Datentypen erkennen	Datenbanken und Dateien anbinden	Multimediaquellen anbinden	Datenspeicherung anbieten	AWS SageMaker Canvas (1)	Google Cloud Vertex AI (2)	MS Azure AutoML (3)
1	Fähig sein, Schnittstellen mit unstrukturierten Daten anzubinden		+	++		5	5	5
	Fähig sein, Schnittstellen mit strukturierten Daten anzubinden	+	++			5	5	5
	Summe					10	10	10

Abbildung 9-3: Wirkungsmatrix VOSS für Schritt „Datenquellen anbinden" (eigene Abbildung)

Hier bieten alle Lösungen eine so umfangreiche Funktionalität, dass die Höchstpunktzahl erreicht wird. Cloud-spezialisierte Hyperscaler bieten neben Auto-ML-Lösungen eine Vielfalt von Lösungen zur Datenspeicherung und -übertragung an, weswegen es

Sinn macht mithilfe dieser Expertise die Nutzung von Analyse-Lösungen wie Auto-ML zu vereinfachen und zu fördern. Alle Lösungen bieten die Möglichkeit, sowohl strukturierte als auch unstrukturierte Daten zu analysieren. Ein anderes Bild ergib sich bereits bei der ML-Pipelinegenerierung, dem zweiten Schritt (s. Abbildung 9-4).

		-	1,2	1,3	< Erfüllt		
		Automatisch Pipeline mit variabler Struktur erstellen	Automatisch Pipeline mit fixer Struktur erstellen	Halbautomatische Pipeline-Erstelung durchführen	AWS SageMaker Canvas (1)	Google Cloud Vertex AI (2)	MS Azure AutoML (3)
2	Nutzenden die Möglichkeit bieten, prototypische Modelle mit hoher Geschwindigkeit zu erstellen		+	+	5	4	4
	Nutzenden die Möglichkeit bieten, die Pipeline selbst flexibel zu konfigurieren			++	5	0	5
	Summe				10	4	9

Abbildung 9-4: Wirkungsmatrix VOSS für Schritt „ML-Pipeline generieren" (eigene Abbildung)

Für VOSS ist Flexibilität und eine hohe Kontrolle über den Pipeline-Generierungsprozess wichtig, um für neue Einsatzfälle bei Kundschaft schnell prototypische Modelle zu erstellen. Hierfür eignet sich die Lösung von AWS am besten, da sie sowohl die Möglichkeit bietet, vordefinierte Pipelines zu generieren, als auch im Fall von nötigen Anpassungen flexibel genug ist, um eigene Ideen einfließen zu lassen. Google Vertex AI und MS Azure Auto-ML bieten jeweils eine dieser Funktionen nicht und erreichen somit nur eine Teilpunktzahl.

In der Datenvorverarbeitung sind aufgrund der konsistenten Natur der Daten (Audio- und Bewegungsdaten) wiederum Automatisierung und Sicherstellung der Datenqualität notwendig (s. Abbildung 9-5).

		Daten bereinigen	Datentypen umwandeln	Fehlende Werte auffüllen	Datensatz augmentieren	Daten visualisieren	AWS SageMaker Canvas (1)	Google Cloud Vertex AI (2)	MS Azure AutoML (3)
		1,3	1,2,3	1,3	-	1	< Erfüllt		
3	Daten automatisiert vorverarbeiten	++	++	++	+		4	0	4
	Nutzenden die Möglichkeit bieten, eine ausreichende Datenqualität sicherzustellen	++	++	++		+	5	0	4
	Summe						9	0	8

Abbildung 9-5: Wirkungsmatrix VOSS für Schritt „Daten vorverarbeiten" (eigene Abbildung)

Da Google Cloud Vertex AI wichtige Muss-Anforderungen mit den gegebenen Teilfunktionen nicht erfüllt, erreicht die Lösung in keiner der Kategorien Punkte (s. Schema in Abbildung 8-6). AWS SageMaker liegt leicht vor MS Azure AutoML, da die erstgenannte Auto-ML-Softwarelösung ebenfalls die Möglichkeit bietet, die zu modellierenden Daten zu visualisieren. Keine der Lösungen erreicht jedoch Höchstpunktzahl, da die Funktion zur Augmentierung von Daten fehlt. Für die nachfolgenden Schritte des Auto-ML-Prozesses vier und fünf stellt VOSS keine Anforderungen, daher müssen hier auch keine Wirkungsmatrizen herangezogen werden. Es wird einfach mit dem nächsten relevanten Schritt, der Modellgenerierung, fortgefahren.

In Abbildung 9-6 ist die Bewertung der Softwarelösungen in Bezug auf den sechsten Schritt des Auto-ML-Prozesses dargestellt.

		Verschiedene Modelltypen unterstützen	CASH unterstützen	HPO-Methoden unterstützen	NAS-Methoden unterstützen	Kontrolle über Prozess erhöhen	AWS SageMaker Canvas (1)	Google Cloud Vertex AI (2)	MS Azure AutoML (3)
		1,2,3	2	1,2,3	1,2,3	1,2,3	< Erfüllt		
	Modelle hochautomatisiert erstellen		++				0	5	0
	Nutzenden die Möglichkeit bieten, Warnungen, Fehler und Abbrüche im Generierungsprozess					++	5	5	5
6	Nutzenden die Möglichkeit bieten, Abbruchkriterien für das Training festzulegen					++	5	5	5
	Verständliche Algorithmen für einfaches Verständnis der Modelle bereitstellen	++	+	+			4	5	4
	Fähig sein, den Trainingsprozess in die Cloud zu verlagern					+	5	5	5
	Summe						19	25	19

Abbildung 9-6: Wirkungsmatrix VOSS für Schritt „Modelle generieren" (eigene Abbildung)

Hier erreicht die in den vorigen Schritten weniger passende Lösung Google Cloud Vertex AI die Höchstpunktzahl. Als einzige der Lösungen bietet sie eine Kombinierte Algorithmus- und Hyperparameteroptimierung (CASH) und erfüllt somit die Anforderung an eine hochautomatisierte Modellerstellung. Alle Lösungen jedoch erfüllen die Anforderungen an eine klare Einsicht in die Verwendung von Rechenressourcen sowie Fehler bei der Modellgenerierung selbst. Das lässt sich auf das von allen drei Lösungsanbietenden verwendete Bezahlungsmodell nach Rechenzeit zurückführen. Da Nutzende direkt für die Dauer der Modellgenerierung zahlen, werden umfassende Funktionen zur Kontrolle der zu erwartenden Kosten bereitgestellt, wie z. B. eine Begrenzung der Rechenzeit.

An die Evaluation der Modelle werden ebenfalls umfassende Anforderungen gestellt (s. Abbildung 9-7), da diese als Teil des smarten Produktes an Kundschaft ausgeliefert werden.

		1,2,3	3	< Erfüllt		
		Modelle validieren und bewerten	Modelle visualisieren	AWS SageMaker Canvas (1)	Google Cloud Vertex AI (2)	MS Azure AutoML (3)
7	Nutzenden die Möglichkeit bieten, die Modellperformanz mit einfach verständlichen Metriken zu kontrollieren	++	+	4	4	5
	Nutzenden die Möglichkeit bieten, eigene Evaluationsschritte zu definieren und durchzuführen	+	+	4	4	5
	Nutzenden die Möglichkeit bieten, Modellleistung mit verschiedenen Metriken zu bewerten	++		5	5	5
	Nutzenden die Möglichkeit bieten, Modelle anhand wirtschaftlicher Kennzahlen zu bewerten	++		5	5	5
	Summe			18	18	20

Abbildung 9-7: Wirkungsmatrix VOSS für Schritt „Modelle evaluieren" (eigene Abbildung)

Hier ist die Lösung MS Azure Auto-ML im Vorteil, da sie neben den von allen Lösungen unterstützten Evaluierungsfunktionen zudem visuelle Einblicke in generierte Modelle liefert. Dies hilft, die von den Modellen gelernten Muster zu überprüfen und zu validieren.

Für die Bereitstellung der Modelle ist für VOSS wichtig, dass diese nicht nur in der Cloud, sondern auch auf dem Endgerät direkt auf dem Shopfloor bereitgestellt werden sollen (s. Abbildung 9-8). Das macht es nötig, dass die Modelle in ein teilbares Format übertragen und heruntergeladen werden können.

		Modelle in teilbares Format übertragen	Modelle direkt nutzbar bereitstellen	AWS SageMaker Canvas (1)	Google Cloud Vertex AI (2)	MS Azure AutoML (3)
		3	1,2,3	< Erfüllt		
8	Fähig sein, die Bereitstellung zu automatisieren		++	5	5	5
	Fähig sein, Modelle zur Steigerung der Produktions-effizienz auf dem Shopfloor bereitzustellen	++	+	0	0	5
	Fähig sein, Modelle über die Cloud hochverfügbar zu machen	+	++	4	4	5
	Summe			9	9	15

Abbildung 9-8: Wirkungsmatrix VOSS für Schritt „Modelle bereitstellen" (eigene Abbildung)

Hier werden unterschiedliche Strategien der Lösungsanbietenden deutlich. AWS und Google bieten keine einfache Möglichkeit, ein in der Cloud-Umgebung generiertes Modell teilbar abzuspeichern, sondern ziehen es vor, wenn die fertigen Modelle auf einen von ihnen verwalteten Inferenzserver geladen werden, um somit die Nutzung ihrer Services auszuweiten. In der Lösung MS Azure AutoML können Modelle jedoch in das von Microsoft unterstützte, hochkompatible ONNX-Format übertragen werden, dessen Zweck Interoperabilität von Modellen auf Endgeräten ist. Selbst wenn Endgeräte nicht mit Modellen im ONNX-Format arbeiten können, kann dieses als Zwischenformat genutzt werden, um per Konverter andere Modellformate zu erstellen. Somit erreicht diese Lösung im Schritt der Modellbereitstellung als einzige die Höchstpunktzahl.

Aufgrund des unterschiedlichen Fokus der Lösungen in Bezug auf Bereitstellung fertiger Modelle ergibt sich für den Schritt „Lebenszyklus & Betrieb von Modellen verwalten" ebenfalls ein differenziertes Bild (s. Abbildung 9-9).

		1,2	-	< Erfüllt		
		Betriebssicherheit gewährleisten	Meta-Lernen unterstützen	AWS SageMaker Canvas (1)	Google Cloud Vertex AI (2)	MS Azure AutoML (3)
9	Nutzenden die Möglichkeit bieten, auf sich ändernde Umgebungsbedingungen reagieren zu können	++	+	4	4	0
	Nutzenden die Möglichkeit bieten, Warnungen über Concept-Drift zu erhalten	++		5	5	0
	Nutzenden die Möglichkeit bieten, Benachrichtigungen und deren Frequenz zu konfigurieren	++		5	5	0
	Summe			14	14	0

Abbildung 9-9: Wirkungsmatrix VOSS für Schritt „Lebenszyklus & Betrieb von Modellen verwalten" (eigene Abbildung)

Der Vorteil, den AWS und Google über die nahtlose Bereitstellung der generierten Modelle zusätzlich generieren, ist, dass in der Inferenzlaufzeit Funktionen zur Modellüberwachung direkt enthalten sind. Nutzende können die Performanz und Reaktion auf Live-Daten einsehen und sogar ein erneutes Training anstoßen. Bei MS Azure AutoML sind diese Funktionen nicht gegeben, diese sind als MLOps außerhalb der Auto-ML-Services verfügbar und konnten somit nicht in die Bewertung einfließen.

Zum Abschluss des Auswahlprozesses wurde nach erfolgter Bewertung die technische Wertigkeit der Lösungen ermittelt. Dies geschah mithilfe von Formel 8-1. Da für den Rahmen der Evaluation keine Budgets besprochen wurden, entfiel die für die Methode optionale Bewertung der wirtschaftlichen Wertigkeit. Die technischen Wertigkeiten der Einzellösungen ergaben sich zu:

- AWS SageMaker Canvas: 0,85
- Google Cloud Vertex AI: 0,76
- Microsoft Azure AutoML: 0,77

Somit wurde VOSS empfohlen, mit AWS SageMaker Canvas in die nächste Phase des Auswahlprozesses zu starten.

9.3 Mennekes Elektrotechnik GmbH & Co. KG

Die Mennekes Elektrotechnik GmbH & Co. KG ist ein Hersteller von Industriesteckvorrichtungen und von Produkten für die Elektromobilität. Das Unternehmen hat seinen

Hauptsitz in Kirchhundem im südlichen Sauerland. In der Sparte „Industry" werden Lösungen für elektrische Steckverbindungen für den Einsatz auf dem Shopfloor und in Maschinen entwickelt, produziert und vertrieben. In den Sparten „eMobility" und „Automotive" werden Ladelösungen, Stecker, Kabel und zugehörige Services rund um die Elektromobilität für Privat- und Geschäftskunden angeboten.

9.3.1 Ausgangslage

Mennekes entwickelte den Ladestecker vom Typ 2, der seit 2014 per EU-Gesetz der Ladestandard für Elektrofahrzeuge in Europa ist. Aufgrund der Mobilitätswende hat Mennekes daher seit Jahren stetiges Wachstum zu verzeichnen. Wie häufig bei organischem Wachstum ist eine der Herausforderungen, dass Prozesse und deren Effizienz mitwachsen und skalierbarer gestaltet werden müssen. Zudem sind die Vertriebsstrukturen bis zu dreistufig, weswegen eine Prognose der Absatzmärkte auf deterministische Art und Weise sehr komplex ist.

Somit sollen vor allem für die Absatzseite Prognosemodelle entwickelt werden, die durch effektive Voraussage der Marktsituation die vorangegangenen Wertschöpfungsstufen (insb. der Produktion und Produktentwicklung) zu entlasten, indem sich frühzeitig auf Trends eingestellt werden kann. Zu den mit einer möglichen Auto-ML-Plattform abgedeckten Anwendungsfällen gehören:

- Kundensegmentierung und anschließende Absatztrenderkennung
- Klassifikation und Vorhersage von wiederkehrenden (periodischen) und langfristigen Trends
- ABC-Analyse des verkauften Produktspektrums

Herausforderungen sind dabei die großen Losgrößen und der mehrstufige Vertrieb.

9.3.2 Anwendung der Methode

Die Anforderungen wurden in einem Interview[20] mit Mitarbeitenden erhoben. Die vollständigen Ergebnisse der Anforderungserhebung können in Anhang A.10 eingesehen werden. Im Folgenden werden die Anforderungen erläutert und es wird auf Besonderheiten eingegangen. Die erhobenen übergeordneten Anforderungen sind in Tabelle 9-5 dargestellt.

[20] Durchgeführt am 11.03.2024, virtuell, mit Lena Stange (Projektmanagerin) und Fabian Hütte (Produktmanager) mit unterstützenden Informationen aus der IT-Abteilung.

Tabelle 9-5: Übergeordnete Anforderungen Mennekes

Übergeordnete Anforderung	Besteht?
Nutzenden die Möglichkeit bieten, mit dem System per intuitiver Bedienungsoberfläche zu agieren	ja
Das Modelltraining in nachvollziehbarer Historie dokumentieren	ja
Nutzenden die Möglichkeit bieten, existierende Code-Bibliotheken zu integrieren	nein
DSGVO-Konformität sicherstellen	ja
Rollen und Zugriffsrechte abbilden	nein
Durch ein großes Softwareunternehmen bereitgestellt werden, um Langzeitunterstützung sicherzustellen	nein
Nutzenden die Möglichkeit bieten, eine schnelle Implementierung und Schulung durchzuführen	ja
Grafikkarten-Kompatibilität sicherstellen	ja
Nutzenden die Möglichkeit bieten, Fachexpertise über Softwarelösung abzubilden	nein

Eine intuitive Bedienungsoberfläche ist wichtig, da die Auto-ML-Softwarelösungen auch den Geschäftsabteilungen Auswertungen ermöglichen sollen. Dieses Demokratisierungsziel spiegelt sich auch in den nachgelagerten zwei Anforderungen wider: Welche Modelle trainiert wurden, soll im Nachhinein (ggf. durch Personen mit Expertise) einsehbar sein, und für die Benutzenden ist es nicht nötig, existierende Code-Bibliotheken in die Lösung zu integrieren.

Da es sich bei Absatzzahlen und Kundschaftssegmentierung um personenbezogene Daten handeln kann, ist eine DSGVO-Konformität der angebotenen Lösung wichtig. Sämtliche Anforderungen an Cloud oder On-Premise entfallen und werden hier der Übersichtlichkeit halber nicht dargestellt. Mennekes war flexibel in der Lösungssuche und grenzt bei Softwarelösungen nicht im Vorhinein aus strategischen Gründen das Hosting-Konzept ein. Weiterhin sind auch Produkte von kleineren Softwarefirmen Teil der IT-Strategie – es besteht also kein Zwang, Lösungen von großen Softwareunternehmen zu suchen.

Zudem wurde gefordert, dass das anbietende Unternehmen eine schnelle Implementierbarkeit mit effektivem Schulungskonzept sicherstellen kann, da Personen aus den Geschäftsbereichen schnell die Vorteile datengetriebener Prognosen erkennen sollen. Aufgrund der Datenmengen sollte ebenfalls eine Hardware-Beschleunigung des Modelltrainings und der Inferenz durch Grafikkarten sichergestellt werden. Abschließend war es nicht zwingend erforderlich, Fachexpertise von Mennekes direkt in die Lösung einfließen zu lassen. Bei den vordefinierten Anwendungsfällen handelte es sich um standardmäßige Prognose Use-Cases. Die Branchenexpertise soll durch Anwendende sichergestellt werden. Diese übergeordneten Anforderungen werden in nachfolgenden Schritten verwendet, um die Marktanalyse im Vorhinein einzugrenzen.

Im selben Interview wurden zudem die den Auto-ML-Prozessschritten zuordbaren Anforderungen (existiert / existiert nicht) erhoben. Der Übersichtlichkeit halber sind nur die existierenden Anforderungen in Tabelle 9-6 dargestellt. Die vollständige Auflistung kann in Anhang A.10 eingesehen werden.

Tabelle 9-6: Relevante Anforderungen im Auto-ML-Prozess bei Mennekes

Schritt	Anforderung: Die Auto-ML-Softwarelösung muss
1	Fähig sein, Schnittstellen mit strukturierten Daten anzubinden
	Große Datensätze verarbeiten können
	Nutzenden die Möglichkeit bieten, Daten in der Cloud zu speichern
2	Nutzenden die Möglichkeit bieten, prototypische Modelle mit hoher Geschwindigkeit zu erstellen
3	Daten automatisiert vorverarbeiten
	Fähig sein, Echtzeit-Daten mit Dashboards zu visualisieren
	Analysevorschläge für bestehende Datensätze geben
	Nutzenden die Möglichkeit bieten, eine ausreichende Datenqualität sicherzustellen
4	Daten zur Visualisierung verborgener Trends und Korrelationen automatisch analysieren
	Das Feature-Engineering zur Analyse komplexer Prozesse vereinfachen
5	Nutzenden die Möglichkeit bieten, datenbasierte Prognosen zu erstellen
6	Modelle hochautomatisiert erstellen
	Nutzenden die Möglichkeit bieten, Warnungen, Fehler und Abbrüche im Generierungsprozess sehen zu können
	Nutzenden die Möglichkeit bieten, Abbruchkriterien für das Training festzulegen
	Verständliche Algorithmen für einfaches Verständnis der Modelle bereitstellen
	Fähig sein, den Trainingsprozess in die Cloud zu verlagern
7	Nutzenden die Möglichkeit bieten, die Modellperformanz mit einfach verständlichen Metriken zu kontrollieren
	Nutzenden die Möglichkeit bieten, Modelle anhand wirtschaftlicher Kennzahlen zu bewerten
	Nutzenden die Möglichkeit bieten, eine Sensitivitätsanalyse durchzuführen
	Eine hohe Verständlichkeit der Evaluationsergebnisse sicherstellen
8	Fähig sein, die Bereitstellung zu automatisieren
9	Nutzenden die Möglichkeit bieten, durch Transparenz im Modellbetrieb auf sich ändernde Umgebungsbedingungen reagieren zu können
	Nutzenden die Möglichkeit bieten, Warnungen über Concept-Drift zu erhalten
	Nutzenden die Möglichkeit bieten, Benachrichtigungen und deren Frequenz zu konfigurieren

Im Folgenden werden nicht alle Anforderungen erläutert, sondern lediglich solche, die zusätzliche Erklärung benötigen oder Einsicht in den Anwendungsfall geben. Für die Erläuterung der Schritte wird auf Abbildung 5-2 verwiesen.

Verkaufs-, Absatz- und Produktdaten liegen nicht in Multimedia-Form, sondern in strukturierten Datenformat vor. Aufgrund des hohen Auftragsvolumens muss eine Verarbeitung großer Datensätze und deren Speicherung in der Cloud möglich sein. Aufgrund der Komplexität des Marktes und der Vertriebsstrukturen sollen zyklisch Modelle erstellt werden, weswegen eine Modellerstellung mit hoher Geschwindigkeit relevant ist. Da vor allem Personen mit hoher Branchenexpertise aber begrenztem ML-Wissen die Lösung verwenden sollen, ist die Automatisierung der Datenvorbereitung inklusive

Visualisierungen und Kontrollen zur Sicherstellung einer ausreichenden Datenqualität nötig. Dasselbe gilt für das Feature-Engineering in Schritt vier: Hier soll Anwendenden die maximale softwareseitige Unterstützung bereitgestellt werden, indem automatische Analysen durchgeführt werden.

Die Anforderungen an die Modellgenerierung führen den roten Faden von hoher Automatisierung und Analysen auf großen Datenmengen fort: Neben der Forderung nach automatischer Erstellung und einfachen Algorithmen sollen cloudbasierte Rechenressourcen eingesetzt werden, inklusive Features zur Kontrolle und Steuerung langer Trainingsprozesse. Die Anforderungen an Evaluation sind ebenfalls umfassend: Hier sollen nach der Modellgenerierung einfach zu verstehende, den Geschäftsbereichen dienliche Metriken erzeugt werden, um ein Verständnis für die Vorteile der generierten Modelle zu schaffen. Die Bereitstellung (Schritt acht) soll ebenfalls automatisch geschehen.

Schließlich soll aufgrund von Verkaufszyklen und saisonalen Trends ebenfalls das Modellmanagement nach der Bereitstellung softwareseitig unterstützt werden (letzter Schritt). Um eine hohe Aktualität und Performanz der Modelle sicherzustellen, sollen individuell konfigurierbare Benachrichtigungen über Daten- und Concept-Drift erzeugt werden, falls sich Umgebungsbedingungen ändern.

Mit dieser Erhebung ist die Unternehmensperspektive nach der Methode beschrieben. Als nächstes wurde auf Basis der übergeordneten Anforderungen eine Marktanalyse durchgeführt und der Lösungsraum eingegrenzt. Die in dieser Fallstudie identifizierten potenziellen Lösungen, welche die oben genannten übergeordneten Anforderungen erfüllen, sind:

- H2O Driverless AI[21]
- DataRobot Classic UI[22]
- Altair AI Studio[23]

Im Folgenden werden die vollen Produktnamen der Leserlichkeit halber an manchen Stellen verkürzt. Nach der Vorauswahl potenzieller Lösungen wurden diese im vierten Schritt der Methode auf das Vorhandensein der in Kapitel 5.4 beschriebenen Teilfunktionen überprüft, um die detaillierte Bewertung im nachfolgenden Schritt vorzubereiten. Die Informationen wurden hauptsächlich der im Internet einsehbaren Produktdokumentation entnommen (ALTAIR ENGINEERING INC. 2025; DATAROBOT INC. 2025; H2O.AI 2024), und wenn frei verfügbare Demo-Versionen zugänglich waren, durch Nutzung der Lösung verifiziert. Tabelle 9-7 bietet eine Übersicht über die Ergebnisse der vollständigen Funktionsanalyse.

---

[21] https://h2o.ai/platform/ai-cloud/make/h2o-driverless-ai/ (Link zuletzt geprüft am 05.02.2025)
[22] https://docs.datarobot.com/en/ui (Link zuletzt geprüft am 05.02.2025)
[23] https://altair.com/altair-ai-studio (Link zuletzt geprüft am 05.02.2025)

Tabelle 9-7: Funktionsanalyse der Softwarelösungen für Mennekes

		Lösung		
Schritt	**Teilfunktion**	**H2O Driverless**	**DataRobot**	**Altair AI Studio**
1	Datentypen erkennen	ja	ja	ja
	Datenbanken und Dateien anbinden	ja	ja	ja
	Multimediaquellen anbinden	nein	ja	nein
	Datenspeicherung anbieten	ja	nein	ja
2	Automatisch Pipeline mit variabler Struktur erstellen	nein	nein	nein
	Automatisch Pipeline mit fixer Struktur erstellen	ja	ja	nein
	Halbautomatische Pipeline-Erstellung durchführen	ja	ja	ja
3	Daten bereinigen	ja	ja	ja
	Datentypen umwandeln	ja	ja	ja
	Fehlende Werte auffüllen	ja	ja	ja
	Datensatz augmentieren	nein	ja	nein
	Daten visualisieren	ja	ja	nein
4	Daten neu skalieren	ja	ja	ja
	Features extrahieren	ja	ja	nein
	Features auswählen	ja	ja	ja
	Features erzeugen	ja	ja	ja
5	Überwachte Lernverfahren einsetzen	ja	ja	ja
	Unüberwachte Lernverfahren einsetzen	nein*	ja	ja
	Ensemble-Lernverfahren einsetzen	ja	ja	ja
	Bestärkende Lernverfahren einsetzen	nein	nein	nein
6	Verschiedene Modelltypen unterstützen	ja	ja	ja
	CASH unterstützen	ja	nein	nein
	HPO-Methoden unterstützen	ja	ja	ja
	NAS-Methoden unterstützen	ja	ja	ja
	Kontrolle über Prozess erhöhen	ja	ja	nein
7	Modelle validieren und bewerten	ja	ja	ja
	Modelle visualisieren	ja	ja	ja
8	Modelle in teilbares Format übertragen	nein	nein	ja
	Modelle direkt nutzbar bereitstellen	nein**	ja	nein
9	Betriebssicherheit gewährleisten	nein***	ja	ja
	Meta-Lernen unterstützen	nein	nein	nein

*Stand jetzt experimentell
**Drittservice NVIDIA Triton
***Zusatz-Modul

Für die Erläuterung der neun Schritte wird erneut auf Abbildung 5-2 verwiesen. Auffällig war, dass H2O Driverless AI und DataRobot den größten Funktionsumfang bieten. Allerdings ergab die Recherche, dass H2O Driverless AI in den späteren Schritten des ML-Prozesses (bei der Bereitstellung und Überwachung von Modellen), wenn überhaupt die nötigen Funktionen nur über kostenpflichtige Zusatzmodule und Drittunternehmen bereitstellt. Daher wurden diese als nicht vorhanden bewertet. Der Einsatz von unüberwachten Lernverfahren (bspw. zur Clusterung von Datengruppen) ist laut Dokumentation momentan lediglich experimentell vorhanden und wurde daher für den Unternehmenseinsatz als ungeeignet bzw. nicht vorhanden eingestuft.

Mit der abgeschlossenen Analyse der Teilfunktionen konnte nun bewertet werden, inwieweit die beschriebenen Softwarelösungen in das individuelle Anforderungsprofil von Mennekes (s. Tabelle 9-6) passen. Dafür wurden die in Kapitel 7.2 erklärten Wirkzusammenhänge herangezogen.

In den Abbildungen werden wie in Kapitel 7.2 auf der linken Seite zeilenweise die Anforderungen dargestellt. Der Übersichtlichkeit halber werden nur die bestehenden Anforderungen gelistet. Die Spalten in der Mitte stellen die Teilfunktionen dar. Mit einem Zahlenschlüssel über diesen Spalten wird festgehalten, ob die entsprechende Lösung diese Teilfunktion erfüllt. Die rechten Spalten geben Aufschluss darüber, welche Lösung welcher Zahl zugeordnet ist. Die Bewertung per Ordinalskala von 1-5 erfolgte nach dem in Abbildung 8-6 dargestellten Schema. Die Wirkungsmatrix für den ersten Schritt, „Datenquellen anbinden", ist in Abbildung 9-10 dargestellt.

		1,2,3	1,2,3	2	1,2,3	< Erfüllt		
		Datentypen erkennen	Datenbanken und Dateien anbinden	Multimediaquellen anbinden	Datenspeicherung anbieten	H2O Driverless AI (1)	DataRobot (2)	Altair Studio (3)
1	Fähig sein, Schnittstellen mit strukturierten Daten anzubinden	+	++			5	5	5
	Große Datensätze verarbeiten können		+		+	5	5	5
	Nutzenden die Möglichkeit bieten, Daten in der Cloud zu speichern				+	5	5	5
	Summe					15	15	15

Abbildung 9-10: Wirkungsmatrix Mennekes für Schritt „Datenquellen anbinden" (eigene Abbildung)

In diesem Schritt erhalten alle vorausgewählten Lösungen die Höchstpunktzahl. Zwar bietet nur DataRobot die Funktion, Multimediaquellen anzubinden, jedoch fällt dies nicht negativ ins Gewicht, da für die Anwendungsfälle bei Mennekes keine unstrukturierten Daten verarbeitet werden müssen. Die Wirkungsmatrix für den zweiten Schritt, ML-Pipeline generieren fällt übersichtlich aus, da Mennekes hier lediglich eine Anforderung stellte (s. Abbildung 9-11).

		Automatisch Pipeline mit variabler Struktur erstellen	Automatisch Pipeline mit fixer Struktur erstellen	Halbautomatische Pipeline-Erstellung durchführen	H2O Driverless AI (1)	DataRobot (2)	Altair Studio (3)
		-	1,2,3	1,2	< Erfüllt		
2	Nutzenden die Möglichkeit bieten, prototypische Modelle mit hoher Geschwindigkeit zu erstellen		+	+	5	5	4
	Summe				5	5	4

Abbildung 9-11: Wirkungsmatrix Mennekes für Schritt „ML-Pipeline generieren“ (eigene Abbildung)

Für diesen Schritt erhielt lediglich Altair Studio eine geringere Punktzahl. Da bei dieser Lösung die Teilfunktion „Halbautomatische Pipeline-Erstellung durchführen“ mit einer (+)-Wirkbeziehung nicht erfüllt ist, wird ein Punkt abgezogen. Dass keine der Lösungen variable Pipelines erstellen kann, fällt beim Anforderungsprofil von Mennekes nicht ins Gewicht.

In dem dritten Schritt ergaben sich das erste Mal starke Differenzen zwischen den Lösungen (s. Abbildung 9-12). Mennekes stellt umfassende Anforderungen an die Datenvorverarbeitung. Alle Lösungen erfüllen dabei die grundlegenden Funktionen und können Daten bereinigen, umwandeln und imputieren. Allerdings schlug sich nieder, dass Altair Studio keine ausreichenden Möglichkeiten zur Datenvisualisierung anbietet.

		Daten bereinigen	Datentypen umwandeln	Fehlende Werte auffüllen	Datensatz augmentieren	Daten visualisieren	H2O Driverless AI (1)	DataRobot (2)	Altair Studio (3)
		1,2,3	1,2,3	1,2,3	2	1,2	< Erfüllt		
3	Daten automatisiert vorverarbeiten	++	++	++	+		4	5	4
	Fähig sein, Echtzeit-Daten mit Dashboards zu visualisieren					++	5	5	0
	Analysevorschläge für bestehende Datensätze geben					+	5	5	0
	Nutzenden die Möglichkeit bieten, eine ausreichende Datenqualität sicherzustellen	++	++	++		+	5	5	4
	Summe						19	20	8

Abbildung 9-12: Wirkungsmatrix Mennekes für Schritt „Daten vorverarbeiten" (eigene Abbildung)

Lediglich DataRobot, deren Lösung mit einer explorativen Datenanalysefunktion und umfassenden Transformations- und selbst Augmentierungsfunktionen hervorsticht, bekam die volle Punktzahl in diesem Schritt.

Ein ähnliches Bild zeichnete sich auch bei dem vierten Schritt, dem Feature-Engineering, ab (s. Abbildung 9-13). Sowohl H2O als auch DataRobot legen bei ihrem Produkt ein Augenmerk auf die Unterstützung der Nutzenden beim Feature-Engineering. Umfassende Standardfunktionalitäten stellen sicher, dass beide Lösungen die volle Punktzahl erhalten. Da Altair Studio keine Möglichkeiten zur Feature-Extraktion bietet, ergibt sich hier wieder ein deutlicher Bewertungsunterschied.

		1,2,3	1,2	1,2,3	1,2,3	< Erfüllt		
		Daten neu skalieren	Features extrahieren	Features auswählen	Features erzeugen	H2O Driverless AI (1)	DataRobot (2)	Altair Studio (3)
4	Daten zur Visualisierung verborgener Trends und Korrelationen automatisch analysieren		++		++	5	5	0
	Das Feature-Engineering zur Analyse komplexer Prozesse vereinfachen	+	+	++		5	5	4
	Summe					10	10	4

Abbildung 9-13: Wirkungsmatrix Mennekes für Schritt „Feature-Engineering durchführen“ (eigene Abbildung)

Bei dem Schritt „Lernverfahren / Problemtyp auswählen“ stellt Mennekes nur eine Anforderung, die Möglichkeit datenbasierte Prognosen zu erstellen (s. Abbildung 9-14). Da keine der Lösungen bestärkende Lernverfahren (Definition s. Kapitel 2.2.3) unterstützt, wird hier nicht die volle Punktzahl erreicht. Bestärkende Lernverfahren können vor allem in Planungsszenarien unter Unsicherheit helfen.

		Überwachte Lernverfahren einsetzen	Unüberwachte Lernverfahren einsetzen	Ensemble-Lernverfahren einsetzen	Bestärkende Lernverfahren einsetzen	H2O Driverless AI (1)	DataRobot (2)	Altair Studio (3)
		1,2,3	2,3	1,2,3	-	< Erfüllt		
5	Nutzenden die Möglichkeit bieten, datenbasierte Prognosen zu erstellen	++		+	+	4	4	4
	Summe					4	4	4

Abbildung 9-14: Wirkungsmatrix Mennekes für Schritt „Lernverfahren / Problemtyp auswählen" (eigene Abbildung)

Für die Anwendungsfälle von Mennekes sind aufgrund großer antizipierter Datenmengen im Schritt der Modellgenerierung Funktionalitäten wichtig, die einen sinnvollen Einsatz von Rechenressourcen ermöglichen: Das Anforderungsprofil verlangt hochautomatisierte Modellerstellung mit Einblick in den Trainingsprozess und Cloud-Komptabilität. Zudem sollen in gewissen Anwendungsfällen erklärbare Modelle generiert werden, deren Prognosen nachvollziehbar sind (s. Abbildung 9-15).

		Verschiedene Modelltypen unterstützen	CASH unterstützen	HPO-Methoden unterstützen	NAS-Methoden unterstützen	Kontrolle über Prozess erhöhen	H2O Driverless AI (1)	DataRobot (2)	Altair Studio (3)
		1,2,3	1	1,2,3	1,2,3	1,2	< Erfüllt		
6	Modelle hochautomatisiert erstellen		++				5	0	0
	Nutzenden die Möglichkeit bieten, Warnungen, Fehler und Abbrüche im					++	5	5	0
	Nutzenden die Möglichkeit bieten, Abbruchkriterien für das Training festzulegen					++	5	5	0
	Verständliche Algorithmen für einfaches Verständnis der Modelle bereitstellen	++	+	+			5	4	4
	Fähig sein, den Trainingsprozess in die Cloud zu verlagern					+	5	5	0
	Summe						25	19	4

Abbildung 9-15: Wirkungsmatrix Mennekes für Schritt „Modelle generieren“ (eigene Abbildung)

Für dieses Anwendungsprofil bietet H2O den größten Passungsgrad. Die Flexibilität, wie und welche Modelle erzeugt werden können ist den anderen beiden Lösungen überlegen. DataRobot bietet einen geringeren Automatisierungsgrad, da hier die kombinierte Algorithmus- und Hyperparametersuche nicht implementiert ist, Altair Studio bietet nicht genug Einsicht in und Kontrolle über den Trainingsprozess.

Für den Schritt der Modellevaluation formulierte Mennekes umfassende Anforderungen (s. Abbildung 9-16), allerdings werden diese von allen Lösungen erfüllt. Altair Studio legt besonderes Augenmerk auf das Verständnis und die Vergleichbarkeit der generierten Modelle, kann sich in diesem Schritt aber nicht von den anderen Lösungen abheben, da diese die Anforderungen ebenfalls hinreichend erfüllen.

		1,2,3	1,2,3	< Erfüllt		
		Modelle validieren und bewerten	Modelle visualisieren	H2O Driverless AI (1)	DataRobot (2)	Altair Studio (3)
7	Nutzenden die Möglichkeit bieten, die Modellperformanz mit einfach verständlichen Metriken	++	+	5	5	5
	Nutzenden die Möglichkeit bieten, Modelle anhand wirtschaftlicher Kennzahlen zu bewerten	++		5	5	5
	Nutzenden die Möglichkeit bieten, eine Sensitivitätsanalyse durchzuführen	+	+	5	5	5
	Eine hohe Verständlichkeit der Evaluationsergebnisse sicherstellen		++	5	5	5
	Summe			20	20	20

Abbildung 9-16: Wirkungsmatrix Mennekes für Schritt „Modelle evaluieren" (eigene Abbildung)

Im achten Schritt, der Modellbereitstellung, erfüllt nur DataRobot das Anforderungsprofil (s. Abbildung 9-17). Ein automatisches Deployment aus der Lösung heraus wird von Altair AI Studio nicht unterstützt. Hier kann lediglich ein Modellexport durchgeführt werden. Das Deployment muss dann von Nutzenden eigenständig bewerkstelligt werden. H2O Driverless AI bietet diese Funktion nur über einen kostenpflichtigen Drittservice (NVIDIA Triton) an, somit wird die Teilfunktion als nicht vorhanden bewertet.

		3	2	< Erfüllt		
		Modelle in teilbares Format übertragen	Modelle direkt nutzbar bereitstellen	H2O Driverless AI (1)	DataRobot (2)	Altair Studio (3)
8	Fähig sein, die Bereitstellung zu automatisieren		++	0	5	0
	Summe			0	5	0

Abbildung 9-17: Wirkungsmatrix Mennekes für Schritt „Modelle bereitstellen" (eigene Abbildung)

Im finalen Schritt, der Lebenszyklusverwaltung von Modellen (s. Abbildung 9-18) fällt bei H2O negativ ins Gewicht, dass sämtliche Funktionen aus diesem Bereich mittlerweile in eine eigene Lösung abgespalten wurden, H2O MLOps[24]. Somit werden in der untersuchten Lösung die Anforderungen nicht erfüllt. DataRobot und Altair Studio erreichen hohe Punktzahlen, da bei ihnen lediglich das (generell in Auto-ML-Lösungen selten umgesetzte) Meta-Lernen fehlt.

[24] https://h2o.ai/resources/product-brief/h2o-mlops/, Link zuletzt geprüft am 13.02.2025

		2,3	-	< Erfüllt		
		Betriebssicherheit gewährleisten	Meta-Lernen unterstützen	H2O Driverless AI (1)	DataRobot (2)	Altair Studio (3)
9	Nutzenden die Möglichkeit bieten, auf sich ändernde Umgebungsbedingungen reagieren zu können	++	+	0	4	4
	Nutzenden die Möglichkeit bieten, Warnungen über Concept-Drift zu erhalten	++		0	5	5
	Nutzenden die Möglichkeit bieten, Benachrichtigungen und deren Frequenz zu konfigurieren	++		0	5	5
	Summe			0	14	14

Abbildung 9-18: Wirkungsmatrix Mennekes für Schritt „Lebenszyklus & Betrieb von Modellen verwalten“ (eigene Abbildung)

Auf Basis der erfolgten Bewertungen konnten nun mithilfe von Formel 8-1 die technischen Wertigkeiten ermittelt werden. Damit wurde die Bewertung in dieser Fallstudie abgeschlossen, da für den Rahmen der Dissertation keine Budgets besprochen wurden, somit entfällt hier die optionale Bewertung der wirtschaftlichen Wertigkeit. Die errechneten technischen Wertigkeiten lauten wie folgt:

- H2O Driverless AI: 0,82
- DataRobot Classic UI: 0,93
- Altair AI Studio: 0,61

Auf Basis dieser Bewertung wurde Mennekes empfohlen, mit DataRobot Classic UI in die nächste Phase des Softwareeinführungsprozesses zu starten. Die umfassenden Datenvorbereitungs- und Feature-Engineering-Funktionen sowie Vorteile in Sachen Automatisierung und Bereitstellung fügen sich passgenau in das gegebene Anforderungsprofil von Mennekes ein.

9.4 Zusammenfassende Bewertung der Evaluationsergebnisse

Ziel der Fallstudien war es, anhand einer praktischen Verwendung der erarbeiteten Modelle die Erfüllung der in Kapitel 4.1 formulierten inhaltlichen und formalen Anforderungen zu überprüfen. Die Verwendung der entwickelten Modelle in der Evaluation per Fallstudien zeigt durch die Anwendung der Methoden in den Kapiteln 9.2 und 9.3, dass die entwickelten Modelle den definierten Anforderungen entsprechen.

Die erste inhaltliche Anforderung verlangte eine systematische Beschreibung der Funktionen von Auto-ML-Softwarelösungen, was durch die hierarchische Beschreibung der Auto-ML-Funktionen in Kapitel 5.4 erreicht wurde. Auf dieser Basis konnten innerhalb der Evaluationsfallstudien unterschiedliche Lösungen mit demselben Beschreibungsmodell differenziert eingeordnet und somit untereinander vergleichbar gemacht werden. Die Funktionen, die Auto-ML-Softwarelösungen für die Industrie bieten müssen, wurden erfasst und dargestellt.

Die zweite inhaltliche Anforderung, die systematische Beschreibung der Anforderungen von produzierenden Unternehmen, wurde in Kapitel 6.2 durch die Einbindung von Fallstudien umgesetzt. Die gewonnenen Erkenntnisse ermöglichten es, innerhalb der Evaluation die individuellen Anforderungsprofile der zwei Unternehmen zu erfassen. Dabei half die Formulierung aus der Perspektive der Anwendenden, auch mit begrenztem ML-Fachwissen der Beteiligten konkret formulierte Anforderungen zu stellen. Bei Durchführung der Interviews wurde die Verständlichkeit der Anforderungsliste als Grundlage bestätigt.

Die Synthese der Wirkbeziehungen zwischen Anforderungen und Funktionen, als dritte inhaltliche Anforderung, wurde in Kapitel 7.2 methodisch erarbeitet. Durch die Erklärung der Beziehungen durch Wirkungsmatrizen und die Diskussion der Wechselwirkungen wurde eine Methode zur Bewertung der Passung zwischen den Anforderungen des Unternehmens und den Funktionen der Softwarelösungen geschaffen. Das vierte inhaltliche Ziel, die Gestaltung eines strukturierten Auswahlprozesses, wurde in Kapitel 8.2 realisiert. Der beschriebene sequenzielle Prozess eignete sich, um durch aufeinander aufbauende Erkenntnisse zu einem finalen Urteil über die Eignung verschiedener Auto-ML-Softwarelösungen für die jeweiligen Unternehmen zu gelangen.

Zur Überprüfung der formalen Anforderungen – Validität, Reliabilität, Utilität und Originalität – wurden die Methoden und Modelle in praktischen Szenarien angewandt und durch die Fallstudien validiert. Die Validität der in der Dissertation entwickelten Modelle wird durch deren Einsatz in verschiedenen praxisnahen Szenarien belegt, wie die durchgeführten Fallstudien illustrieren. Diese Anwendungen im realen Kontext bestätigen, dass die Modelle die gesetzten wissenschaftlichen Ziele erfüllen und zur Beantwortung der Forschungsfragen geeignet sind. Die Modelle sind in sich logisch konsistent und beantworten die gestellten Forschungsfragen.

Die Reliabilität der Forschungsergebnisse, also gleiche Ergebnisse bei Anwendung unter gleichen Umständen, kann in der angewandten Forschung durch Fallstudien nicht abschließend bewiesen werden, da Unternehmen in ihrer Ausgangslage zu unterschiedlich sind (s. HOFFMANN 2018, S. 258–259). Allerdings wird dies durch die dokumentierte Methodik und die wiederholbare Natur der Studien unterstützt. Obwohl jedes Unternehmen einzigartige Eigenschaften aufweist, ermöglicht die methodische Vorgehensweise der Dissertation eine gewisse Standardisierung im Ansatz, die eine Übertragung der Ergebnisse auf ähnliche Kontexte zulässt.

Die Utilität der Forschungsergebnisse ist besonders durch ihre praktische Anwendbarkeit gekennzeichnet. Der in Kapitel 8.2 modellierte Prozess spitzt die Auswahl auf eine oder zwei quantitative Größen zu, die eine eindeutige Bewertung der Lösungen untereinander und für den Einsatzzweck generell zulässt. Der praktische Mehrwert zeigt sich nicht nur in der theoretischen Modellierung, sondern wurde auch durch stete Konzentration auf Einfachheit und Klarheit der Präsentation forciert, die darauf abzielt, die Zugänglichkeit für ein breites Publikum zu gewährleisten. Die in der Evaluation demonstrierte realweltliche Anwendung der Forschung trägt dazu bei, dass die Ergebnisse einen echten wirtschaftlichen Nutzen stiften.

Die Originalität der Dissertation manifestiert sich durch die Entwicklung neuer Methoden zur Bewertung und Auswahl von Auto-ML-Softwarelösungen, die bis dato in der wissenschaftlichen Gemeinschaft nicht vorhanden waren (s. Kapitel 3.5). Die in der Dissertation präsentierten Konzepte und Modelle erweitern den aktuellen Forschungsstand und bieten neue Perspektiven für die Weiterentwicklung von Theorie und Praxis im Bereich der Softwarelösungen für automatisiertes maschinelles Lernen.

10 Zusammenfassung und Ausblick

10.1 Zusammenfassung

Die zunehmende Integration von maschinellem Lernen in die produzierende Industrie wurde als Revolution prognostiziert, welche die Effizienz steigert, Kosten senkt und die Produktion dynamisch an Veränderungen des Marktes anpasst. Es wurde erwartet, dass maschinelles Lernen die Fähigkeit von Unternehmen, auf Daten basierende Entscheidungen zu treffen, grundlegend verändert und somit einen direkten Einfluss auf die Produktivität und Wettbewerbsfähigkeit hat. Allerdings zeigt die Realität, dass die Umsetzung und Integration von ML in die produzierende Industrie hinter den hohen Erwartungen zurückbleiben. Anwendungsfälle sind oft isoliert, mit erfolgreichen Implementierungen in spezifischen Bereichen, die jedoch nicht auf die gesamte Organisation oder die Industrie als Ganzes ausgeweitet werden. Viele Unternehmen stehen vor Herausforderungen bei der Skalierung von Pilotprojekten zu unternehmensweiten Anwendungen.

Automatisiertes maschinelles Lernen (Auto-ML) adressiert die Herausforderungen bei der Umsetzung und Skalierung von ML in der produzierenden Industrie, indem es sowohl fehlendes Fachwissen kompensiert als auch den Arbeitsaufwand erfahrener Personen im ML-Prozess reduziert. Diese Effizienzgewinne erleichtern die Übertragung von Pilotprojekten in unternehmensweite Anwendungen und unterstützen die Skalierung durch standardisierte und reproduzierbare Prozesse. Gleichzeitig hilft Auto-ML, Ressourcen optimal zu nutzen, indem es gängige Engpässe im Entwicklungsprozess entschärft. Die vorliegende Dissertation trägt zur Lösung der oben genannten Herausforderung bei, indem die Schlüsseltechnologie des automatisierten maschinellen Lernens der Industrie zugänglicher gemacht wird.

Ergebnis der Dissertation ist eine Methode zur Selektion von Auto-ML-Softwarelösungen für produzierende Unternehmen. Die Arbeit stellt einen strukturierten Prozess vor, der es ermöglicht, basierend auf unternehmensindividuellen Anforderungen eine geeignete Auto-ML-Softwarelösung zu identifizieren. Dabei erhalten anwendende Unternehmen in jedem Teilschritt des Prozesses Anweisungen und Vorlagen in Form der erarbeiteten Teilmodelle: Zunächst überprüfen Unternehmen das Vorhandensein vorformulierter Anforderungen, die für die Auswahl relevant sind. Darauf folgt eine strukturierte Betrachtung des Marktangebots, wobei potenzielle Lösungen durch eine standardisierte Funktionsübersicht vergleichbar gemacht werden. In der anschließenden Evaluierung der Anforderungserfüllung erhalten Unternehmen eine Methode, um den Passungsgrad der Lösungen auf ihr individuelles Anforderungsprofil zu bewerten. Die Endauswahl geschieht nach technischen und wirtschaftlichen Gesichtspunkten.

Der Prozess baut systematisch auf den in den einzelnen Kapiteln gewonnenen Erkenntnissen auf: Zu Beginn wurde die Ausgangssituation beleuchtet, in der trotz hoher Erwartungen an die transformative Kraft von KI in der Produktion, tatsächliche

Implementierungen hinter den Möglichkeiten zurückblieben (s. Kapitel 1). Gründe hierfür sind unter anderem die hohen Kosten für den Einsatz, die Komplexität der nötigen IT-Infrastruktur, die Datenverfügbarkeit und der Mangel an Fachkräften (s. RAMMER 2021, S. 6). Um ein gemeinsames Verständnis für den Kontext der Arbeit zu schaffen, wurden daraufhin grundlegende Begriffe wie KI, maschinelles Lernen, Auto-ML und der Prognosebegriff definiert und von verwandter Terminologie abgegrenzt (s. Kapitel 2). Daraufhin wurde eine Analyse bestehender Literatur zu Auto-ML-Werkzeugen und -Softwarelösungen durchgeführt (s. Kapitel 3). Die Arbeit leitete aus dieser Analyse einen Forschungsbedarf ab, insbesondere hinsichtlich der Entwicklung eines strukturierten Auswahlprozesses für Auto-ML-Softwarelösungen, die speziell auf die Bedürfnisse produzierender Unternehmen zugeschnitten sind.

Um dieses Ziel zu erreichen, wurde ein Konzeptansatz hergeleitet, der auf systemtheoretischen Grundlagen der Modellbildung basierte (s. Kapitel 4). Die zu entwickelnden Modelle bauen auf etablierten Forschungsmethoden und Referenzmodellen auf, insbesondere dem ARIS-Referenzmodell von SCHEER und der Fallstudienforschung nach EISENHARDT. Das Ergebnis, der resultierende Prozess, wurde an den Problemlösezyklus von HABERFELLNER angelehnt.

In Kapitel 5 wurde das Modell zur Beschreibung der Funktionen von Auto-ML-Software erläutert. Ausgehend von einer integrativen Literaturrecherche, die eine Vielzahl von Quellen umfasste, wurden insgesamt 275 Funktionen identifiziert, die durch Duplikatentfernung und Clusterbildung zu einem endgültigen Modell von 147 Funktionen konsolidiert wurden. Das Modell wurde durch eine Kombination von Top-Down- und Bottom-Up-Ansätzen erstellt, wobei zunächst ein Funktionsbündel definiert und dieses anschließend in Funktionen, Teilfunktionen und Elementarfunktionen unterteilt wurde. Die zugrundeliegende Literaturrecherche wurde durch praktische Anwendung und Analyse von Auto-ML-Softwarelösungen ergänzt. Das resultierende Beschreibungsmodell umfasste vier Ebenen von Funktionen mit steigendem Detaillierungsgrad. Die Ebene der Teilfunktionen wurde als für den Auswahlprozess besonders relevant identifiziert: Die darin dargestellte Granularität ist geeignet, unterschiedliche Auto-ML-Softwarelösungen untereinander vergleichbar zu machen, indem das Vorhandensein dieser Teilfunktionen überprüft und im späteren Prozessverlauf bewertet wird.

Kapitel 6 widmete sich den Anforderungen von produzierenden Unternehmen an Auto-ML-Lösungen. Basierend auf einer systematischen Fallstudienforschung, bei der sechs Fallstudien betrachtet wurden, konnten 75 Anforderungen identifiziert werden. Diese Anforderungen wurden durch eine Kreuzanalyse der Fallstudien weiter verdichtet, wobei ähnliche Anforderungen zusammengefasst und den Schritten des Auto-ML-Prozesses zugeordnet wurden. Die detaillierte Analyse führte zu einem finalen Modell mit 48 Anforderungen, die anhand der Schritte des ML-Prozesses gruppiert wurden. Dieses Teilmodell stellt die zweite, für eine nachfolgende Bewertung der Lösungen entscheidende Perspektive dar: Mithilfe der vorformulierten Anforderungsschablonen können Unternehmen effizient ihr individuelles Anforderungsprofil beschreiben.

In Kapitel 7 wurde die dritte Teilforschungsfrage adressiert, die darauf abzielt, die Wirkbeziehungen zwischen den zuvor definierten Funktionen und Anforderungen zu erklären. Dabei wurden Wirkungsmatrizen mit qualitativer Bewertung angewandt, um die Intensität der Beziehungen zu bestimmen, wobei zwischen starken, normalen und keinen oder äußerst geringen Intensitäten unterschieden wurde. Dieses Teilmodell vereint die Perspektiven der in den vorigen beiden Kapiteln erstellten Beschreibungsmodelle, indem es die Funktionssicht auf die Softwarelösungen mit dem Anforderungsprofil des Unternehmens verknüpft. Durch die Wirkungsmatrizen kann bewertet werden, ob die durch die Lösung angebotenen Funktionen auf die Bedürfnisse des Unternehmens passen.

In Kapitel 8 wurde der strukturierte Auswahlprozess für Auto-ML-Softwarelösungen vorgestellt, der die Theoriebildung der Dissertation abschließt. Dieser Prozess integriert die in den vorherigen Kapiteln erarbeiteten Teilmodelle und beantwortet die vierte Teilforschungsfrage nach der Gestaltung eines Auswahlprozesses. Der Rahmen dieses Prozesses wurde durch den Problemlösezyklus nach HABERFELLNER und das 3-Phasen-Konzept konkretisiert, wobei die ersten drei Teilmodelle als Hilfsmittel im Selektionsprozess dienten. Der Auswahlprozess ist in sechs Schritte untergliedert, die von der Situationsanalyse über die Zielformulierung und Lösungssynthese bis hin zur Lösungsanalyse, Evaluation und Entscheidung reichen. In der Situationsanalyse und Zielformulierung wird wie oben dargestellt das Anforderungsprofil des anwendenden Unternehmens beschrieben. Die Lösungssynthese und -analyse fußt auf den in Kapitel 5 beschriebenen generischen Teilfunktionen. Die anschließende Evaluation und Entscheidung wird durch die Wirkungsmatrizen des Erklärungsmodells ermöglicht und die Ergebnisse in Form einer technischen und wirtschaftlichen Wertigkeit nach VDI-RICHTLINIE 2225 quantifiziert.

Schließlich wurde die entwickelte Methode durch die Anwendung in realen Unternehmenskontexten evaluiert (s. Kapitel 9). Dafür wurden zwei Fallstudien, eine bei dem Unternehmen VOSS Automotive, und eine bei der Mennekes Elektrotechnik durchgeführt, bei denen der gesamte in Kapitel 8 formulierte Auswahlprozess zum Einsatz kam. Die kontrastierenden Anforderungsprofile der Unternehmen ermöglichten dabei eine Validierung in der Methode für unterschiedliche Anspruchsgruppen: VOSS strebte eine an Expertenlösung an, die Routineschritte bei der sensorbasierten Datenanalyse ihres smarten Produktes vereinfacht. Es wurden erweiterte Anforderungen an die Überwachung der Modellperformanz bei Einsatz im Feld (nach dem eigentlichen Trainingsprozess) gestellt. Für VOSS wurde die Cloud-native Lösung „AWS SageMaker“ empfohlen. Mennekes suchte nach einer nutzungsfreundlichen Lösung, mit der auch Mitarbeitende ohne Data-Science-Expertise Prognosen über Absatzzahlen erstellen könnten. Mennekes wurde die Lösung „DataRobot“ empfohlen. Durch die erfolgreiche Anwendung der Methode konnten die in der Dissertation erarbeiteten Erkenntnisse validiert werden.

10.2 Ausblick

Mit der zunehmenden Verbreitung generativer KI in der Gesellschaft ergeben sich neue Fragestellungen für die Erkenntnisse der Dissertation. Insbesondere stellt sich die Frage, wie sich prognosebasierte, diskriminative Anwendungsfälle, welche in der Dissertation betrachtet wurden, mit den neu hinzukommenden generativen Use Cases ergänzen.

Diese beiden Felder künstlicher Intelligenz (große, vortrainierte Sprachmodelle und Auto-ML) sind benachbart und ergänzen sich eher, als dass sie sich ersetzen. Sprachmodelle arbeiten vorzugsweise mit Text und sind in ihrer Kernfunktion Werkzeuge zur Inhaltserstellung und Programmcode-Generierung. Für die meisten Unternehmen sind sie vorgefertigte Produkte, da ein Training der zugrundeliegenden Modelle ressourcentechnisch ausgeschlossen ist. Auto-ML zielt darauf ab, wesentlich kleinere, aber auf spezielle Anwendungsfälle zugeschnittene Modelle eigens generieren zu können.

Allerdings führt die Ankunft generativer KI zu einer weiteren Komplexitätssteigerung im ohnehin schon unübersichtlichen Anbietermarkt für leicht zu bedienende KI-Lösungen: Moderne Sprachmodelle können zwar im eigentlichen Sinne keine mathematischen Heuristiken anwenden, um wie Auto-ML Hyperparameter für Modelle zu finden, aber mit einigen Modellen kann bereits Code generiert werden, der wiederum bei Ausführung Daten analysieren kann. Diese konversationale Schnittstelle kann abhängig von der Definition ebenfalls als Auto-ML-Teillösung betrachtet werden, was Forschungsbedarf für die Synergien zwischen etablierten Auto-ML-Lösungen und generativen Plug-ins aufzeigt, welche die Erstellung von Modellen noch intuitiver gestalten könnten.

Die vorliegende Dissertation hat durch die spezifische Eingrenzung ihres Untersuchungsbereichs auf die Anwendung von Auto-ML-Softwarelösungen in produzierenden Unternehmen einen hinreichenden Konkretisierungsgrad und eine in der Validierung indizierte Praxistauglichkeit für die Zielgruppe erreicht. Allerdings wurden gewisse Eingrenzungen und Annahmen getroffen, um den Arbeitsaufwand bei der Erstellung realistisch zu halten: Zwar wurden die in Kapitel 5 synthetisierten Funktionen über die Erstellungszeit aktualisiert, allerdings werden sich in Zukunft auf dem schnelllebigen Anbietermarkt Funktionen ändern. Ein statisches Schriftstück wie diese Dissertation kann solche Veränderungen nach Fertigstellung nicht abbilden. Die Pflege in einem kollaborativen Online-Werkzeug erscheint als geeigneteres Medium.

Darüber hinaus wurde in Kapitel 7 eine Eingrenzung bei der Analyse der Wirkbeziehungen getroffen: Nur die Zusammenhänge zwischen Teilfunktionen und Anforderungen, welche sich demselben Schritt im Auto-ML-Prozess zuordnen lassen wurden erklärt. Da es sich jedoch um einen iterativen Prozess handelt, sind interessante Wechselwirkungen zwischen Elementen aus unterschiedlichen Schritten denkbar und stellen einen weiteren Forschungsbedarf dar.

Die Fokussierung ermöglichte es, detaillierte und direkt anwendbare Erkenntnisse und Modelle für diesen Sektor zu entwickeln. Allerdings ist klar, dass die

Schlüsseltechnologie Auto-ML auch in anderen Branchen dringend benötigt wird. Die Demokratisierungseffekte dieser Art von Software, die in der Dissertation hervorgehoben wurden, können dazu beitragen, den Fachkräftemangel in anderen Sektoren zu adressieren und Unternehmen die Erstellung von KI-Modellen zu ermöglichen bzw. zu vereinfachen.

Um die Anwendung der in der Dissertation gewonnenen Erkenntnisse weiter zu erleichtern, ist die Implementierung dieser Modelle in ein bedienungsfreundliches Tool, das über die Funktionalität einer Excel-Tabelle hinausgeht, ein logischer nächster Schritt. Dies könnte über Softwareportale geschehen und so einen breiteren Zugang zu Auto-ML-Lösungen ermöglichen. Insgesamt hat die wachsende Popularität von KI die Relevanz der von der Dissertation adressierten Fragestellungen erhöht.

11 Quellenverzeichnis

11.1 Publikationsverzeichnis

SCHUH, G.; BENNING, J.; STROH, M.-F.: Case-Study-Based Requirements Analysis of Manufacturing Companies for Auto-ML Solutions. In: Advances in Production Management Systems. Smart Manufacturing and Logistics Systems: Turning Ideas into Action. Hrsg.: D. Y. Kim; G. von Cieminski; D. Romero. IFIP Advances in Information and Communication Technology. Springer Nature Switzerland, Cham, 2022, S. 43–50.

SCHUH, G.; BENNING, J.; STROH, M.-F.; LEACHU, S.; SCHMID, K.: Function Analysis for Selecting Automated Machine Learning Solutions. In: Proceedings of the Conference on Production Systems and Logistics: CPSL 2022. Hrsg.: D. Herberger; M. Hübner. publish-Ing, Hannover, 2022, S. 359–369.

11.2 Literaturverzeichnis

ABTS, D.; MÜLDER, W.: Software-Auswahl. In: Grundkurs Wirtschaftsinformatik. Hrsg.: D. Abts; W. Mülder. Springer Fachmedien Wiesbaden, Wiesbaden, 2017, S. 517–559.

AGGARWAL, C. C.: Neural Networks and Deep Learning. Springer Nature. Cham, 2018.

AIBLE INC.: End-to-End AutoML. https://www.aible.com/endtoend (Link zuletzt geprüft: 13.10.2025).

AKKIO INC.: Akkio Documentation. https://docs.akkio.com/akkio-docs (Link zuletzt geprüft: 13.10.2025).

ALTAIR ENGINEERING INC.: A Guided Approach to Altair AI Studio. https://docs.rapidminer.com/latest/studio/guided/index.html (Link zuletzt geprüft: 06.02.2025).

AMAZON WEB SERVICES INC.: Automated ML, no-code, or low-code. https://docs.aws.amazon.com/sagemaker/latest/dg/use-auto-ml.html (Link zuletzt geprüft: 20.02.2025).

AMERSHI, S.; WELD, D.; VORVOREANU, M.; FOURNEY, A.; NUSHI, B.; COLLISSON, P.; SUH, J.; IQBAL, S.; BENNETT, P. N.; INKPEN, K.; TEEVAN, J.; KIKIN-GIL, R.; HORVITZ, E.: Guidelines for Human-AI Interaction. In: CHI '19: Proceedings of the 2019 CHI Conference on Human Factors in Computing Systems 38 (2019) 1, S. 1–13.

ARASTEH, M. A.; SHAMSHIRBAND, S.; YEE, P. L.: Using multi-attribute decision-making approaches in the selection of a hospital management system. In: Technology and health care: official journal of the European Society for Engineering and Medicine 26 (2018) 2, S. 279–295.

AYAĞ, Z.; ÖZDEMİR, R. G.: An intelligent approach to ERP software selection through fuzzy ANP. In: International Journal of Production Research 45 (2007) 10, S. 2169–2194.

BARREDO ARRIETA, A.; DÍAZ-RODRÍGUEZ, N.; DEL SER, J.; BENNETOT, A.; TABIK, S.; BARBADO, A.; GARCIA, S.; GIL-LOPEZ, S.; MOLINA, D.; BENJAMINS, R.; CHATILA, R.; HERRERA, F.: Explainable Artificial Intelligence (XAI): Concepts, taxonomies, opportunities and challenges toward responsible AI. In: Information Fusion 58 (2020) 3, S. 82–115.

BECKER, J.; KÖNIG, W.; SCHÜTTE, R.; WENDT, O.; ZELEWSKI, S. (Hrsg.): Wirtschaftsinformatik und Wissenschaftstheorie. Bestandsaufnahme und Perspektiven. Gabler Verlag. Wiesbaden 1999.

BENDER, J.; OVTCHAROVA, J.: Prototyping Machine-Learning-Supported Lead Time Prediction Using AutoML. In: Procedia Computer Science 180 (2021) 5, S. 649–655.

BERNARDY, A.: Spezifikation der cyber-physischen Veredelung von Auftragsverfolgungssystemen. Apprimus Verlag. Aachen, 2019.

BIGML INC.: Machine Learning made beautifully simple for everyone. https://bigml.com/features (Link zuletzt geprüft: 13.10.2025).

BILAL, M.; ALI, G.; IQBAL, M. W.; ANWAR, M.; MALIK, M. S. A.; KADIR, R. A.: Auto-Prep: Efficient and Automated Data Preprocessing Pipeline. In: IEEE Access 10 (2022) 1, S. 107764–107784.

BITKOM: Welche Technologien werden in Ihrem Unternehmen eingesetzt oder sollen eingesetzt werden? https://de.statista.com/statistik/daten/studie/1284671/umfrage/umfrage-unter-unternehmen-zur-planung-umsetzung-digitaler-technologien/ (Link zuletzt geprüft: 29.02.2024).

BLONDET, G.; LE DUIGOU, J.; BOUDAOUD, N.: A knowledge-based system for numerical design of experiments processes in mechanical engineering. In: Expert Systems with Applications 122 (2019) 1, S. 289–302.

BROSZE, T.; SCHMIDT, C.; NOVOSZEL, T.: 3PhasenKonzept zur Realisierung von Potenzialen IT-gestützter Geschäftsprozesse. In: ERP Management 5 (2009) 4, S. 52–54.

BROWN, D. G.; SAMUELSON, F. W.: 7. Pitfalls and Opportunities in the Development and Evaluation of Artificial Intelligence Systems. In: Artificial Intelligence in the Age of Neural Networks and Brain Computing. Hrsg.: R. Kozma; C. Alippi; Y. Choe; F. Morabito. Elsevier Inc, London [u. a.], 2019, S. 139–159.

BUDACH, L.; FEUERPFEIL, M.; IHDE, N.; NATHANSEN, A.; NOACK, N.; PATZLAFF, H.; NAUMANN, F.; HARMOUCH, H.: The Effects of Data Quality on Machine Learning Performance, 29.07.2022. https://doi.org/10.48550/arXiv.2207.14529 (Link zuletzt geprüft: 05.03.2024).

BULL, C.; KHARRUFA, A.: Generative Artificial Intelligence Assistants in Software Development Education: A Vision for Integrating Generative Artificial Intelligence Into Educational Practice, Not Instinctively Defending Against It. In: IEEE Software 41 (2024) 2, S. 52–59.

CASTLE GLOBAL INC.: About Hive AutoML. https://thehive.ai/solutions/auto-ml (Link zuletzt geprüft: 13.10.2025).

CHAPMAN, P.; CLINTON, J.; KERBER, R.; KHABAZA, T.; REINARTZ, T.; SHEARER, C.; WIRTH, R.: CRISP-DM 1.0: Step-by-step data mining guides, 1999. https://www.kde.cs.uni-kassel.de/wp-content/uploads/lehre/ws2012-13/kdd/files/CRISPWP-0800.pdf (Link zuletzt geprüft: 05.03.2024).

CHAWLA, N. V.; BOWYER, K. W.; HALL, L. O.; KEGELMEYER, W. P.: SMOTE: Synthetic Minority Over-sampling Technique. In: Journal of Artificial Intelligence Research 16 (2002), S. 321–357.

CLARIFAI: AutoML Services. https://www.clarifai.com/automl (Link zuletzt geprüft: 13.10.2025).

CORMEN, T.; LEISERSON, C.; RIVEST, R.; STEIN, C.: Introduction to Algorithms. 2. Auflage. MIT Press. Cambridge, Mass., 2001.

CORNELL UNIVERSITY: arXiv. https://arxiv.org/ (Link zuletzt geprüft: 12.01.2022).

CRESWELL, J. W.: Research Design: Qualitative, Quantitative, and Mixed Methods Approaches. 4. Auflage. SAGE Publications, Inc. London [u. a.], 2013.

CRISAN, A.; FIORE-GARTLAND, B.: Fits and Starts: Enterprise Use of AutoML and the Role of Humans in the Loop. In: Proceedings of the 2021 CHI Conference on Human Factors in Computing Systems. Hrsg.: Y. Kitamura. ACM Digital Library. Association for Computing Machinery, New York,NY,United States, 2021, S. 1–15.

DAS, S.; CAKMAK, U. M.: Hands-On Automated Machine Learning. A beginner's guide to building automated machine learning systems using AutoML and Python. Packt Publishing Limited. Birmingham, 2018.

DATAIKU: Dataiku for AI & ML. https://www.dataiku.com/product/dataiku-for-ai-ml/ (Link zuletzt geprüft: 13.10.2025).

DATAROBOT INC.: DataRobot Classic UI documentation. https://docs.datarobot.com/en/ui (Link zuletzt geprüft: 06.02.2025).

DOMINGOS, P.: The master algorithm. How the quest for the ultimate learning machine will remake our world. Basic Books. New York, 2018.

DOTDATA: dotData Enterprise No-Code Enterprise Data Science Platform. https://dotdata.com/dotdata-enterprise/ (Link zuletzt geprüft: 13.10.2025).

DUH, K.; ZHANG, X.: AutoML for NLP. In: Proceedings of the 17th Conference of the European Chapter of the Association for Computational Linguistics: Tutorial Abstracts. Hrsg.: F. M. Zanzotto; S. Pradhan. Association for Computational Linguistics, Stroudsburg, PA, USA, 2023, S. 25–26.

EISEND, M.; KUß, A.: Grundlagen empirischer Forschung. Springer Fachmedien Wiesbaden. Wiesbaden, 2017.

EISENHARDT, K. M.: Building Theories form Case Studies. In: Academy of Management Review 14 (1989) 4, S. 532–550.

ELAVARASAN, D.; VINCENT, P. M. D.: Crop Yield Prediction Using Deep Reinforcement Learning Model for Sustainable Agrarian Applications. In: IEEE Access 8 (2020), S. 86886–86901.

ELSEVIER B. V.: Sciencedirect. https://www.sciencedirect.com/ (Link zuletzt geprüft: 12.01.2022).

ELSHAWI, R.; MAHER, M.; SAKR, S.: Automated Machine Learning: State-of-The-Art and Open Challenges, 05.06.2019. https://doi.org/10.48550/arXiv.1906.02287 (Link zuletzt geprüft: 05.03.2024).

ETH ZÜRICH: ETH Research Collection. https://www.research-collection.ethz.ch/ (Link zuletzt geprüft: 12.01.2022).

FETTKE, P.; LOOS, P.: Entwicklung eines Bezugsrahmens zur Evaluierung von Referenzmodellen - Langfassung eines Beitrages. Working papers of the Research Group Information Systems & Management; Paper 20. Johannes Gutenberg-Universität Mainz, August 2004. https://www.econbiz.de/Record/entwicklung-eines-bezugsrahmens-zur-evaluierung-von-referenzmodellen-langfassung-eines-beitrages-fettke-peter/10005847728 (Link zuletzt geprüft: 05.03.2024).

FEURER, M.; HUTTER, F.: Hyperparameter Optimization. In: Automated Machine Learning. Methods, Systems, Challenges. Hrsg.: F. Hutter; L. Kotthoff; J. Vanschoren. Springer eBooks Computer Science. Springer, Cham, 2019, S. 3–33.

FOURNIER, F.; SKARBOVSKY, I.: Real-Time Data Processing. In: Big Data in Bioeconomy. Hrsg.: C. Södergård; T. Mildorf; E. Habyarimana; A. J. Berre; J. A. Fernandes; C. Zinke-Wehlmann. Springer International Publishing, Cham, 2021, S. 147–156.

FRIEDRICHS, J.: Methoden empirischer Sozialforschung. 14. Auflage. VS Verlag für Sozialwissenschaften. Wiesbaden, s.l., 1990.

GARG, S.; EISENHARDT, K. M.: Unpacking the CEO–Board Relationship: How Strategy Making Happens in Entrepreneurial Firms. In: Academy of Management Journal 60 (2017) 5, S. 1828–1858.

GESCHKA, H.; LANTELME, G.: Kreativitätstechniken. In: Handbuch Technologie- und Innovationsmanagement. Hrsg.: S. Albers; O. Gassmann. Gabler, Wiesbaden, 2005, S. 285–303.

GIERING, O.: Künstliche Intelligenz und Arbeit: Betrachtungen zwischen Prognose und betrieblicher Realität. In: Zeitschrift für Arbeitswissenschaft 76 (2022) 1, S. 50–64.

GOODFELLOW, I.; COURVILLE, A.; BENGIO, Y.: Deep Learning. The MIT Press. Cambridge, Massachusetts, 2016.

GOODMAN, B.; FLAXMAN, S.: European Union Regulations on Algorithmic Decision Making and a "Right to Explanation". In: AI Magazine 38 (2017) 3, S. 50–57.

GOOGLE CLOUD: Eigene Modelle trainieren und verwenden. https://cloud.google.com/vertex-ai/docs/training-overview?hl=de (Link zuletzt geprüft: 20.02.2025).

GROß, C.; PFENNIG, R.: Professionelle Softwareauswahl und -einführung in der Logistik. Springer Fachmedien Wiesbaden. Wiesbaden, 2017.

GSCHWANDTNER, T.; ERHART, O.: Know Your Enemy: Identifying Quality Problems of Time Series Data. In: 2018 IEEE Pacific Visualization Symposium (PacificVis). Hrsg.: S. Bruckner; K. Koyamada; B. Lee; K. Misue; F. Sadlo; L. Shi. IEEE, 2018, S. 205–214.

H2O.AI: H2O Driverless AI Documentation. https://docs.h2o.ai/driverless-ai/1-11-lts/docs/userguide/index.html (Link zuletzt geprüft: 06.02.2025).

HABERFELLNER, R.; WECK, O. L. de; FRICKE, E.; VÖSSNER, S.: Systems engineering. Fundamentals and applications. Birkhäuser. Cham, Switzerland, 2019.

HANSCHKE, I.: Enterprise Architecture Management - einfach und effektiv. Ein praktischer Leitfaden für die Einführung von EAM. 2., überarbeitete Auflage. Hanser. München, 2016.

HASHEM, I. A. T.; YAQOOB, I.; ANUAR, N. B.; MOKHTAR, S.; GANI, A.; ULLAH KHAN, S.: The rise of "big data" on cloud computing: Review and open research issues. In: Information Systems 47 (2015) 2, S. 98–115.

HE, K.; ZHANG, X.; REN, S.; SUN, J.: Deep Residual Learning for Image Recognition, 2015. https://doi.org/10.48550/arXiv.1512.03385 (Link zuletzt geprüft: 05.03.2024).

HE, X.; ZHAO, K.; CHU, X.: AutoML: A Survey of the State-of-the-Art. In: Knowledge-Based Systems 212 (2021) 3, S. 1–33.

HEIMES, P.; RETZLAFF, C.; HOFFMANN, J.: IoT-Plattformen für das Internet of Production. FIR e. V. an der RWTH Aachen. Aachen, 2019.

HICKING, J.: Spezifikation von intelligenten Produkten im Maschinenbau. Apprimus Verlag. Aachen, 2020.

HOFFMANN, J.: Informationssystem-Architekturen produzierender Unternehmen bei softwaredefinierten Plattformen. Apprimus Verlag. Aachen, 2018.

HUMM, B. G.; ZENDER, A.: An Ontology-Based Concept for Meta AutoML. In: Artificial Intelligence Applications and Innovations. Hrsg.: I. Maglogiannis; J. Macintyre; L. Iliadis. IFIP Advances in Information and Communication Technology. Springer International Publishing, Cham, 2021, S. 117–128.

HUTTER, F.; KOTTHOFF, L.; THORNTON, C.; HOOS, H. H.; LEYTON-BROWN, K.: Auto-WEKA: Automatic Model Selection and Hyperparameter Optimization in WEKA. In: Automated Machine Learning. Methods, Systems, Challenges. Hrsg.: F. Hutter; L. Kotthoff; J. Vanschoren. Springer eBooks Computer Science. Springer, Cham, 2019, S. 81–94.

HUTTER, F.; KOTTHOFF, L.; VANSCHOREN, J. (Hrsg.): Automated Machine Learning. Methods, Systems, Challenges. Springer eBooks Computer Science. Springer. Cham 2019.

IBM: IBM AutoAI. https://www.ibm.com/products/watson-studio/autoai (Link zuletzt geprüft: 13.10.2025).

INDURKHYA, N.; DAMERAU, F. J.: Handbook of Natural Language Processing, Second Edition. 2nd ed. Taylor and Francis. Hoboken, 2012.

JOHN, M. M.; OLSSON, H. H.; BOSCH, J.: Towards MLOps: A Framework and Maturity Model. In: 2021 47th Euromicro Conference on Software Engineering and Advanced Applications (SEAA) // 2021 47th Euromicro Conference on Software Engineering and Advanced Applications. SEAA 2021 : 1-3 September 2021, Palermo, Italy : proceedings. Hrsg.: M. T. Baldassarre. IEEE, Piscataway, NJ, 2021, S. 334–341.

JUSOH, S.N.; AHMAD, H.: Usage of Microsoft Excel Spreadsheet As Accounting Tools in SME Company. In: INWASCON Technology Magazine (2019) 1, S. 23–25.

KANDEL, S.; PARIKH, R.; PAEPCKE, A.; HELLERSTEIN, J. M.; HEER, J.: Profiler. In: Proceedings of the International Working Conference on Advanced Visual Interfaces. Hrsg.: G. Tortora; S. Levialdi; M. Tucci. ACM, New York, NY, USA, 2012, S. 547–554.

KARI, M.; WEBER, F.; SCHÜTTE, R.: Datengetriebene Entscheidungsfindung aus strategischer und operativer Perspektive im Handel. In: HMD Praxis der Wirtschaftsinformatik 56 (2019) 5, S. 914–931.

KAUFMAN, S.; ROSSET, S.; PERLICH, C.; STITELMAN, O.: Leakage in data mining. In: ACM Transactions on Knowledge Discovery from Data 6 (2012) 4, S. 1–21.

KAUFMANN, J.; MÜLDER, W.: Softwareauswahl und Softwareentwicklung. In: Grundkurs Wirtschaftsinformatik. Hrsg.: J. Kaufmann; W. Mülder. Springer Fachmedien Wiesbaden, Wiesbaden, 2023, S. 475–524.

KIM, D. Y.; CIEMINSKI, G. von; ROMERO, D. (Hrsg.): Advances in Production Management Systems. Smart Manufacturing and Logistics Systems: Turning Ideas into Action. IFIP Advances in Information and Communication Technology. Springer Nature Switzerland. Cham 2022.

KIßKALT, D.; MAYR, A.; LUTZ, B.; RÖGELE, A.; FRANKE, J.: Streamlining the development of data-driven industrial applications by automated machine learning. In: Procedia CIRP 93 (2020) 2, S. 401–406.

KNIME AG: AutoML. https://hub.knime.com/knime/spaces/Examples/00_Components/Automation/AutoML~33fQGaQzuZByy6hE/current-state (Link zuletzt geprüft: 13.10.2025).

KONONENKO, I.; KUKAR, M.: Data Preprocessing. In: Machine Learning and Data Mining // Machine learning and data mining. Introduction to principles and algorithms. Hrsg.: I. Kononenko; M. Kukar. Elsevier; Woodhead Publ, Oxford, 2007, S. 181–211.

KORTICAL LTD.: Kortical MLOps - Deployment. https://kortical.com/ai (Link zuletzt geprüft: 13.10.2025).

KRAFFT, T.; ZWEIG, K.: Transparenz und Nachvollziehbarkeit Algorithmenbasierter Entscheidungsprozesse. Ein Regulierungsvorschlagaus sozioinformatischer Perspektive. Berlin, 2019. https://www.vzbv.de/sites/default/files/downloads/2019/05/02/19-01-22_zweig_krafft_transparenz_adm-neu.pdf (Link zuletzt geprüft: 16.04.2020).

KRAUß, J.; PACHECO, B. M.; ZANG, H. M.; SCHMITT, R. H.: Automated machine learning for predictive quality in production. In: Procedia CIRP 93 (2020), S. 443–448.

KRCMAR, H.: Informationsmanagement. 6., überarb. Aufl. 2015. Springer Berlin Heidelberg; Imprint; Springer Gabler. Berlin, Heidelberg, 2015.

LEE, K. M.; YOO, J.; KIM, S.-W.; LEE, J.-H.; HONG, J.: Autonomic machine learning platform. In: International Journal of Information Management 49 (2019), S. 491–501.

LEITNER, S.-H.; MAHNKE, W.: OPC UA – Service-oriented Architecture for Industrial Applications. In: Softwaretechnik-Trends 26 (2006) 4, S. 1–6.

LI, O.; SUN, J.; YANG, X.; GAO, W.; ZHANG, H.; XIE, J.; SMITH, V.; WANG, C.: Label Leakage and Protection in Two-party Split Learning, 17.02.2021. https://doi.org/10.48550/arXiv.2102.08504 (Link zuletzt geprüft: 05.03.2024).

LI, Y.; WANG, Z.; DING, B.; ZHANG, C.: AutoML: A Perspective where Industry Meets Academy. In: Proceedings of the 27th ACM SIGKDD Conference on Knowledge Discovery & Data Mining. Hrsg.: F. Zhu; B. Chin Ooi; C. Miao. ACM, New York, NY, USA, 2021, S. 4048–4049.

LIU, S.; ANDRIENKO, G.; WU, Y.; CAO, N.; JIANG, L.; SHI, C.; WANG, Y.-S.; HONG, S.: Steering data quality with visual analytics: The complexity challenge. In: Visual Informatics 2 (2018) 4, S. 191–197.

MALONE, T. W.; CROWSTON, K.: The interdisciplinary study of coordination. In: ACM Computing Surveys 26 (1994) 1, S. 87–119.

MANDAL, S.; ACHARY, P.; PHALKE, S.; POORVAJA, K. V.K.; KULKARNI, M.: Extractive Text Summarization Using Supervised Learning and Natural Language Processing. In: 2021 International Conference on Intelligent Technologies (CONIT). Karnataka, India, June 25-27, 2021. Hrsg.: R. L. Itagi. IEEE, Piscataway, NJ, 2021, S. 1–7.

MARCELLO, B.; DAVIDE, C.; MARCO, F.; ROBERTO, G.; LEONARDO, M.; LUCA, P.: An ensemble-learning model for failure rate prediction. In: Procedia Manufacturing 42 (2020) 1-4, S. 41–48.

MARTIN, J. A.; EISENHARDT, K. M.: Rewiring: Cross-Business-Unit Collaborations in Multibusiness Organizations. In: Academy of Management Journal 53 (2010) 2, S. 265–301.

MARTINEZ-PLUMED, F.; CONTRERAS-OCHANDO, L.; FERRI, C.; HERNANDEZ-ORALLO, J.; KULL, M.; LACHICHE, N.; RAMIREZ-QUINTANA, M. J.; FLACH, P.: CRISP-DM Twenty Years Later: From Data Mining Processes to Data Science Trajectories. In: IEEE Transactions on Knowledge and Data Engineering 33 (2021) 8, S. 3048–3061.

MASÍS, S.: Interpretable machine learning with python. Learn to build interpretable high-performance models with hands-on real-world examples. Packt Publishing. Birmingham, 2021.

MASOOD, A.; SHERIF, A.: Automated Machine Learning. Packt Publishing; Safari. Boston, 2021.

MATHEUS, C.; CHAN, P.; PIATETSKY-SHAPIRO, G.: Systems for knowledge Discovery in Databases. In: IEEE Transactions on Knowledge and Data Engineering 5 (1993) 6, S. 903–913.

MATRI, P.; COSTAN, A.; ANTONIU, G.; MONTES, J.; PEREZ, M. S.: Týr: Blob Storage Meets Built-In Transactions. In: SC '16: Proceedings of the International Conference for High Performance Computing, Networking, Storage and Analysis (2016), S. 573–584.

MICROSOFT: Was ist automatisiertes maschinelles Lernen (AutoML)? https://learn.microsoft.com/de-de/azure/machine-learning/concept-automated-ml?view=azureml-api-2 (Link zuletzt geprüft: 20.02.2025).

MILUTINOVIC, M.; SCHOENFELD, B.; MARTINEZ-GARCIA, D.; RAY, S.; SHAH, S.; YAN, D.: On Evaluation of AutoML Systems. In: 7th ICML Workshop on Automated Machine Learning (AutoML) 37 (2020) 119, S. 1–16.

MINAYA VERA, C. G.; OSWALDO VICENTE, M. V.; ARIAS VERA, I. L.; ANDRÉS ALEXANDER, M. V.; BRAVO VERA, H. F.: Low/No-code development platforms and the future of software developers. In: Minerva 1 (2022) Special, S. 21–33.

MLJAR SP. Z O. O.: No-code and low-code Machine Learning. https://mljar.com/machine-learning-no-code/ (Link zuletzt geprüft: 13.10.2025).

MOOSBAUER, J.; HERBINGER, J.; CASALICCHIO, G.; LINDAUER, M.; BISCHL, B.: Explaining Hyperparameter Optimization via Partial Dependence Plots. In: Advances in Neural Information Processing Systems 35 (NeurIPS 2021). Hrsg.: M. Ranzato. 1; Bd. 35. Curran Associates, Inc., 2022, S. 1–21.

MUNAPPY, A. R.; BOSCH, J.; OLSSON, H. H.: Data Pipeline Management in Practice: Challenges and Opportunities. In: Product-Focused Software Process Improvement. Hrsg.: M. Morisio; M. Torchiano; A. Jedlitschka. Lecture Notes in Computer Science. Springer International Publishing, Cham, 2020, S. 168–184.

NACHREINER, F.: Methoden empirischer Forschung in der Arbeitswissenschaft. In: Handbuch Arbeitswissenschaft. Hrsg.: H. Luczak. Schäffer-Poeschel, Stuttgart, 1997, S. 87–93.

NETO, A. V. S.; CAMARGO, J. B.; ALMEIDA, J. R.; CUGNASCA, P. S.: Safety Assurance of Artificial Intelligence-Based Systems: A Systematic Literature Review on the State of the Art and Guidelines for Future Work. In: IEEE Access 10 (2022), S. 130733–130770.

NILSSON, N. J.: The quest for artificial intelligence. A history of ideas and achievements. Cambridge University Press. Cambridge, 2010.

ÖSTERLE, H.; BECKER, J.; FRANK, U.; HESS, T.; KARAGIANNIS, D.; KRCMAR, H.; LOOS, P.; MERTENS, P.; OBERWEIS, A.; SINZ, E. J.: Memorandum zur gestaltungsorientierten Wirtschaftsinformatik. In: Schmalenbachs Zeitschrift für betriebswirtschaftliche Forschung 62 (2010) 6, S. 664–672.

PACKT VERLAG: Packtpub. https://www.packtpub.com/ (Link zuletzt geprüft: 12.01.2022).

PFEIFFER, W.; DÖGL, R.: Das Technologie-Portfolio-Konzept zur Beherrschung der Schnittstelle Technik und Unternehmensstrategie. In: Strategische Unternehmungsplanung. Strategische Unternehmungsführung. Stand und Entwicklungstendenzen. Hrsg.: D. Hahn; B. Taylor. 5. Auflage. Springer, Berlin [u. a.], 1990, S. 254–282.

PITIC, L.; POPESCU, S.; PITIC, D.: Roadmap for ERP Evaluation and Selection. In: Procedia Economics and Finance 15 (2014) 3, S. 1374–1382.

PREVISION.IO: PrevisionIO Cloud AI Platform. https://appsource.microsoft.com/es-es/product/saas/previsionio1585835718160.test-offerprev?tab=overview (Link zuletzt geprüft: 13.10.2025).

PROBST, G. J. B.; GOMEZ, P.: Die Methodik des vernetzten Denkens zur Lösung komplexer Probleme. In: Vernetztes Denken. Hrsg.: G. J. B. Probst; P. Gomez. Gabler Verlag, Wiesbaden, 1991, S. 3–20.

PURDY, M.; DAUGHERTY, P.: How AI Boosts Industry Profits and Innovation, 2017. https://www.accenture.com/_acnmedia/accenture/next-gen-5/insight-ai-industry-growth/pdf/accenture-ai-industry-growth-full-report.pdf?la=en (Link zuletzt geprüft: 14.08.2020).

PÜSCHEL, T.; SCHRYEN, G.; HRISTOVA, D.; NEUMANN, D.: Revenue management for Cloud computing providers: Decision models for service admission control under non-probabilistic uncertainty. In: European Journal of Operational Research 244 (2015) 2, S. 637–647.

QUARANTA, L.; AZEVEDO, K.; CALEFATO, F.; KALINOWSKI, M.: A multivocal literature review on the benefits and limitations of industry-leading AutoML tools. In: Information and Software Technology 349 (2024) 6245, S. 1–63.

RADFORD, A.; WU, J.; CHILD, R.; LUAN, D.; AMODEI, D.; SUTSKEVER, I.; WU, J.; SUTSKEVER, I.: Language Models are Unsupervised Multitask Learners. https://github.com/openai/gpt-2 (Link zuletzt geprüft: 2019-06-30).

RAMMER, C.: Herausforderungen beim Einsatz von Künstlicher Intelligenz. Berlin, 2021. https://www.de.digital/DIGITAL/Redaktion/DE/Digitalisierungsindex/Publikationen/publikation-download-ki-herausforderungen.pdf?__blob=publicationFile&v=3 (Link zuletzt geprüft: 05.03.2024).

REDER, B.; FREIMARK, A.; LIXENFELD, C.; MAUERER, J.; SCHONSCHEK, O.; SCHWEIZER, M.: Studie Machine Learning / Deep Learning 2019. München, 2019. https://www.lufthansa-industry-solutions.com/fileadmin/user_upload/dokumente/pdf-dokumente-news/IDG_MachineLearning_Studie_2019.pdf (Link zuletzt geprüft: 15.03.2020).

RICH, E.; KNIGHT, K.; NAIR, S.: Artificial Intelligence. 3. Auflage. Tata McGraw-Hill; Gardners Books. New Dehli, 2009.

ROKIS, K.; KIRIKOVA, M.: Challenges of Low-Code/No-Code Software Development: A Literature Review. In: Perspectives in Business Informatics Research. 21st International Conference on Business Informatics Research, BIR 2022, Rostock, Germany, September 21–23, 2022, proceedings. Hrsg.: Ē. Nazaruka; K. Sandkuhl; U. Seigerroth. Lecture Notes in Business Information Processing; Bd. 462. Springer International Publishing, Cham, 2022, S. 3–17.

RONKAINEN, J.; IIVARI, A.: Designing a Data Management Pipeline for Pervasive Sensor Communication Systems. In: Procedia Computer Science 56 (2015), S. 183–188.

RUPP, C.: Requirements-Engineering und -Management. Aus der Praxis von klassisch bis agil. 6., aktualisierte und erweiterte Auflage. Hanser. München, 2014.

RUSSELL, S.; NORVIG, P.: Artificial Intelligence. A Modern Approach. 3. Auflage. Pearson Education. New Jersey, 2010.

RUSSELL, S.; NORVIG, P.: Artificial Intelligence. A Modern Approach. 4. Auflage. Pearson Education. New Jersey, 2021.

SAMUEL, A. L.: Some studies in machine learning using the game of checkers. In: IBM Journal of Research and Development 44 (2000) 1.2, S. 206–226.

SARKER, I. H.: Deep Learning: A Comprehensive Overview on Techniques, Taxonomy, Applications and Research Directions. In: SN computer science 2 (2021) 6, S. 1–20.

SCHEER, A.-W.: ARIS - Modellierungsmethoden, Metamodelle, Anwendungen. Dritte, völlig neubearbeitete und erweiterte Auflage. Springer Berlin Heidelberg. Berlin, Heidelberg, 1998.

SCHMIDT, C.: Konfiguration überbetrieblicher Koordinationsprozesse in der Auftragsabwicklung des Maschinen- und Anlagenbaus. Aachen, Rheinisch-Westfälische Technische Hochschule Aachen, Dissertation, 15.04.2008. http://publications.rwth-aachen.de/record/50211 (Link zuletzt geprüft: 05.03.2024).

SCHREIBER, J. (Hrsg.): Beschaffung von Informatikmitteln. Pflichtenheft - Evaluation - Entscheidung. 4., aktualisierte Aufl. Haupt. Bern, Stuttgart, Wien 2003.

SCHUH, G.; BENNING, J.; STROH, M.-F.: Case-Study-Based Requirements Analysis of Manufacturing Companies for Auto-ML Solutions. In: Advances in Production Management Systems. Smart Manufacturing and Logistics Systems: Turning Ideas into Action. Hrsg.: D. Y. Kim; G. von Cieminski; D. Romero. IFIP Advances in Information and Communication Technology. Springer Nature Switzerland, Cham, 2022, S. 43–50.

SCHUH, G.; BENNING, J.; STROH, M.-F.; LEACHU, S.; SCHMID, K.: Function Analysis for Selecting Automated Machine Learning Solutions. In: Proceedings of the Conference on Production Systems and Logistics: CPSL 2022. Hrsg.: D. Herberger; M. Hübner. publish-Ing, Hannover, 2022, S. 359–369.

SCHUH, G.; UAM, J.-Y.: Product Lifecycle Management. In: Innovationsmanagement. Hrsg.: G. Schuh. Springer Berlin Heidelberg, Berlin, Heidelberg, 2012, S. 351–410.

SEELMANN, V.; HICKING, J.: Projektmanagement. In: Digitalisierungs- und Informationsmanagement. Handbuch Produktion und Management 9. Hrsg.: G. Schuh; V. Zeller; V. Stich. Handbuch Produktion und Management; Bd. 9. Springer Vieweg, Berlin, Germany, 2022, S. 213–247.

SHAJI, G.; HOVAN, G.; GABRIO, M.: The Environmental Impact of AI: A Case Study of Water Consumption by Chat GPT. In: Partners Universal International Innovation Journal (PUIIJ) 1 (2023) 2, S. 91–104.

SHI, X.; WONG, Y. D.; CHAI, C.; LI, M. Z.-F.: An Automated Machine Learning (AutoML) Method of Risk Prediction for Decision-Making of Autonomous Vehicles. In: IEEE Transactions on Intelligent Transportation Systems 22 (2021) 11, S. 7145–7154.

SHMUELI, G.; KOPPIUS, O.: Predictive Analytics in Information Systems Research. In: SSRN Electronic Journal 30 (2010) 2, S. 109.

SIMON, P.; V, U.: Deep Learning based Feature Extraction for Texture Classification. In: Procedia Computer Science 171 (2020) 6, S. 1680–1687.

SPLUNK LLC: AI Toolkit. https://www.splunk.com/en_us/products/machine-learning.html (Link zuletzt geprüft: 13.10.2025).

SPRINGER VERLAG: SpringerLink. https://link.springer.com/ (Link zuletzt geprüft: 12.01.2022).

STACHOWIAK, H.: Allgemeine Modelltheorie. Springer. Wien [u. a.], 1973.

STANCU-MARA, S.; BAUMANN, P.: A comparative benchmark of large objects in relational databases. In: Proceedings of the 2008 international symposium on Database engineering & applications - IDEAS '08. Hrsg.: B. C. Desai. ACM Press, New York, New York, USA, 2008, S. 277–284.

STROBEL, G.; BANH, L.; MÖLLER, F.; SCHOORMANN, T.: Exploring Generative Artificial Intelligence: A Taxonomy and Types. In: Proceedings of the 57th Annual Hawaii International Conference on System Sciences. Hilton Hawaiian Village Waikiki Beach Resort, January 3-6, 2024. Hrsg.: T. X. Bui. Department of IT Management Shidler College of Business University of Hawaii, Honolulu, HI, 2024, S. 4546–4555.

SUH, A.; APPLEBY, G.; ANDERSON, E. W.; FINELLI, L.; CHANG, R.; CASHMAN, D.: Are Metrics Enough? Guidelines for Communicating and Visualizing Predictive Models to Subject Matter Experts. In: IEEE transactions on visualization and computer graphics 14 (2023) 8, S. 1–16.

SZELISKI, R.: Computer vision. Algorithms and applications. 2. Auflage. Springer. Cham, 2022.

TALEB, I.; SERHANI, M. A.; DSSOULI, R.: Big Data Quality Assessment Model for Unstructured Data. In: 2018 International Conference on Innovations in Information Technology (IIT). Proceedings of the 2018 13th International Conference on Innovations in Information Technology (IIT). Hrsg.: K. Shuaib. IEEE, Piscataway, NJ, 2018, S. 69–74.

TARJAN, L.; ŠENK, I.; ERIĆ OBUĆINA, J.; STANKOVSKI, S.; OSTOJIĆ, G.: Extending Legacy Industrial Machines by a Low-Cost Easy-to-Use IoT Module for Data Acquisition. In: Symmetry 12 (2020) 9, S. 1486.

TAZI AI SYSTEMS INC.: Patented adaptive AI learning technology. https://tazi.ai/platform/ (Link zuletzt geprüft: 13.10.2025).

TEICH, I.; KOLBENSCHLAG, W.; REINERS, W.: Der richtige Weg zur Softwareauswahl. Lastenheft, Pflichtenheft, Compliance, Erfolgskontrolle. Springer Berlin Heidelberg. Berlin, Heidelberg, 2008.

TENG, X.; GONG, Y.: Research on Application of Machine Learning in Data Mining. In: IOP Conference Series: Materials Science and Engineering 392 (2018) 6, S. 1–5.

TENSORMAKE: OneClick Enterprise AI Platform. https://www.oneclick.ai/home/oneclick-enterprise-ai-platform/ (Link zuletzt geprüft: 13.10.2025).

TORRACO, R. J.: Writing Integrative Literature Reviews: Guidelines and Examples. In: Human Resource Development Review 4 (2005) 3, S. 356–367.

TRUONG, A.; WALTERS, A.; GOODSITT, J.; HINES, K.; BRUSS, C. B.; FARIVAR, R.: Towards Automated Machine Learning: Evaluation and Comparison of AutoML Approaches and Tools. In: 2019 IEEE 31st International Conference on Tools with Artificial Intelligence (ICTAI). Hrsg.: N. Bourbakis; D. Kavraki. IEEE, Piscataway, NJ, 2019, S. 1471–1479.

TURNBULL, J.: The Docker Book. Turnbull Press; Safari. Boston, MA, 2014.

ULRICH, H.: Die Betriebswirtschaftslehre als anwendungsorientierte Sozialwissenschaft. In: Die Führung des Betriebes. Hrsg.: M. Geist; R. Köhler. Poeschel, Stuttgart, 1981, S. 1–25.

ULRICH, H. (Hrsg.): Management. Schriftenreihe Unternehmung und Unternehmungsführung; Bd. 13. Haupt. Bern, Stuttgart 1984.

ULRICH, M.; BACHLECHNER, D.: Wirtschaftliche Bewertung von KI in der Praxis – Status Quo, methodische Ansätze und Handlungsempfehlungen. In: HMD Praxis der Wirtschaftsinformatik 57 (2020) 1, S. 46–59.

ULRICH, P.; HILL, W.: Wissenschaftstheoretische Grundlagen der Betriebswirtschaftslehre (Teil II). In: Wirtschaftswissenschaftliches Studium: Zeitschrift für Ausbildung und Hochschulkontakt 5 (1976a) 8, S. 345–350.

ULRICH, P.; HILL, W.: Wissenschaftstheoretische Grundlagen der Betriebswirtschaftslehre (Teil I). In: Wirtschaftswissenschaftliches Studium: Zeitschrift für Ausbildung und Hochschulkontakt 5 (1976b) 8, S. 304–309.

UNIVERSITY OF LJUBLJANA: Data Mining Fruitful and Fun. https://orangedatamining.com/ (Link zuletzt geprüft: 13.10.2025).

URBANOWICZ, R.; ZHANG, R.; CUI, Y.; SURI, P.: STREAMLINE: A Simple, Transparent, End-To-End Automated Machine Learning Pipeline Facilitating Data Analysis and Algorithm Comparison. In: Genetic Programming Theory and Practice XIX. Hrsg.: L. Trujillo; S. M. Winkler; S. Silva; W. Banzhaf. Genetic and Evolutionary Computation. Springer Nature Singapore, Singapore, 2023, S. 201–231.

USAMA FAYYAD; GREGORY PIATETSKY-SHAPIRO; PADHRAIC SMYTH: The KDD process for extracting useful knowledge from volumes of data. In: Communications of the ACM 39 (1996) 11, S. 27–34.

VASWANI, A.; SHAZEER, N.; PARMAR, N.; USZKOREIT, J.; JONES, L.; GOMEZ, A. N.; KAISER, L.; POLOSUKHIN, I.: Attention Is All You Need, 2017. http://arxiv.org/pdf/1706.03762v5 (Link zuletzt geprüft: 10.10.2022).

VDI-RICHTLINIE 2225 Blatt 3: Konstruktionsmethodik - Technisch-wirtschaftlichers Konstruieren. Verein Deutscher Ingenieure e. V. Beuth. Berlin, 1998.

WAINAKH, A.; VENTOLA, F.; MÜßIG, T.; KEIM, J.; CORDERO, C. G.; ZIMMER, E.; GRUBE, T.; KERSTING, K.; MÜHLHÄUSER, M.: User-Level Label Leakage from Gradients in Federated Learning. In: Proceedings on Privacy Enhancing Technologies (PETS). Hrsg.: F. Kerschbaum; M. Mazurek. Sciendo, 2022, S. 227–244.

WOLPERT, D. H.; MACREADY, W. G.: No free lunch theorems for optimization. In: IEEE Transactions on Evolutionary Computation 1 (1997) 1, S. 67–82.

XIN, D.; WU, E. Y.; LEE, D. J.-L.; SALEHI, N.; PARAMESWARAN, A.: Whither AutoML? Understanding the Role of Automation in Machine Learning Workflows Whither AutoML? Understanding the Role of Automation in Machine Learning Workflows. In: CHI '21: Proceedings of the 2021 CHI Conference on Human Factors in Computing Systems 39 (2021) 1, S. 1–16.

XU, J.; LI, J.; LIU, Z.; SURYANARAYANAN, N. A. V.; ZHOU, G.; GUO, J.; IBA, H.; TEI, K.: Large Language Models Synergize with Automated Machine Learning. In: Transactions on Machine Learning Research (TMLR). Hrsg.: K. Cho; G. Kamath; H. Larochelle; N. Murray; Bd. 2024. Openreview, 2024, S. 1–49.

YAO, Q.; WANG, M.; CHEN, Y.; DAI, W.; LI, Y.-F.; TU, W.-W.; YANG, Q.; YU, Y.: Taking Human out of Learning Applications: A Survey on Automated Machine Learning. https://doi.org/10.48550/arXiv.1810.13306 (Link zuletzt geprüft: 05.03.2024).

YIN, R. K.: Case study research and applications. Design and methods. Sixth edition. Sage. Los Angeles, London, New Delhi, Singapore, Washington DC, Melbourne, 2018.

ZHAI, W.; SHI, X.; WONG, Y. D.; HAN, Q.; CHEN, L.: Explainable AutoML (xAutoML) with adaptive modeling for yield enhancement in semiconductor smart manufacturing. http://arxiv.org/pdf/2403.12381v1 (Link zuletzt geprüft: 17.11.2024).

ZÖLLER, M.-A.; HUBER, M. F.: Benchmark and Survey of Automated Machine Learning Frameworks. In: Journal of Artificial Intelligence Research 70 (2021) 1, S. 409–474.

ZÖLLER, M.-A.; TITOV, W.; SCHLEGEL, T.; HUBER, M. F.: XAutoML: A Visual Analytics Tool for Understanding and Validating Automated Machine Learning. In: ACM Transactions on Interactive Intelligent Systems 13 (2023) 4, S. 1–39.

ZWICKY, F.: The Morphological Approach to Discovery, Invention, Research and Construction. In: New Methods of Thought and Procedure. Hrsg.: F. Zwicky; A. G. Wilson. Springer, New York, 1967, S. 273–297.

Anhang

A.1 Fallstudienprotokoll Krone Maschinenfabrik

Datum	10.03.2022
Name	Oliver Preckel
Position	Data Scientist
Unternehmen	Maschinenfabrik Bernard Krone GmbH & Co. KG
Branche	Landmaschinenbau
KMU	Nein

1	Wie ist der aktuelle Anwendungsstand von ML/KI in Ihrem Unternehmen?
	- Daten werden bereits mit Microsoft Power BI visualisiert und analysiert - Modelle werden aktuell noch händisch in Python geschrieben
2	Welche Herausforderungen sehen Sie?
	n. A.
3	Welche Ziele sollen durch den Einsatz von Auto-ML erreicht werden?
	- Demokratisierung der Datenarbeit: Modelle sollen für Anwendende (Kein Data Scientist & Keine Coding-Fachkraft) verständlich und möglichst in Excel nutzbar sein - Nicht nur die Bedienungsoberfläche, sondern der Algorithmus & dessen Ergebnisse sollten nachvollziehbar sein - Automatisierung ist ebenfalls relevant - Entscheidungsunterstützung
4	Welche Nutzungsszenarien sollen mit Hilfe von Auto-ML realisiert werden?

	- Vertriebsprognosen
	    - Auswertung von verschiedenen Indikatoren, für die in den letzten 20 Jahren Daten gesammelt wurden (Anzahl der Indikatoren variiert nach Land) mittels einer Regressionsanalyse zur Auswahl der relevanten Variablen und anschließend mittels Korrelationsanalysen
	    - Im ersten Ansatz wird eine Linear Regression durchgeführt und anschließend mit einer Ridge Regression untersucht, welche Modelle das beste Ergebnis liefern
	- Visualisierung von Maschinendaten
	    - Bspw. für das Produkt „Premos“ (Pelletpresse) welches bei Kundschaft mit Mietverträgen läuft
	    - Voraussetzung: Datenschutz → Daten der Kundschaft dürfen in diesem Fall verarbeitet werden
	    - Motivation: Konstruktion und Vertrieb haben Interesse an Auswertungen zu Auslastung & Effizienz der Pelletpresse und zum

	aktueller Zählerstand in verarbeiteten Tonnen (→ Predictive Maintenance)
	- Berichtserstattung über „Life-Dashboards" bzw. tägliche Aktualisierung
	- Auswertung der Beanspruchung verschiedener Wellen: Sensoren an den verschiedensten Wellen → Drehmoment; Auslastung / Beanspruchung der Welle auswerten und mit Grenzwerten vergleichen: Gründe für Beanspruchung herausfinden oder ggf. Welle belastbarer machen; Interessant für die Konstruktion
	- Auswertung von Trainingsdaten bspw. vom Schulungszentrum
	  - Welcher Händler hat schon wie viele Schulungen gemacht und welche Qualifikationen hat er?
	  - Grafische Aufbereitung
	  - Ermittlung von potenziellem Schulungsbedarf
	  - Korrelation von Schulungslevel mit Garantieschäden/-kosten ermitteln

5	Welche Arbeitsschritte sollen durch den Einsatz von Auto-ML optimiert werden?
	- Datenvorverarbeitung - Analyse - Deployment
6	Welche Person oder Personengruppe soll Modelle erstellen? Wer soll Sie benutzen?
	- Modellerstellung: Digitaleinheit - Modellbenutzung: Fachbereich (Shopfloor, Vertrieb)
7	Soll durch Auto-ML gezielt Expertise kompensiert werden?
	- Ja, bei Data-Science und Programmieren
8	Welche Daten oder Datenbanken sollen verarbeitet werden? Welche Kommunikationsschnittstellen sind für Sie unerlässlich?
	- SQL - (Oracle) Live SQL - (Microsoft) SQL Sever - REST API (aktuell noch nicht benötigt) - CSV / Excel - Außerdem wird aktuell ein selbst gebauter ETL-Prozess für sequenzielle Datenbanken verwendet (SQL) - Mögliches Zukunftsthema: Performante Anbindung von NoSQL Datenbanken (bspw. MongoDB) (Einbindung in Power BI via ODB-Schnittstelle war nicht performant)
9	Gibt es weitere Anforderungen aus der IT an die Software?
	Hybrider Weg, weil grundsätzlich kritische Haltung gegenüber der Cloud - Daten liegen im eigenen Rechenzentrum - Modelltraining wird mit lokalen Ressourcen durchgeführt (Rechenzeit ein Tag)

	- Bisher ein Versuch mit Microsoft Azure Auto-ML, weil sehr einfach und gut im Microsoft Kosmos
	- Die Einbettung in den Microsoft Kosmos, der im Unternehmen bereits eingesetzt wird, ist besonders wichtig
	- Daten, die zur Visualisierung benötigt werden, werden in der Cloud gespeichert (in Deutschland)
	- Standard für jede Software-Einführung:
	  - Kriterienkatalog zur Software-Auswahl
	  - Enthält bspw. Preis, Verfügbarkeit, Standorte, Erreichbarkeit, Usability, Konnektivität, Expertenwissen

10	Welche Anforderungen haben Sie an die Leistungsfähigkeit des Modells?
	- Validität des Modells hinsichtlich der physikalischen Messkriterien; Bspw. Fehlerteil wird mit 70% Wahrscheinlichkeit korrekt erkannt - Überprüfbarkeit des Modells ist wichtig
11	Soll die Lösung den Nutzenden eine Möglichkeit bieten die Ergebnisse selbst zu evaluieren? Welche Anforderungen stellen Sie an die Transparenz und Erklärbarkeit Ihres Auto-ML Modells?
	- Der Entscheidungsprozess bei der Modelle-Erstellung muss vor allem für Fachbereiche nachvollziehbar sein und auch die Modelle selbst sollten zumindest teilweise transparent sein. - Es soll Vielzahl an Modellen verfügbar sein; je nach Anwendungsfall wird ein einfaches, erklärbares oder weniger transparentes Modell gewählt - Evtl. Entscheidung gegen neuronales Netz und für Regression für bessere Nachvollziehbarkeit
12	Wie stellen Sie sich die optimale User-Interaktion mit einem Auto-ML System vor? Welche Konfigurationen sollen durch Nutzende vorgenommen werden?
	- Bisher sind nur Vorschläge gewünscht, kein Autopilot; insbesondere für die Modellerstellung und die Variablenauswahl, Letztere werden evtl. händisch vorab eingegrenzt.
13	Wie sollte aus Ihrer Sicht die Datenvisualisierung umgesetzt sein?
	- Einfache Bereitstellung und Zugänglichkeit. Möglichkeit zur Steuerung von Zugangsberechtigungen. - Visualisierung muss zum Datentyp passen. Visualisierung den Anforderungen entsprechend.
14	Wann bzw. in welchen Fällen möchten Sie benachrichtigt werden?
	n. A.
15	Wie soll sich das System im Fehlerfall verhalten?
	n. A.
16	Weitere Anforderungen die noch nicht genannt wurden?
	- Konnektivität mit anderen Programmen

A.2 Fallstudienprotokoll Krone Nutzfahrzeuge

Datum	10.03.2022
Name	Felix Bartels
Position	Chief Business Development Manager
Unternehmen	Fahrzeugwerk Bernard Krone GmbH & Co. KG
Branche	Nutzfahrzeugherstellung
KMU	Nein

1	Wie ist der aktuelle Anwendungsstand von maschinellem Lernen und künstlicher Intelligenz in Ihrem Unternehmen?
	- Software von Unternehmen „IconPro“ im Einsatz für KI
2	Welche Herausforderungen sehen Sie?
	- Bewältigung von Komplexität: Auswertung eines sehr komplexen Prozesses mit großer Parameterzahl (60-70) der manuell nur schwer ausgewertet werden kann - Datensilos
3	Welche Ziele sollen durch den Einsatz von Auto-ML erreicht werden?
	- Bewältigung von Komplexität: Entscheidungsunterstützung durch Handlungsempfehlung - Nachvollziehbarkeit für den Fachbereich (wenn der Prozess nicht zu komplex dafür ist) - *[… Beschreibung der Vorgehensweise des Startups DATAbility in Darmstadt …]*
4	Welche Nutzungsszenarien sollen mit Hilfe von Auto-ML realisiert werden?
	Fehlermanagement im Nutzfahrzeugbereich - KI-Analysen in der Produktion mit Nutzungsdaten im Feld - Auswertung von Produktionsanlagen - Fehlerursachen -& Parameter für ein gegebenes Fehlerbild finden - Vorgehensweise: - Ist-Aufnahme verfügbarer Daten *[…Details…]* - Datenintegration - Zusammenarbeit mit Lösung: Das Tool übernimmt die Modellauswahl, …. Und gibt ein Modell aus, das ganz gut auf den Anwendungsfall angepasst ist. Ergebnis: - Fehlervorhersage, ob am Ende des Produktionsprozesses ein Fehler aufgetreten ist oder nicht - Indikation wie die Einflussparameter verändert werden können, damit der Fehler nicht mehr auftritt - Voraussetzung zur Lösung von letzterem Punkt: Austausch zwischen Fachabteilung und Data Scientists

5	Welche Arbeitsschritte sollen durch den Einsatz von Auto-ML optimiert werden?
	- Datenvorverarbeitung - Analyse - Deployment
6	Welche Person oder Personengruppe soll Modelle erstellen? Wer soll Sie benutzen?
	- Modellerstellung: Digitaleinheit - Modellbenutzung: Fachbereich (Shopfloor, Vertrieb)
7	Soll durch Auto-ML gezielt Expertise kompensiert werden?
	n. A.
8	Welche Daten oder Datenbanken sollen verarbeitet werden? Welche Kommunikationsschnittstellen sind für Sie unerlässlich?
	- Notwendige Schnittstellen sind abhängig von bereits existierenden Datenbanken und ob im Anwendungsfall vergangenheitsbezogene Daten oder aktuelle Analysewerte relevant sind - Aktuell Stand bei Krone: - Zwischenschritt über Datenbank: Anbindung von lokalen Anlagendaten und von verschiedenen nicht miteinander verbundenen Systemen wie CRM, ERP (SAP), MES - Zusammenführung der Datensilos in einer gemeinsamen Datenbank → vermutlich relationale Datenbanktechnologie, da Power BI einfach angebunden werden soll - Optimal wäre eine Auto-ML Lösung mit direkten Konnektoren zu verschiedenen Produktionssystemen
9	Gibt es weitere Anforderungen aus der IT an die Software?
	- Keine Technologiebindung - Datensätze werden aktuell noch manuell zusammengesucht - Entscheidung Cloud vs. On-Premise ist noch nicht gefallen - Datenschutz ist ein großes Thema - (Sensible) Produktionsdaten werden on-Premise gespeichert - Mögliche Auslagerung des Modelltrainings in die Cloud (bisher passiert das Training auf den Servern von IconPro oder DATAbility), eventuell mit vorheriger Anonymisierung - Ob Modellberechnungen lokal oder in der Cloud durchgeführt werden sollen, ist noch nicht entschieden
10	Welche Anforderungen haben Sie an die Leistungsfähigkeit des Modells?
	- Performanz des Modells: Datenqualität ausreichend, Methodenauswahl zur Datenvorverarbeitung - Performanz im Sinne von Rechnerleistung: GPU-fähig
11	Soll die Lösung den Nutzenden eine Möglichkeit bieten die Ergebnisse selbst zu evaluieren? Welche Anforderungen stellen Sie an die Transparenz und Erklärbarkeit Ihres Auto-ML Modells?

	- Der Entscheidungsprozess bei der Modelle-Erstellung muss vor allem für Fachbereiche nachvollziehbar sein und auch die Modelle selbst sollten zumindest teilweise transparent sein
12	Wie stellen Sie sich die optimale User-Interaktion mit einem Auto-ML System vor? Welche Konfigurationen sollen durch Nutzende vorgenommen werden?
	- Die gefundenen Einflussparameter werden vom Fachbereich überprüft und bewertet (Kausalität oder Korrelation) - Wichtig: Abbruchparameter sollten festgelegt werden können, bzw. zumindest die Benachrichtigung, dass ein Grenzwert erreicht wurde.
13	Wie sollte aus Ihrer Sicht die Datenvisualisierung umgesetzt sein?
	- Bei begrenzten Server-Kapazitäten ist wichtig, dass die aktuelle Auslastung visualisiert werden kann. Ggf. sollte auch eine Steuerung der Kapazitäten von zentraler Stelle möglich sein.
14	Wann bzw. in welchen Fällen möchten Sie benachrichtigt werden?
	- (Wenn viele Parameter analysiert werden) Benachrichtigung, wenn Grenzwert erreicht wurde und der Abbruchparameter greift / alternativ automatischer Abbruch - (Wenn begrenzte Server-Kapazitäten) Visualisierungsmöglichkeit zur Auslastung, da die Berechnungszeit steigt, wenn mehrere Modelle gleichzeitig laufen, ggf. Unterstützung bei der Ablaufplanung
15	Wie soll sich das System im Fehlerfall verhalten?
	n. A.
16	Weitere Anforderungen die noch nicht genannt wurden?
	- Im Bereich Process Automation / Process Mining / Robotic Process Automation (RPA) wird ein höheres Maß an Automatisierung benötigt

A.3 Fallstudienprotokoll Bäumer

Datum	18.03.2022
Name	Jan Horsthemke
Position	Senior Research & Development Engineer
Unternehmen	Albrecht Bäumer GmbH & Co. KG
Branche	Spezialmaschinen
KMU	Ja

1	Wie ist der aktuelle Anwendungsstand von maschinellem Lernen und künstlicher Intelligenz in Ihrem Unternehmen?
	- Datenerfassung und Datenspeicherung sind umgesetzt, aber teilweise noch problematisch - Aktuell erste Schritte in Richtung Analyse

	- Für Aufzeichnungen wird Software der iba AG genutzt, mit der eingeschränkte Analysen möglich sind - Für Auswertungen wird eigener Code geschrieben
2	Welche Herausforderungen sehen Sie?
	- Große Datenmengen ("Tagesdatensätze") - Daten "sortieren" - Metadaten ins System bekommen
3	Welche Ziele sollen durch den Einsatz von Auto-ML erreicht werden?
	- Datenvorverarbeitung: kann aktuell noch nicht durch Auto-ML im notwendigen Umfang umgesetzt werden und sollte durch Personen mit Domänenexpertise vorgenommen werden - Analyse: Befähigung von bzw. Usability für Personen mit Domänenexpertise → Demokratisierung durch Auto-ML
4	Welche Nutzungsszenarien sollen mit Hilfe von Auto-ML realisiert werden?
	- Prozessqualität - Predictive Quality
5	Welche Arbeitsschritte sollen durch den Einsatz von Auto-ML optimiert werden?
	- Datenvorverarbeitung ist bisher nicht ausreichend für den Anwendungsfall - Datenspeicherung - Datenanalyse - Deployment ist aktuell noch nicht relevant; grundsätzlich interessant, aber Sicherheitsbedenken müssen beachtet werden
6	Welche Person oder Personengruppe soll Modelle erstellen? Wer soll Sie benutzen?
	- Nutzung durch Maschinenfachkräfte
7	Soll durch Auto-ML gezielt Expertise kompensiert werden?
	- Programmierkenntnisse - Datenwissenschaftler - Personen mit Domänenexpertise sollten die Auswertungen machen können
8	Welche Daten oder Datenbanken sollen verarbeitet werden? Welche Kommunikationsschnittstellen sind für Sie unerlässlich?
	- S7 (Adapter von Siemens) für SPS: *[Programmierbare Steuerung, die über den Simatic Controller verschiedenste Steuerungsaufgaben in der Prozessautomation übernimmt];* Abtastraten ~10ms (schneller als OPC UA) - CODESYS (Eckelmann): *[Ebenfalls eine integrierte Entwicklungsumgebung für SPS]* - Aktuell werden Daten in einem File Storage gespeichert; Umstieg auf Datenbank geplant - SQL-Datenbank wird nicht angewendet
9	Gibt es weitere Anforderungen aus der IT an die Software?

	- Bisher wird viel On-Edge gemacht; Maschinendaten sollen evtl. in Server bei der Kundschaft gespeichert werden und nach Auslastung auf den Zentralserver geschoben werden → Ziel: Netzwerk-Traffic reduzieren - In die Cloud sollen nur Daten, die über längeren Zeitraum relevant sind; Maschinendaten eher nicht - ML-Modelle könnten in der Cloud gehostet werden, weil datensicher & nicht viel Speicherplatz benötigt wird
10	Welche Anforderungen haben Sie an die Leistungsfähigkeit des Modells?
	- Score abhängig von realem Anwendungsfall. - Beispiel: Der einfachste Fall beurteilt nur, ob die Platte okay oder nicht okay ist. Der Zielwert orientiert sich an den realen Werten. Wenn eine normale Ausschussrate bei 5% liegt; wenn ein Modell 97% schaffen würde, wäre wahrscheinlich schon besser als ein normaler Bediener.
11	Soll die Lösung den Nutzenden eine Möglichkeit bieten die Ergebnisse selbst zu evaluieren? Welche Anforderungen stellen Sie an die Transparenz und Erklärbarkeit Ihres Auto-ML Modells?
	- Ja, Evaluation teilweise sogar aus sicherheitsrelevanten Gründen notwendig - Erklärbarkeit ist relevant → Hintereinander gelagerte Prozesse; Prozessparameter (Vorgabewerte) können verändert werden - Maschinensteuerung immer noch manuell - Prozessbasierte Kennzahlermittlung - Sicherheitskritische Anwendungen von ML→ EU-Richtlinie soll berücksichtigt werden
12	Wie stellen Sie sich die optimale User-Interaktion mit einem Auto-ML System vor? Welche Konfigurationen sollen durch Nutzende vorgenommen werden?
	- Vollautomation gibt es noch nicht in dem benötigten Umfang, deshalb ist eine Interaktion wie bspw. in Low-Code-Lösung „Orange AI" wünschenswert: - Hohe Usability für viele Konfigurationsmöglichkeiten ohne tieferes Know-how
13	Wie sollte aus Ihrer Sicht die Datenvisualisierung umgesetzt sein?
	- Gewichtung / Wie stark sind Parameter für Ergebnis verantwortlich - Auch für Kundschaft, wenn ausgereifte Lösung vorhanden ist
14	Wann bzw. in welchen Fällen möchten Sie benachrichtigt werden?

	- Fehlermeldungen, insbesondere prädiktiv
	- Sinnvolle Alarme:
	  - Wiederholende Fehler und problematische Entwicklungen
	  - Übersetzte Fehlercodes: Was bedeuten die Fehlercodes und warum treten sie auf
	  - „Steuerhäuser" in dem alle Informationen auf Dashboards zusammenlaufen → darin die Übersicht, wenn etwas nicht funktioniert
	  - Informations-Überforderung vermeiden

15	Wie soll sich das System im Fehlerfall verhalten?

	s. o. 14
16	Weitere Anforderungen die noch nicht genannt wurden?
	- Bedingung: Berücksichtigung der SPS-Parameter, die in diesem Kontext sehr stark vorgegeben sind (Deterministisch) - Für die Verarbeitung von Zeitreihen optimiert - Wünschenswert: Breiter Support für die Software bzw. die dahinterstehenden Bibliotheken (Python) aus der Community

A.4 Fallstudienprotokoll Medizintechnikunternehmen

Datum	17.03.2022
Name	Anonym
Position	Product Manager Clinics Predictive Maintenance
Unternehmen	Anonym
Branche	Medizintechnik
KMU	Nein

1	Wie ist der aktuelle Anwendungsstand von KI in Ihrem Unternehmen?

	- Momentan wird kein Auto-ML verwendet; Infrastructure wird verwendet (Azure / AWS) aber aus Kostengründen werden keine fertigen Modelle im Betrieb
	- Datenerhebung (aktueller Stand):
	  - Erfolgreiche Einbindung mehrerer Datenpipelines
	  - Automatischer Zugriff auf Daten von internen Systemen (Kliniken), die bereits an die Systeme angebunden sind
	  - System, um die Anbindung der Kliniken zu automatisieren (Onboarding) mit automatischer Benachrichtigungsfunktion an alle Prozessteilnehmenden
	- Datenanalyse:
	  - Eigentlicher Mehrwert ist bisher der Wert der Daten
	  - Einfache Analysen sind erst dann möglich, wenn Daten gut genug aufbereitet sind

2	Welche Herausforderungen sehen Sie?
	- Konnektivität - Datenschutzgrundverordnung - ROI lässt sich nicht berechnen, sondern nur abschätzen - Durch die Erstellung neuer Prozesse, die es erlauben die Daten zu erheben können kurzfristig höhere Aufwände entstehen (→ KPI: gebundene Projekte)
3	Welche Ziele sollen durch den Einsatz von Auto-ML erreicht werden?

	- Digitales Produkt für den Kundschaft: Smart Service zur internen technischen Serviceoptimierung / Predictive Maintenance (wird weiterhin verfolgt, aber bisher ist die Güte der Vorhersagemodelle ist zu schlecht)
	  - Fehlerspeicher
	  - User Profile
	  - Service Reports
	  - Rückspiegelung der Ergebnisse in die Modelle
	- Stattdessen wird auf Herstellung von Transparenz gesetzt - dafür wurde ein Customer Journey auf Basis der Daten erstellt; Visualisierung der Daten in Dashboards
	  - Maschinen
	  - Fehlerrate
	  - Wo stehen die Maschinen

4	Welche Nutzungsszenarien sollen mit Hilfe von Auto-ML realisiert werden?
	- Prozessvisualisierung (inkl. Probleme) - Predictive Maintenance auf Basis von Maschinendatenerfassung
5	Welche Arbeitsschritte sollen durch den Einsatz von Auto-ML optimiert werden?
	- Datenvorverarbeitung (Filterung von Fehlerfällen, auch wenn diese selten vorkommen, muss von einer technischen Fachkraft geprüft werden) - Datenintegration
6	Welche Person oder Personengruppe soll Modelle erstellen? Wer soll Sie benutzen?
	n. A.
7	Soll durch Auto-ML gezielt Expertise kompensiert werden?
	n. A.
8	Welche Daten oder Datenbanken sollen verarbeitet werden? Welche Kommunikationsschnittstellen sind für Sie unerlässlich?
	- SQL-Datenbank - BLOB-Storage für unstrukturierte Daten - Excel-Anbindung - Alle Daten kommen zudem in einen Data Lake
9	Gibt es weitere Anforderungen aus der IT an die Software?
	- Es gibt Standard-Tools für dieses Thema im Unternehmen, aber IT-Vorgaben sind nicht transparent und vor allem noch nicht global standardisiert - Risiko des Vendor Lock-in wird gesehen, aber derzeit aufgrund von Kostenvorteilen getragen - Grunde für die Cloud-Entscheidung sind Skalierbarkeit (dezentral organisiertes Unternehmen) und Reduzierung des Wartungsaufwands
10	Welche Anforderungen haben Sie an die Leistungsfähigkeit des Modells?
	- Auto-ML müsste genauso performant (Outcome Fitting) sein, wie die selbstgebaute Lösung, um verwendet zu werden

11	Soll die Lösung den Nutzenden eine Möglichkeit bieten die Ergebnisse selbst zu evaluieren? Welche Anforderungen stellen Sie an die Transparenz und Erklärbarkeit Ihres Auto-ML Modells?
	- Eher nicht. Technische Fachkräfte sollen keine Analysemöglichkeit haben, sondern nur Handlungsempfehlungen. - Vorhersagen müssen validiert werden - Nachvollziehbarkeit/ Begründbarkeit muss gegeben sein - Technischer Servicebereich: Transparenz über Modelle - Patient Outcome: bessere Nachvollziehbarkeit muss gewährleistet sein
12	Wie stellen Sie sich die optimale User-Interaktion mit einem Auto-ML System vor? Welche Konfigurationen sollen durch Nutzende vorgenommen werden?
	- Von Outcome und Kosten abhängig
13	Wie sollte aus Ihrer Sicht die Datenvisualisierung umgesetzt sein?
	- „As simple as possible“ bspw. Feedback mit Ampelsystem, keine Analyse, sondern ausschließlich Handlungsempfehlung - Konfigurierbarkeit nach Sonderwünschen von Kundschaft
14	Wann bzw. in welchen Fällen möchten Sie benachrichtigt werden?
	- Komplexität der Bereitgestellten Information in Abhängigkeit vom Prozess
15	Wie soll sich das System im Fehlerfall verhalten?
	n. A.
16	Weitere Anforderungen die noch nicht genannt wurden?

	- Monetäre Betrachtung für die Make-or-Buy Entscheidung: Das Operating Model muss transparent genug sein, um entscheiden zu können wie viel Auto-ML kosten darf
	- Weitere Kriterien für die Make-or-Buy Entscheidung:
	    o Kosten
	    o Expertise
	    o Anpassung aufs Unternehmen (Fitting fürs Unternehmen ist besser, wenn es nicht standardisiert ist)
	    o Vertrauen, Bewertbarkeit/ Nachvollziehbarkeit von Algorithmen

A.5 Fallstudienprotokoll SMS Group

Datum	18.03.2022
Name	Roman Emonts-Holley
Position	Projektmanager Digitalisierung bei SMS group GmbH
Unternehmen	SMS group
Branche	Hütten- und Walzwerkstechnik
KMU	Nein

1	Wie ist der aktuelle Anwendungsstand von maschinellem Lernen und künstlicher Intelligenz in Ihrem Unternehmen?
	- SAP Analytics Cloud als Business Intelligence Suite / Analytics, ermöglicht ML - Microsoft Power BI - Derzeit wird hauptsächlich Azure verwendet
2	Welche Herausforderungen sehen Sie?
	- Begriffsdefinitionen sind nicht einheitlich, überschneiden sich und werden von Softwareunternehmen nicht einheitlich verwendet - Dynamischer Anbietermarkt - Komplexe User-Administration und Berechtigungskonzept stellt eine Hürde bei der Nutzung von verschiedenen Tools dar - Fachbereich kennt die Potenziale von ML nicht; ML-Fachkraft kennt den Fachbereich zu wenig, um Verbesserungsmöglichkeiten zu finden; Ansatz: „Nenne mir deine langweiligste Aufgabe“
3	Welche Ziele sollen durch den Einsatz von Auto-ML erreicht werden?
	- Demokratisierungsaspekt → Einfache Nutzung von ML-Modellen
4	Welche Nutzungsszenarien sollen mit Hilfe von Auto-ML realisiert werden?
	- Process Automation - Textverarbeitung - Anderer Unternehmensbereich beschäftigt sich mit der qualitativen Vorhersage im Stahlherstellungsprozess: Dafür werden die ML-Modelle jedoch selbst entwickelt
5	Welche Arbeitsschritte sollen durch den Einsatz von Auto-ML optimiert werden?
	- Modellerstellung
6	Welche Person oder Personengruppe soll Modelle erstellen? Wer soll Sie benutzen?
	- Erstellung in verschiedenen Entwicklungsteams: Bürokommunikation, Azure / KI, SAP, Process Automation - Nutzung der Modelle durch Fachkräfte
7	Soll durch Auto-ML gezielt Expertise kompensiert werden?
	- Programmierkenntnisse: Wir sehen Vorteile darin, dass nicht mehr selbst programmiert werden muss und dass die Nutzungsfreundlichkeit steigt.
8	Welche Daten oder Datenbanken sollen verarbeitet werden? Welche Kommunikationsschnittstellen sind für Sie unerlässlich?
	- Datenquellen: SAP, PLM-System → Schnittstellen sind problematisch
9	Gibt es weitere Anforderungen aus der IT an die Software?
	- Guidelines für Data Privacy, Data Protection, Data Security - Auftragsverarbeitungsvertrag; SLA - Technologie-Stack und Governance wird gerade definiert/ ausgearbeitet

10	Welche Anforderungen haben Sie an die Leistungsfähigkeit des Modells?
	n. A.
11	Soll die Lösung den Nutzenden eine Möglichkeit bieten die Ergebnisse selbst zu evaluieren? Welche Anforderungen stellen Sie an die Transparenz und Erklärbarkeit Ihres Auto-ML Modells?
	- Grobe Erklärung ausreichend, aber es muss „testbar" sein (schnell Modelle erstellen und fertige Modelle testen; vor allem Letzteres)
12	Wie stellen Sie sich die optimale User-Interaktion mit einem Auto-ML System vor? Welche Konfigurationen sollen durch Nutzende vorgenommen werden?
	- Anwendungsfallabhängig und User-abhängig (Casual vs. Power User) - Vorschläge sind gut, weil der User einen Eindruck bekommt, was passiert - Technischer Reifegrad für „fire and forget" ist noch nicht gegeben
13	Wie sollte aus Ihrer Sicht die Datenvisualisierung umgesetzt sein?
	- Der Fachbereich weiß oft nicht welche Daten ausgewertet bzw. visualisiert werden sollen, damit wirklich ein Mehrwert entsteht. - Möglichkeiten zur Auswertung sollten deshalb intuitiver / zugänglicher sein
14	Wann bzw. in welchen Fällen möchten Sie benachrichtigt werden?
	n. A.
15	Wie soll sich das System im Fehlerfall verhalten?
	- Fehler und Anomalien sollen gemeldet werden; modellspezifisch gibt es andere Anforderungen
16	Weitere Anforderungen die noch nicht genannt wurden?
	- Gute Dokumentation und Usability / Ease of Usage sind von Vorteil - Möglichkeit zum Testen - Unternehmensgröße - Lizenzmodell - Dokumentation: Detailliertere Beschreibungen welche Tools wofür eingesetzt werden können wären wünschenswert

A.6 Fallstudienprotokoll Hillebrand

Datum	14.03.2022
Name	Meikel Schiller
Position	Leitung IT
Unternehmen	Rudolf Hillebrand GmbH & Co. KG
Branche	Automobilzulieferer
KMU	Ja

1	Wie ist der aktuelle Anwendungsstand von maschinellem Lernen und künstlicher Intelligenz in Ihrem Unternehmen?
	- Analytics-Plattform gibt es noch nicht - Aktuell werden Excel-Auswertungen gemacht, viele Schritte werden manuell gemacht; Soll aber umgesetzt werden - Power BI als mögliches Tool in Betracht gezogen - Datenanbindung und -erhebung wird derzeit umgesetzt
2	Welche Herausforderungen sehen Sie?
	- Arbeits- und Ressourcenaufwand
3	Welche Ziele sollen durch den Einsatz von Auto-ML erreicht werden?
	- Verringerung von Arbeitsaufwand und Demokratisierung: Intuitives Dashboard zum zusammenklicken von Informationen - Datentransparenz: Dashboards an der Anlage zur Visualisierung des aktuellen Stands
4	Welche Nutzungsszenarien sollen mit Hilfe von Auto-ML realisiert werden?
	- Fehlerauswertung im Hinblick auf Teil / Zeit / Anlage - Personalmanagement: Auslastung und Anzahl der Mitarbeitenden im Einsatz - Qualitätsmanagement: Auswertungen für D-Teil Beschichtung (mit besonderen Schutzmaßnahmen) soll verbessert werden - Bisher keine prädiktiven Fälle
5	Welche Arbeitsschritte sollen durch den Einsatz von Auto-ML optimiert werden?
	- Datenvorverarbeitung - Datenintegration - Deployment: Bereitstellung für den Fachkräfte und Kundschaft
6	Welche Person oder Personengruppe soll Modelle erstellen? Wer soll Sie benutzen?
	- Modellaufbereitung: Controlling - Modellnutzung: Management
7	Soll durch Auto-ML gezielt Expertise kompensiert werden?
	- Datenwissenschaftliche Expertise und Programmierkenntnisse
8	Welche Daten oder Datenbanken sollen verarbeitet werden? Welche Kommunikationsschnittstellen sind für Sie unerlässlich?
	- Verschiedene Tools sollen angebunden werden können - SQL & MySQL Datenbanken an Anlagen - SQL bspw. Aufgrund des Warenwirtschaftssystem - OPC UA - Excel / CSV
9	Gibt es weitere Anforderungen aus der IT an die Software?
	- Anbieterstabilität: Maintenance soll gewährleistet sein - Usability - Geringer Schulungsaufwand bei Einführung

	- Cloud Strategie gibt es noch nicht, aber Server werden potenziell in die Cloud verlagert - Self-Service für Key User mit technischem Vorwissen aus Logistik und Controlling
10	Welche Anforderungen haben Sie an die Leistungsfähigkeit des Modells?
	- Verarbeitung Echtzeitdaten (Power BI benötigt diverse Zusatztools)
11	Soll die Lösung den Nutzenden eine Möglichkeit bieten die Ergebnisse selbst zu evaluieren? Welche Anforderungen stellen Sie an die Transparenz und Erklärbarkeit Ihres Auto-ML Modells?
	- Erklärbarkeit hinter den Auswertungsprozessen ist grundsätzlich relevant. - Fehlerursachen sollten zeitnah und auf einen Blick ersichtlich sein. - Mitarbeitende müssen schon vor der Nutzung von Auto-ML involviert werden
12	Wie stellen Sie sich die optimale User-Interaktion mit einem Auto-ML System vor? Welche Konfigurationen sollen durch Nutzende vorgenommen werden?
	- Flexible Konfiguration und Hoher Detaillierungsgrad sind für Bereichsleitende und Geschäftsführung relevant
13	Wie sollte aus Ihrer Sicht die Datenvisualisierung umgesetzt sein?
	- Fokus auf Datenaufbereitung bspw. mit Datenqualitätsprüfung - Unterschiedliche Views je nach Bereich - Ein Read-Only Dashboard
14	Wann bzw. in welchen Fällen möchten Sie benachrichtigt werden?
	- Benachrichtigungen bei Dateninkonsistenzen - Wenige relevante Benachrichtigungen sind okay und wichtig.
15	Wie soll sich das System im Fehlerfall verhalten?
	n. A.
16	Weitere Anforderungen die noch nicht genannt wurden?
	- Zugriffs-Einstellungen, Nutzungseinstellungen müssen einfach sein - Spezielle Dashboards und - Userverwaltung (Einbindung Stammdaten)

A.7 Vollständige Liste der Anforderungen ohne Duplikate

Lfd Nr.	Anforderung (User-Story-Format)	Quelle
1	Als modellerstellende Person möchte ich einen hohen Automatisierungsgrad haben, um effizient Modelle zu erstellen.	A.1
2	Als Digitaleinheit möchte ich Umsatzprognosen erstellen, um schnell auf den Markt reagieren zu können.	A.1
3	Als Digitaleinheit möchte ich Maschinendaten visualisieren und prognostizieren, um eine vorausschauende Wartung zu realisieren.	A.1
4	Als Digitaleinheit möchte ich die Schulungsdaten meiner Kundschaft analysieren, um den Schulungsbedarf zu ermitteln.	A.1
5	Als Digitaleinheit möchte ich Modelle erstellen, um meinen Abteilungen einen Mehrwert zu bieten.	A.1
6	Als Unternehmen möchte ich mit Auto-ML Data-Science-Expertise kompensieren, um valide Modelle zu geringen Kosten zu erstellen.	A.1
7	Als Unternehmen möchte ich mit Auto-ML-Programmierkenntnissen kompensieren, um maschinelles Lernen zu demokratisieren.	A.1
8	Als IT-Abteilung möchte ich On-Premise-Funktionen nutzen, um mein eigenes Rechenzentrum zu verwenden.	A.1
9	Als IT-Abteilung möchte ich Hyperscaler-Lösungen einsetzen, um Synergien mit bestehenden Anwendungen zu nutzen.	A.1
10	Als Unternehmen möchte ich Daten in der Cloud speichern, um sie hochverfügbar zu machen.	A.1
11	Als IT will ich Zugriffsberechtigungen und Rollenkonzepte, um die Datensicherheit zu gewährleisten.	A.1
12	Als modellerstellende Person möchte ich temporäre Daten on-premise speichern, um Cloud-Laufwerke nicht zu überlasten.	A.3
13	Als modellerstellende Person möchte ich bestehende Code-Bibliotheken integrieren können, um aktuelle Tools nutzen zu können.	A.3
14	Als modellerstellende Person möchte ich in der Lage sein, Zeitreihen automatisch zu analysieren, um Zeitreihenprognosen zu erstellen.	A.3
15	Als Digitaleinheit möchte ich Produktionsanlagen auswerten, um die Produktionseffizienz zu steigern.	A.2
16	Als Digitaleinheit möchte ich Fehlerursachen und -parameter analysieren, um eine hohe Vorhersagequalität zu erreichen.	A.2
17	Als IT-Abteilung möchte ich sensible Produktionsdaten on-premise speichern, um die Datensicherheit zu gewährleisten.	A.2
18	Als Digitaleinheit möchte ich eine DSGVO-konforme Lösung, um rechtliche Risiken zu minimieren.	A.4
19	Als Unternehmen möchte ich Hyperscaler vermeiden, um das Risiko einer Anbieterbindung zu minimieren.	A.4
20	Als Unternehmen möchte ich Cloud-basierte Lösungen nutzen, um die Skalierbarkeit und Wartbarkeit zu erhöhen.	A.4
21	Als modellerstellende Person möchte ich eine ähnliche Präzision wie bei manuell erstellten Modellen erreichen, um die Leistung sicherzustellen.	A.4
22	Als Digitaleinheit möchte ich die Textverarbeitung automatisieren, um NLP-Anwendungsfälle zu implementieren.	A.5
23	Als modellerstellende Person möchte ich schnell verschiedene Modelle erstellen und validieren, um Prototypen zu realisieren.	A.5
24	Als modellerstellende Person möchte ich eine gute Dokumentation der Experimente innerhalb des Werkzeugs, um die Historie nachvollziehbar zu machen.	A.5
25	Als Unternehmen möchte ich Lösungen von großen Softwareunternehmen, um langfristigen Support zu gewährleisten.	A.5
26	Als modellerstellende Person möchte ich eine intuitive Bedienungsoberfläche, um Modelle effizient zu erstellen.	A.5

Lfd Nr.	Anforderung (User-Story-Format)	Quelle
27	Als Unternehmen möchte ich einen geringen Schulungsaufwand bei der Implementierung, um die Anschaffungskosten zu senken.	A.6
28	Als modellerstellende Person möchte ich eine Verbindung zu SQL-Datenbanken herstellen, um vorhandene Datenquellen einfach nutzen zu können.	A.1
29	Als modellerstellende Person möchte ich CSV- und Excel-Dateien einbinden, um vorhandene Datenquellen einfach nutzen zu können.	A.1
30	Als modellerstellende Person möchte ich eine Verbindung zu No-SQL-Datenbanken herstellen, um vorhandene Datenquellen einfach nutzen zu können.	A.1
31	Als modellerstellende Person möchte ich in der Lage sein, große Datensätze zu verarbeiten, um Maschinendaten zu analysieren.	A.3
32	Als modellerstellende Person möchte ich in der Lage sein, Daten im System zu speichern, um Maschinendaten zu analysieren.	A.3
33	Als modellerstellende Person möchte ich in der Lage sein, SPS-Schnittstellen anzuschließen, um Maschinendaten zu analysieren.	A.3
34	Als modellerstellende Person möchte ich Netzlaufwerke anbinden können, um vorhandene Datenquellen einfach nutzen zu können.	A.3
35	Als modellerstellende Person möchte ich betriebliche Anwendungssysteme direkt anbinden können, so dass keine zusätzliche Datenbank erforderlich ist.	A.2
36	Als Digitaleinheit möchte ich Zugang zu externen Datenquellen haben, um Kundendaten zu verarbeiten.	A.4
37	Als modellerstellende Person möchte ich BLOB-Speicher anbinden, um vorhandene Datenquellen einfach nutzen zu können.	A.4
38	Als modellerstellende Person möchte ich OPC UA Schnittstellen anbinden, um vorhandene Datenquellen einfach nutzen zu können.	A.6
39	Als modellerstellende Person möchte ich Echtzeitdaten verarbeiten, um aktuelle Informationen zu erhalten.	A.6
40	Als modellerstellende Person möchte ich Vorschläge und keine vollständige Automatisierung, um die Kontrolle über den Erstellungsprozess zu behalten.	A.1
41	Als modellerstellende Person möchte ich in der Lage sein, die Pipeline flexibel selbst zu konfigurieren, um die Kontrolle über den Erstellungsprozess zu behalten.	A.3
42	Als modellerstellende Person möchte ich Auswertungsvorschläge für bestehende Datensätze erhalten, um einen Mehrwert aus den Daten zu realisieren.	A.5
43	Als modellerstellende Person möchte ich die Vorverarbeitung von Daten automatisieren, um Modelle effizient zu erstellen.	A.1
44	Als modellerstellende Person möchte ich in der Lage sein, Datensätze zu sortieren und zu manipulieren, um relevante Daten von irrelevanten Daten zu trennen.	A.3
45	Als modellerstellende Person möchte ich eine ausreichende Datenqualität sicherstellen, um eine hohe Leistung des Modells zu erreichen.	A.2
46	Als modellerstellende Person möchte ich die Datenanalyse automatisieren, um effizient Modelle zu erstellen.	A.1
47	Als modellerstellende Person möchte ich das Feature Engineering vereinfachen, um einen komplexen Prozess zu analysieren.	A.2
48	Als modellnutzende Person möchte ich verständliche Algorithmen, um Modelle auch als Nicht-Fachkraft zu verstehen.	A.1
49	Als modellerstellende Person möchte ich mehrere Algorithmen zur Auswahl haben, um Transparenz und Leistung in Einklang zu bringen.	A.1
50	Als modellerstellende Person möchte ich während der Modellerstellung frühzeitig gewarnt werden, um die Leistungsfähigkeit zu gewährleisten.	A.3
51	Als modellerstellende Person möchte ich während der Modellerstellung Handlungsempfehlungen erhalten, um einen komplexen Prozess zu analysieren.	A.2
52	Als modellerstellende Person möchte ich das Modelltraining mit anonymisierten Daten in die Cloud verlagern, um Modelle schneller zu trainieren.	A.2
53	Als Modellsteller möchte ich GPU-Training nutzen, um Modelle schneller zu trainieren.	A.2

Lfd Nr.	Anforderung (User-Story-Format)	Quelle
54	Als modellerstellende Person möchte ich in der Lage sein, Abbruchparameter festzulegen, um die Kontrolle über den Erstellungsprozess zu behalten.	A.2
55	Als modellerstellende Person möchte ich die Möglichkeit haben, Abbrüche zu sehen, um die Kontrolle über den Erstellungsprozess zu behalten.	A.2
56	Als modellerstellende Person möchte ich Benachrichtigungen über die Serverauslastung erhalten, um die Kontrolle über den Erstellungsprozess zu behalten.	A.2
57	Als modellerstellende Person möchte ich in der Lage sein, Modelle einfach zu überprüfen, um die Leistung sicherzustellen.	A.1
58	Als modellnutzende Person möchte ich meine eigenen Auswertungen durchführen, um mein Fachwissen einzubringen.	A.3
59	Als modellerstellende Person möchte ich in der Lage sein, die Leistung eines Modells mit verschiedenen Metriken zu bewerten, um reale Problemlösungen flexibel beurteilen zu	A.3
60	Als modellerstellende Person möchte ich die Nachvollziehbarkeit von Modellen, um auf reale Bedingungen reagieren zu können (Konzeptdrift).	A.3
61	Als modellerstellende Person möchte ich eine hohe Erklärbarkeit für risikoreiche Anwendungsfälle, um die Sicherheit der Mitarbeiter zu gewährleisten.	A.3
62	Als modellerstellende Person möchte ich in der Lage sein, eine Sensitivitätsanalyse durchzuführen, um Einflüsse auf das Ergebnis zu analysieren.	A.3
63	Als modellerstellende Person möchte ich Einflussparameter analysieren können, um Zusammenhänge zu bewerten.	A.2
64	Als Digitaleinheit möchte ich Transparenz über die wirtschaftlichen Kennzahlen meiner Modelle, um den ROI bestimmen zu können.	A.4
65	Als modellnutzende Person möchte ich eine einfache Visualisierung von Daten und Ergebnissen, um klare Handlungsempfehlungen zu erhalten.	A.4
66	Als modellnutzende Person möchte ich mehrere Visualisierungsoptionen, um meinen Informationsbedarf zu decken.	A.4
67	Als modellnutzende Person möchte ich verständliche Auswertungsergebnisse, um Modelle auch als Nicht-Datenwissenschaftler zu verstehen.	A.1
68	Als modellerstellende Person möchte ich die Bereitstellung automatisieren, um Modelle effizient zu erstellen.	A.1
69	Als Geschäftsanwender möchte ich Modelle anwenden, um operative Ziele zu erreichen.	A.1
70	Als Modellanwender möchte ich Modelle in der Filiale anwenden, um die Produktionseffizienz zu steigern.	A.3
71	Als modellerstellende Person möchte ich Modelle in der Cloud speichern, um sie hochverfügbar zu machen.	A.3
72	Als modellerstellende Person möchte ich Modelle in der Cloud hosten, um sie hochverfügbar zu machen.	A.3
73	Als modellerstellende Person möchte ich vor Konzeptabweichungen gewarnt werden, um die Leistung sicherzustellen.	A.3
74	Als modellnutzende Person möchte ich Live-Dashboards, um aktuelle Informationen zu erhalten.	A.4
75	Als modellnutzende Person möchte ich die Häufigkeit der Benachrichtigungen einstellen können, um eine Überlastung zu vermeiden.	A.4

A.8 Zuordnung gruppierter Anforderungen

Lfd Nr.	Anforderung: Die Auto-ML-Softwarelösung muss / sollte / kann	Basiert auf A.7 Nr.
1	Fähig sein, Schnittstellen mit unstrukturierten Daten anzubinden	36, 37
2	Fähig sein, Schnittstellen mit strukturierten Daten anzubinden	28, 29, 30, 36
3	Fähig sein, Shopfloor-Schnittstellen und -Systeme anzubinden, um Maschinendaten zu analysieren	33, 34, 35, 36, 38
4	Große Datensätze verarbeiten können	31
5	Nutzenden die Möglichkeit bieten, Daten in der Cloud zu speichern	10, 20
6	Fähig sein, Echtzeitdaten zu verarbeiten	39
7	Nutzenden die Möglichkeit bieten, prototypische Modelle mit hoher Geschwindigkeit zu erstellen	41
8	Nutzenden die Möglichkeit bieten, die Pipeline selbst flexibel zu konfigurieren	23
9	Daten automatisiert vorverarbeiten	43, 44
10	Fähig sein, Echtzeit-Daten mit Dashboards zu visualisieren	3, 65, 66, 74
11	Analysevorschläge für bestehende Datensätze geben	42
12	Nutzenden die Möglichkeit bieten, eine ausreichende Datenqualität sicherzustellen	45
13	Daten zur Visualisierung verborgener Trends und Korrelationen automatisch analysieren	63, 46, 15, 16, 14
14	Das Feature-Engineering zur Analyse komplexer Prozesse vereinfachen	47
15	Nutzenden die Möglichkeit bieten, datenbasierte Prognosen zu erstellen	2, 3, 14
16	Nutzenden die Möglichkeit bieten, Anwendungsfälle der natürlichen Sprachverarbeitung umzusetzen	22
17	Modelle hochautomatisiert erstellen	1, 5, 21
18	Nutzenden die Möglichkeit bieten, Modelle auf Basis von Empfehlungen. ohne vollständige Automatisierung zu erstellen	40, 49, 51, 58
19	Nutzenden die Möglichkeit bieten, Warnungen, Fehler und Abbrüche im Generierungsprozess sehen zu können	55, 50
20	Nutzenden die Möglichkeit bieten, Abbruchkriterien für das Training festzulegen	54
21	Verständliche Algorithmen für einfaches Verständnis der Modelle bereitstellen	48
22	Nutzenden die Möglichkeit bieten, Benachrichtigungen über die Serverauslastung zu erhalten	56
23	Fähig sein, den Trainingsprozess in die Cloud zu verlagern	52
24	Nutzenden die Möglichkeit bieten, die Modellperformanz mit einfach verständlichen Metriken zu kontrollieren	57
25	Eine hohe Erklärbarkeit der Ergebnisse bei risikoreichen und sicherheitskritischen Anwendungsfällen sicherstellenn	61
26	Nutzenden die Möglichkeit bieten, eigene Evaluationsschritte zu definieren und durchzuführen	58
27	Nutzenden die Möglichkeit bieten, Modellleistung mit verschiedenen Metriken zu bewerten	59
28	Nutzenden die Möglichkeit bieten, Modelle anhand wirtschaftlicher Kennzahlen zu bewerten	64
29	Nutzenden die Möglichkeit bieten, eine Sensitivitätsanalyse durchzuführen	62
30	Eine hohe Verständlichkeit der Evaluationsergebnisse sicherstellen	67
31	Fähig sein, die Bereitstellung zu automatisieren	68
32	Fähig sein, Modelle zur Steigerung der Produktionseffizienz auf dem Shopfloor bereitzustellen	69, 70
33	Fähig sein, Modelle über die Cloud hochverfügbar zu machen	71, 72
34	Nutzenden die Möglichkeit bieten, durch Transparenz im Modellbetrieb auf sich ändernde Umgebungsbedingungen reagieren zu können	75
35	Nutzenden die Möglichkeit bieten, Warnungen über Concept-Drift zu erhalten	73
36	Nutzenden die Möglichkeit bieten, Benachrichtigungen und deren Frequenz zu konfigurieren	60
37	Nutzenden die Möglichkeit bieten, mit dem System per intuitiver Bedienungsoberfläche zu agieren	26
38	Das Modelltraining in nachvollziehbarer Historie dokumentieren	24, 4
39	Durch Hyperscaler oder ein großes Cloud- / Plattform-Unternehmen bereitgestellt werden	9
40	Nicht durch einen Hyperscaler oder ein großes Cloud- / Plattform-Unternehmen bereitgestellt werden	19
41	Nutzenden die Möglichkeit bieten, existierende Code-Bibliotheken zu integrieren	13
42	DSGVO-Konformität sicherstellen	18
43	Rollen und Zugriffsrechte abbilden	11
44	On-Premise Daten speichern und verarbeiten	8, 12, 17, 32
45	Durch ein großes Softwareunternehmen bereitgestellt werden, um Langzeitunterstützung sicherzustellen	25
46	Nutzenden die Möglichkeit bieten, eine schnelle Implementierung und Schulung durchzuführen	27
47	Grafikkarten-Kompatibilität sicherstellen	53
48	Nutzenden die Möglichkeit bieten, Fachexpertise über Softwarelösung abzubilden	6, 7

A.9 Anforderungen Fallstudie Evaluation 1: VOSS Automotive

Dimitri Wied und Maximilian Gunst, Datum 06.01.2025		
Lfd. Nr.	**Anforderung (User-Story-Format)**	**Besteht?**
1	Fähig sein, Schnittstellen mit unstrukturierten Daten anzubinden	ja
2	Fähig sein, Schnittstellen mit strukturierten Daten anzubinden	ja
3	Fähig sein, Shopfloor-Schnittstellen und -Systeme anzubinden, um Maschinendaten zu analysieren	nein
4	Große Datensätze verarbeiten können	nein
5	Nutzenden die Möglichkeit bieten, Daten in der Cloud zu speichern	nein
6	Fähig sein, Echtzeitdaten zu verarbeiten	nein
7	Nutzenden die Möglichkeit bieten, prototypische Modelle mit hoher Geschwindigkeit zu erstellen	ja
8	Nutzenden die Möglichkeit bieten, die Pipeline selbst flexibel zu konfigurieren	ja
9	Daten automatisiert vorverarbeiten	ja
10	Fähig sein, Echtzeit-Daten mit Dashboards zu visualisieren	nein
11	Analysevorschläge für bestehende Datensätze geben	nein
12	Nutzenden die Möglichkeit bieten, eine ausreichende Datenqualität sicherzustellen	ja
13	Daten zur Visualisierung verborgener Trends und Korrelationen automatisch analysieren	nein
14	Das Feature-Engineering zur Analyse komplexer Prozesse vereinfachen	nein
15	Nutzenden die Möglichkeit bieten, datenbasierte Prognosen zu erstellen	nein
16	Nutzenden die Möglichkeit bieten, Anwendungsfälle der natürlichen Sprachverarbeitung umzusetzen	nein
17	Modelle hochautomatisiert erstellen	ja
18	Nutzenden die Möglichkeit bieten, Modelle auf Basis von Empfehlungen ohne vollständige Automatisierung zu erstellen	nein
19	Nutzenden die Möglichkeit bieten, Warnungen, Fehler und Abbrüche im Generierungsprozess sehen zu können	ja
20	Nutzenden die Möglichkeit bieten, Abbruchkriterien für das Training festzulegen	ja
21	Verständliche Algorithmen für einfaches Verständnis der Modelle bereitstellen	ja
22	Nutzenden die Möglichkeit bieten, Benachrichtigungen über die Serverauslastung zu erhalten	nein
23	Fähig sein, den Trainingsprozess in die Cloud zu verlagern	ja
24	Nutzenden die Möglichkeit bieten, die Modellperformanz mit einfach verständlichen Metriken zu kontrollieren	ja
25	Eine hohe Erklärbarkeit der Ergebnisse bei risikoreichen und sicherheitskritischen Anwendungsfällen sicherstellen	nein
26	Nutzenden die Möglichkeit bieten, eigene Evaluationsschritte zu definieren und durchzuführen	ja
27	Nutzenden die Möglichkeit bieten, Modellleistung mit verschiedenen Metriken zu bewerten	ja
28	Nutzenden die Möglichkeit bieten, Modelle anhand wirtschaftlicher Kennzahlen zu bewerten	ja
29	Nutzenden die Möglichkeit bieten, eine Sensitivitätsanalyse durchzuführen	nein
30	Eine hohe Verständlichkeit der Evaluationsergebnisse sicherstellen	nein
31	Fähig sein, die Bereitstellung zu automatisieren	ja
32	Fähig sein, Modelle zur Steigerung der Produktionseffizienz auf dem Shopfloor bereitzustellen	ja
33	Fähig sein, Modelle über die Cloud hochverfügbar zu machen	ja
34	Nutzenden die Möglichkeit bieten, durch Transparenz im Modellbetrieb auf sich ändernde Umgebungsbedingungen reagieren zu können	ja
35	Nutzenden die Möglichkeit bieten, Warnungen über Concept-Drift zu erhalten	ja
36	Nutzenden die Möglichkeit bieten, Benachrichtigungen und deren Frequenz zu konfigurieren	ja
37	Nutzenden die Möglichkeit bieten, mit dem System per intuitiver Bedienungsoberfläche zu	ja
38	Das Modelltraining in nachvollziehbarer Historie dokumentieren	nein
39	Durch Hyperscaler oder ein großes Cloud- / Plattform-Unternehmen bereitgestellt werden	nein
40	Nicht durch einen Hyperscaler oder ein großes Cloud- / Plattform-Unternehmen bereitgestellt werden	nein
41	Nutzenden die Möglichkeit bieten, existierende Code-Bibliotheken zu integrieren	ja
42	DSGVO-Konformität sicherstellen	nein
43	Rollen und Zugriffsrechte abbilden	ja
44	On-Premise Daten speichern und verarbeiten	ja
45	Durch ein großes Softwareunternehmen bereitgestellt werden, um Langzeitunterstützung sicherzustellen	ja
46	Nutzenden die Möglichkeit bieten, eine schnelle Implementierung und Schulung durchzuführen	ja
47	Grafikkarten-Kompatibilität sicherstellen	ja
48	Nutzenden die Möglichkeit bieten, Fachexpertise über Softwarelösung abzubilden	nein

A.10 Anforderungen Fallstudie Evaluation 2: Mennekes

Lena Stange und Fabian Hütte, Mennekes, 11.03.2024, 09:00 Uhr, virtuell		
Lfd. Nr.	**Anforderung**	**Besteht?**
1	Fähig sein, Schnittstellen mit unstrukturierten Daten anzubinden	nein
2	Fähig sein, Schnittstellen mit strukturierten Daten anzubinden	ja
3	Fähig sein, Shopfloor-Schnittstellen und -Systeme anzubinden, um Maschinendaten zu analysieren	nein
4	Große Datensätze verarbeiten können	ja
5	Nutzenden die Möglichkeit bieten, Daten in der Cloud zu speichern	ja
6	Fähig sein, Echtzeitdaten zu verarbeiten	nein
7	Nutzenden die Möglichkeit bieten, prototypische Modelle mit hoher Geschwindigkeit zu erstellen	ja
8	Nutzenden die Möglichkeit bieten, die Pipeline selbst flexibel zu konfigurieren	nein
9	Daten automatisiert vorverarbeiten	ja
10	Fähig sein, Echtzeit-Daten mit Dashboards zu visualisieren	ja
11	Analysevorschläge für bestehende Datensätze geben	ja
12	Nutzenden die Möglichkeit bieten, eine ausreichende Datenqualität sicherzustellen	ja
13	Daten zur Visualisierung verborgener Trends und Korrelationen automatisch analysieren	ja
14	Das Feature-Engineering zur Analyse komplexer Prozesse vereinfachen	ja
15	Nutzenden die Möglichkeit bieten, datenbasierte Prognosen zu erstellen	ja
16	Nutzenden die Möglichkeit bieten, Anwendungsfälle der natürlichen Sprachverarbeitung umzusetzen	nein
17	Modelle hochautomatisiert erstellen	ja
18	Nutzenden die Möglichkeit bieten, Modelle auf Basis von Empfehlungen ohne vollständige Automatisierung zu erstellen	nein
19	Nutzenden die Möglichkeit bieten, Warnungen, Fehler und Abbrüche im Generierungsprozess sehen zu können	
20	Nutzenden die Möglichkeit bieten, Abbruchkriterien für das Training festzulegen	ja
21	Verständliche Algorithmen für einfaches Verständnis der Modelle bereitstellen	ja
22	Nutzenden die Möglichkeit bieten, Benachrichtigungen über die Serverauslastung zu erhalten	nein
23	Fähig sein, den Trainingsprozess in die Cloud zu verlagern	ja
24	Nutzenden die Möglichkeit bieten, die Modellperformanz mit einfach verständlichen Metriken zu kontrollieren	ja
25	Eine hohe Erklärbarkeit der Ergebnisse bei risikoreichen und sicherheitskritischen Anwendungsfällen sicherstellen	nein
26	Nutzenden die Möglichkeit bieten, eigene Evaluationsschritte zu definieren und durchzuführen	nein
27	Nutzenden die Möglichkeit bieten, Modellleistung mit verschiedenen Metriken zu bewerten	nein
28	Nutzenden die Möglichkeit bieten, Modelle anhand wirtschaftlicher Kennzahlen zu bewerten	ja
29	Nutzenden die Möglichkeit bieten, eine Sensitivitätsanalyse durchzuführen	ja
30	Eine hohe Verständlichkeit der Evaluationsergebnisse sicherstellen	ja
31	Fähig sein, die Bereitstellung zu automatisieren	ja
32	Fähig sein, Modelle zur Steigerung der Produktionseffizienz auf dem Shopfloor bereitzustellen	nein
33	Fähig sein, Modelle über die Cloud hochverfügbar zu machen	
34	Nutzenden die Möglichkeit bieten, durch Transparenz im Modellbetrieb auf sich ändernde Umgebungsbedingungen reagieren zu können	ja
35	Nutzenden die Möglichkeit bieten, Warnungen über Concept-Drift zu erhalten	ja
36	Nutzenden die Möglichkeit bieten, Benachrichtigungen und deren Frequenz zu konfigurieren	ja
37	Nutzenden die Möglichkeit bieten, mit dem System per intuitiver Bedienungsoberfläche zu	ja
38	Das Modelltraining in nachvollziehbarer Historie dokumentieren	ja
39	Durch Hyperscaler oder ein großes Cloud- / Plattform-Unternehmen bereitgestellt werden	
40	Nicht durch einen Hyperscaler oder ein großes Cloud- / Plattform-Unternehmen bereitgestellt werden	
41	Nutzenden die Möglichkeit bieten, existierende Code-Bibliotheken zu integrieren	nein
42	DSGVO-Konformität sicherstellen	ja
43	Rollen und Zugriffsrechte abbilden	nein
44	On-Premise Daten speichern und verarbeiten	
45	Durch ein großes Softwareunternehmen bereitgestellt werden, um Langzeitunterstützung sicherzustellen	nein
46	Nutzenden die Möglichkeit bieten, eine schnelle Implementierung und Schulung durchzuführen	ja
47	Grafikkarten-Kompatibilität sicherstellen	ja
48	Nutzenden die Möglichkeit bieten, Fachexpertise über Softwarelösung abzubilden	nein

In der Reihe **Schriftenreihe Rationalisierung** zuletzt erschienen:

Benning, Justus Aaron:
Softwarelösungen für automatisiertes maschinelles Lernen für Prognosen in produzierenden Unternehmen
ISBN: 978-3-98555-334-1
Erscheinungsdatum: 09.03.2026

Holper, Christian Frederic:
Konzeption von bedarfsspezifischen Leistungssystemen für Subskriptions-Geschäftsmodelle im Maschinen- und Anlagenbau
ISBN: 978-3-98555-303-7
Erscheinungsdatum: 27.10.2025

Herkenrath, Clara Ariane:
Gestaltung von Remote-Work in produzierenden Unternehmen
ISBN: 978-3-98555-296-2
Erscheinungsdatum: 29.07.2025

Clemens, Florian:
Text-Mining-Anwendungsfälle in produzierenden Unternehmen
ISBN: 978-3-98555-283-2
Erscheinungsdatum: 13.05.2025

Johanning, Lara:
Compliance-Richtlinien für digitale Technologien in produzierenden Unternehmen
ISBN: 978-3-98555-280-1
Erscheinungsdatum: 30.04.2025

Frings, Kira:
Regelwerk für Low-Code-Anwendungen in produzierenden Unternehmen
ISBN: 978-3-98555-276-4
Erscheinungsdatum: 07.04.2025

Stratmann, Lukas:
Informationsmodell für Kreislaufstrategien von Investitionsgütern im Maschinen- und Anlagenbau
ISBN: 978-3-98555-264-1
Erscheinungsdatum: 05.03.2025

Lenart, Martin:
Risikobasierte Gestaltung von Subskriptionsmodellen im Maschinen- und Anlagenbau
ISBN: 978-3-98555-212-2
Erscheinungsdatum: 02.07.2024

Spiß, Maria:
Systematische Konfiguration der Resilienz in der Beschaffung
ISBN: 978-3-98555-196-5
Erscheinungsdatum: 29.01.2024

Engländer, Jacques:
Gestaltungsmodell eines Informationssicherheitsmanagementsys tems für produzierende Unternehmen in Industrie-4.0-Umgebungen
ISBN: 978-3-98555-185-9
Erscheinungsdatum: 18.12.2023

Edition Wissenschaft
Apprimus

Müller, Jonas:
Soziotechnische Gestaltungsinstrumente für den Einsatz von Business-Analytics
ISBN: 978-3-98555-182-8
Erscheinungsdatum: 27.11.2023

Schacht, Maximilian:
Digitaler Schatten der Kundeninteraktionen produzierender Unternehmen
ISBN 978-3-98555-132-3
Erscheinungsdatum: 09.01.2023

Bach, Thies:
Gestaltungsmodell zur lernunterstützenden Erweiterung von Produktionsplanungs- und -steuerungssystemen
ISBN 978-3-98555-127-9
Erscheinungsdatum: 14.12.2022

Scholz, Svenja:
Bewertungsmetrik leistungsbestimmender Faktoren von Supply-Chains in Industriebetrieben
ISBN: 978-3-98555-049-4
Erscheinungsdatum: 11.04.2022

Holst, Lennard:
Referenzmodell für das Customer-Success-Management im Subskriptionsgeschäft des Maschinen- und Anlagenbaus
ISBN: 978-3-98555-033-3
Erscheinungsdatum: 21.02.2022

Leiting, Tobias:
Konfiguration und Preisbildung von Subskriptionsleistungssystemen für die produzierende Industrie
ISBN: 978-3-98555-162-0
Erscheinungsdatum: 04.07.2023

Defèr, Florian:
Datenbasierte zuverlässigkeitsorientierte Instandhaltung von Produktionsanlagen
ISBN 978-3-98555-137-8
Erscheinungsdatum: 09.01.2023

Götzen, Rafael Frank:
Ordnungsrahmen für die softwarebasierte Automatisierung administrativer Prozesse
ISBN: 978-3-98555-103-3
Erscheinungsdatum: 25.08.2022

Fischer, Markus:
Implementierung von Manufacturing Execution Systems basierend auf Industrie-4.0-Reifegradmodellen
ISBN: 978-3-98555-048-7
Erscheinungsdatum: 22.03.2022

Külschbach, Andreas:
Systematische Bewertung von Änderungsanfragen in der Produktion
ISBN: 978-3-98555-024-1
Erscheinungsdatum: 20.12.2021

Edition Wissenschaft
Apprimus

FSC
www.fsc.org
MIX
Papier | Fördert
gute Waldnutzung
FSC® C083411

Kolibri 360 GmbH
Ferdinand-Jühlke-Straße 7
99095 Erfurt, Deutschland
produktsicherheit@kolibri360.de